Luigi Giannelli

GEOMETRIA
PROBLEMI RISOLTI
(PASSO A PASSO)

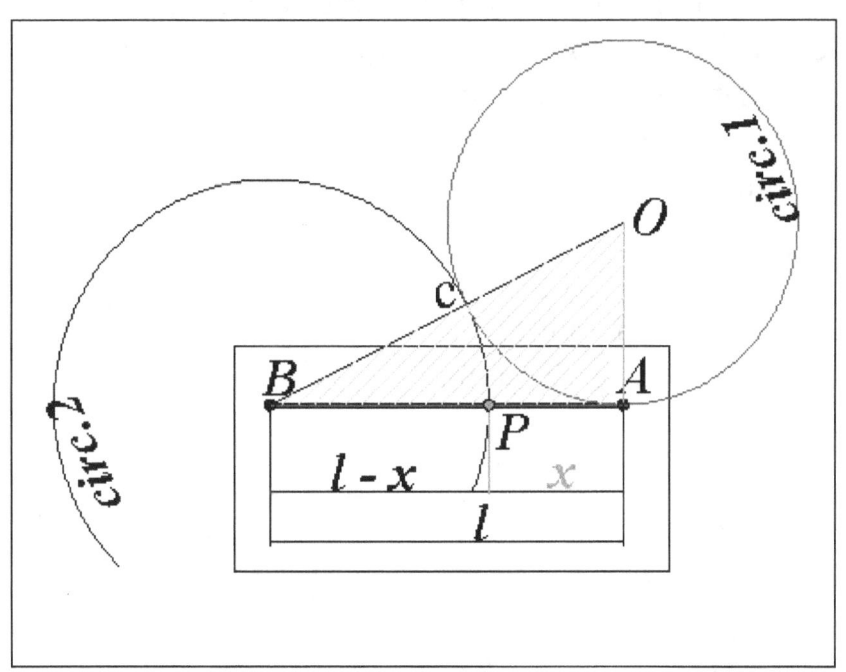

Dedico questi appunti matematici ai miei cari nipoti che ne faranno tesoro al momento opportuno.

Molte volte si chiederanno come avviene una dimostrazione matematica e nessuno li potrà mai aiutare se non troveranno un valido interlocutore. In tale circostanze questo prezioso lavoro potrà risolvere ogni dubbio.

Il nonno non ha mai avuto la possibilità di conferire con uno interlocutore e molti dubbi sono stati esausti e risolti con tenacia e impegno, tale da elaborare concetti di facile apprendimento per i volenterosi e i desiderosi conoscitori di concetti matematici.

La matematica è la chiave della rivoluzione tecnologica moderna e non finirà mai di stupire coloro che apprenderanno questi semplici e complicati concetti di matematica geometrica.

Mola di bari, lì Febbraio 2010

L'autore,
Luigi Giannelli

CAPITOLO 1

Nozioni generali per l'apprendimento dei problemi da svolgere

Prima della lettura dei problemi consultiamo alcune considerazioni e le principali regole del Teorema di Pitagora e di Euclide, affinché siano di aiuto per apprendere lo svolgimento dei singoli problemi e il rapido consulto di volta in volta se ne rende il bisogno (oppure andare subito al primo problema).

> **Attenzione!** L'impostazione della proporzione deve avvenire con i rispettivi lati, minore con minore, maggiore con maggiore, ipotenusa con ipotenusa e mai invertire l'ordine.
>
> **Legenda:** a, b, i, sono le ipotenuse dei relativi triangoli, mentre x, y sono i lati (detti proiezione di se stessi sull'ipotenusa); h è l'altezza dei tre triangoli

FORMULE DELLA SIMILITUDINE DEI TRIANGOLI

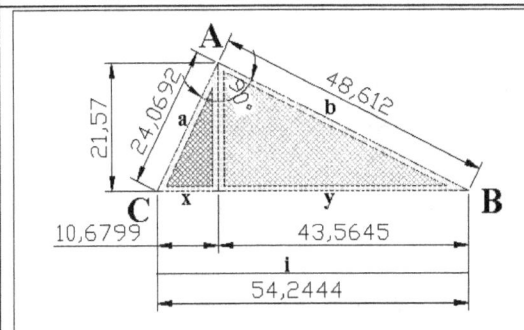

Utilizzando le formule sotto riportate è possibile effettuare una immediata verifica dell'esattezza riscontrando i valori sul disegno qui accanto. **N.B.**
I triangoli blu e rosso sono ubicati sopra il triangolo di colore verde. In tutto sono tre triangoli rettangoli.
n. 1 colore blu; n. 2 colore rosso; n. 3 colore verde

Numero dei triangoli	Proporzione da considerare	Formule derivate
2 e 3	$y : b = b : i$ $y : h = b : a$ $b : h = i : a$	$b^2 = i \bullet y$; $y = \dfrac{b^2}{i}$; $i = \dfrac{b^2}{y}$ 1° teorema di Euclide $y = \dfrac{h \bullet b}{a}$; $h = \dfrac{y \bullet a}{b}$; $b = \dfrac{y \bullet a}{h}$; $a = \dfrac{h \bullet b}{y}$ $b = \dfrac{h \bullet i}{a}$; $h = \dfrac{b \bullet a}{i}$; $i = \dfrac{b \bullet a}{h}$; $a = \dfrac{h \bullet i}{b}$
1 e 2	$h : x = y : h$ $y : b = h : a$ $a : x = b : h$	$h^2 = x \bullet y$; $x = \dfrac{h^2}{y}$ $y = \dfrac{h^2}{x}$ 2° teorema di Euclide $y = \dfrac{b \bullet h}{a}$; $b = \dfrac{y \bullet a}{h}$; $h = \dfrac{y \bullet a}{b}$; $a = \dfrac{b \bullet h}{y}$ $a = \dfrac{x \bullet b}{h}$; $x = \dfrac{a \bullet h}{b}$; $b = \dfrac{a \bullet h}{x}$; $h = \dfrac{b \bullet x}{a}$
1 e 3	$a : x = i : a$ $a : h = i : b$ $x : h = a : b$	$a^2 = x \bullet i$; $x = \dfrac{a^2}{i}$; $i = \dfrac{a^2}{x}$ $a = \dfrac{h \bullet i}{b}$; $h = \dfrac{a \bullet b}{i}$; $i = \dfrac{a \bullet b}{h}$; $b = \dfrac{h \bullet i}{a}$ $x = \dfrac{h \bullet a}{b}$; $h = \dfrac{x \bullet b}{a}$; $a = \dfrac{x \bullet b}{h}$; $b = \dfrac{h \bullet a}{x}$

ALCUNE CONSIDERAZIONI DEI TRIANGOLI PARTICOLARI DI FIBONACCI

TRIANGOLO CON ANGOLI DI MISURA: 72°, 72°, 36°.

Dato un triangolo isoscele i cui angoli alla base misurano 72° ciascuno, e l'angolo al vertice misura 36°, la bisettrice di un angolo alla base divide il lato obliquo opposto nel punto d'intersezione in due segmenti in modo tale da creare una <u>sezione aurea</u>. Infatti il triangolo ABC è simile al triangolo BCD. E da questo risulta che: $AC : BC = BD : DC$ e dunque:

$$AC : AD = AD : DC$$

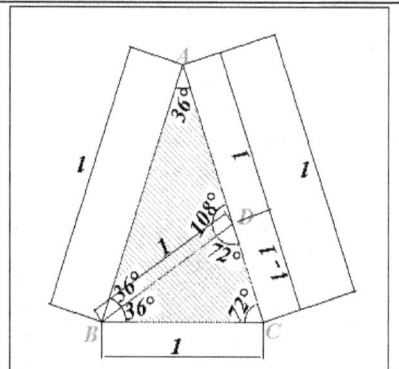

TRIANGOLO CON ANGOLI DI MISURA: 36°, 36°, 108°.

Dato un triangolo isoscele i cui angoli alla base misurano 36° ciascuno, e l'angolo al vertice misura 108°, il lato obliquo e la differenza tra la base e il lato obliquo danno vita a una <u>sezione aurea</u>. Infatti il triangolo CDE è simile al triangolo ABD della figura precedente.

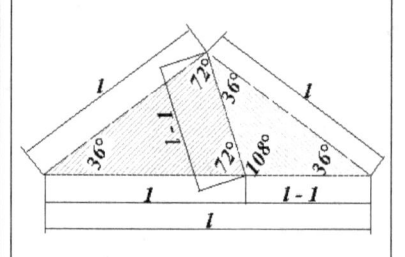

FIBONACCI

> ### *Medio proporzionale aureo:*
Un caso di proporzione è il calcolo della sezione aurea di un segmento, cioè trovare il punto P sul segmento in cui esso è medio proporzionale delle sue misure a destra e a sinistra, (vedi figura)

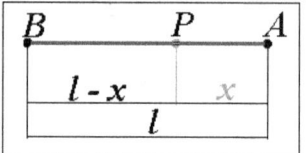

Indicando con l la lunghezza del segmento AB e x la parte AP, il problema si può tradurre nella proporzione $l : x = x : (l - x)$, e poiché nelle proporzioni il prodotto dei medi è uguale al prodotto degli estremi si ottiene che : $x^2 = l (l - x)$, che risolta si ha:

$x^2 = l^2 - lx \Rightarrow x^2 + lx - l^2 = 0 \Rightarrow$ Equazione di 2° grado che si risolve con la formula

$x_{1,2} = \dfrac{-b \pm \sqrt{b^2 - 4ac}}{2 \bullet a}$ ossia $x_{1,2} = \dfrac{-l \pm \sqrt{l^2 - (4 \bullet -l^2)}}{2} \Rightarrow$ $x_{1,2} = \dfrac{-l \pm \sqrt{l^2 + 4l^2}}{2} \Rightarrow$

$x_{1,2} = \dfrac{-l \pm \sqrt{5l^2}}{2} \Rightarrow$ $x_{1,2} = \dfrac{-l \pm l\sqrt{5}}{2}$ Ora ponendo $l = 1$, si ottiene che il punto P si trova ad una distanza

$x = 0,618$ *(che si chiama rapporto aureo o proporzione aurea e anche divina proporzione).*
Tale numero è anche legato ai Numeri di Fibonacci e alla spirale logaritmica.

❖ *Il rapporto aureo può essere calcolato anche graficamente:*

- Disegnare un triangolo di lato AOB con base AB (segmento) e altezza AO = 1/2 AB;
- Si costruisce la circonferenza di centro A e raggio uguale alla metà del segmento AB,
- Si costruisce la circonferenza di centro B che interseca la prima circonferenza sulla ipotenusa OB.
- Il punto P è l'intersezione di quest'ultima circonferenza sul lato AB. (vedi figura).

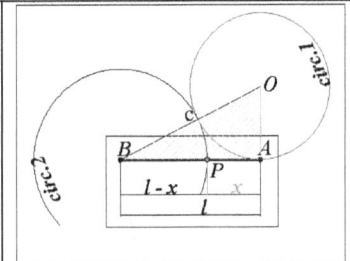

ARITMETICA

Il matematico pisano Leonardo Fibonacci fu ricordato soprattutto per via della sua sequenza divenuta ormai celeberrima. L'uso della sequenza di Fibonacci risale all'anno 1202. Essa si compone di una serie di numeri (0,1,1,2,3,5,8,13,21...).

Tra i numeri di questa successione esiste una relazione per cui ogni termine successivo è uguale alla somma dei due immediatamente precedenti. Più importante dal nostro punto di vista è però il fatto che il rapporto tra due termini successivi si avvicini molto rapidamente a 0,61:

1:2=0,500 8:13=**0,615**   2:3=0,667 13:21=**0,619**;   3:5=0,600 21:34=**0,618**;   5:8=0,625 34:55=**0,618**

Da sapere:

Dimostrare che il segmento di perpendicolare condotto da un punto qualunque di una circonferenza sopra un diametro è medio proporzionale tra i segmenti che esso determina sul diametro.

Dati : dimostrazioni

Risultato :

La figura riportata rappresenta una serie di segmenti (A-A'); (B-B'); (C-C') tutti perpendicolari

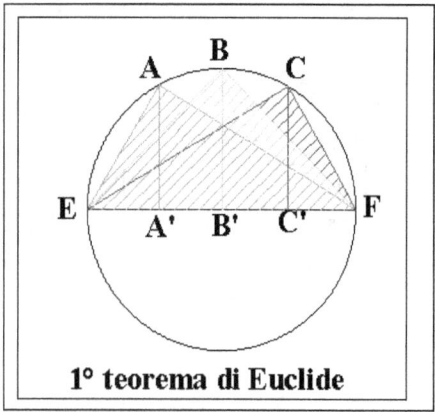

1° teorema di Euclide

Al relativo diametro (E-F). Collegando ogni vertice agli estremi del diametro essi formano i triangoli colorati in rosso, verde e blu che ognuno ha l'angolo alla circonferenza di 90° e quindi sono tutti triangoli rettangoli in A, B e C e soddisfano al primo teorema di Euclide in cui ci risulta noto che l'altezza è media proporzionale tra le proiezioni dei relativi cateti sull'ipotenusa. Nel nostro caso l'altezza è (A-A'); (B-B'); (C-C') e le proiezioni sono i segmenti che ciascuna altezza forma sul diametro.

Da sapere:

Dimostrare che il rettangolo di due lati di un triangolo è equivalente al quadrato della bisettrice dell'angolo da essi compreso aumentato del rettangolo che ha per lati i segmenti determinati sul terzo lato dalla bisettrice.

Dati : dimostrazioni

Risultato :

La prima figura rappresenta il triangolo CAB con la bisettrice, inoltre abbiamo il rettangolo ACBE formato coi lati del triangolo; il triangolo CC'DB' formato dai segmenti della bisettrice; il quadrato formato dalla lunghezza della bisettrice, per cui

$AC \bullet AB$ => rettangolo i cui lati appartengono ai lati del triangolo CAB

$CD \bullet C'B'$ => $CD \bullet DB$ => rettangolo i cui lati sono a destra e a sinistra della bisettrice

$AD \bullet AD'$ => AD^2 => quadrato il cui lato è la bisettrice

Quindi, abbiamo che $(AC \bullet AB) = AD^2 + (CD \bullet DB)$ =>

Assegnando i dati numerici come in figura accanto verifichiamo che esiste l'uguaglianza imposta dalla traccia del problema, si ha

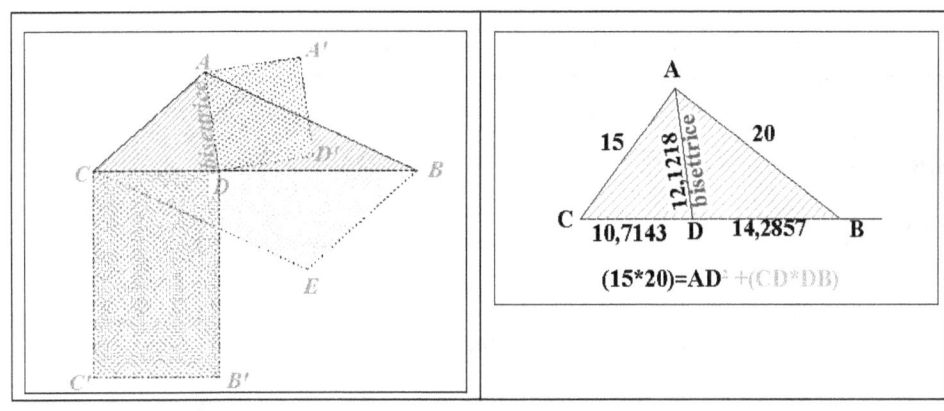

$(15 \bullet 20) = 12{,}1218^2 + (10{,}7143 \bullet 14{,}2857) \implies 300 = 146{,}9380 + 153{,}66127531 \implies$

$300 = 299{,}993$ verifica effettuata.

Nella stesura dei problemi si sono utilizzati simboli dell'alfabeto greco che per una eventuale consultazione può ritenersi utile il suo consulto.

ALFABETO GRECO					
A α alpha	B β beta Γ	γ gamma	Δ δ delta	E ε epsilon	Z ζ zeta
H η eta	Θ θ theta	I ι iota	K κ kappa	Λ λ lambda	M μ mu (mi)
N ν nu (ni)	Ξ ξ xi	O ο omicron	Π π pi	P ρ rho	Σ σ ς sigma
T τ tau	Y υ upsilon	Φ φ phi	X χ chi	Ψ ψ psi	Ω ω omega

Introduzione ai triangoli isosceli

(vedi problemi sui triangoli rettangoli dal n.40 al n. 47 e problemi sui cerci inscritti e circoscritti dal n. 35 al n. 47)

Questi tipi di problemi si risolvono con due incognite che rappresentano le lunghezze dei lati del poligono.

Per i triangoli sono i lati, l'area, il perimetro ecc. **(cateto, ipotenusa, area, ecc.)**

Per i trapezi sono **(base b, base b', l, l₁, perimetro o semi perimetro, area, ecc.)** molte volte queste incognite verranno rappresentate dalle lettere x e y, b, b', p, P, A, ecc.

Per risolvere i problemi (con una o due incognita) si devono cercare due equazioni tali da formare un sistema che ci fornirà un'equazione di 2° grado o un'equazione quadrupla (del tipo $t = z^2$).

Maggiormente avremo 3 tipi di sistemi da risolvere a secondo i casi. Il sistema 1) quando si conosce la somma dei lati e l'area; il sistema 2) quando si conosce un cateto e l'area; il sistema 3) quando si conoscono i due cateti. Abbiamo:

1) $\begin{cases} x + y = l \\ xy = a \end{cases}$ *primo tipo*

Svolgendo il sistema si giungerà a un'equazione di secondo grado ($z^2 + bz + c = 0$ facilmente

risolvibile con la formula $x_{1/2} = \dfrac{-\sqrt{b^2 - 4ac}}{2a}$

2) $\begin{cases} x^2 + y^2 = b \\ xy = a \end{cases}$ *secondo tipo* fornisce un altro sistema 2*) $\begin{cases} (x + y) = \sqrt{b + 2a} \\ xy = a \end{cases}$

Il sistema di secondo tipo verrà elaborato leggermente; Si ricordi che $x^2 + y^2$ è uguale a $(x + y)^2 - 2xy$, difatti se risolto ci porta al punto di partenza.

La prima equazione del sistema di secondo tipo diventa $(x + y)^2 - 2xy = b$ =>

per cui abbiamo $(x + y)^2 - 2a = b$ => $(x + y)^2 = b + 2a$ mettere sotto radice ambo i membri si

ha $\sqrt{(x + y)^2} = \sqrt{b + 2a}$ semplifichiamo, si ha $(x + y)^2 = \sqrt{b + 2a}$ e quindi il sistema

definitivo è 2*) $\begin{cases} (x + y) = \sqrt{b + 2a} \\ xy = a \end{cases}$ *equazione bi quadratica* del tipo ($z^4 + bz^2 + c = 0$ dove

si porrà $(t = z^2)$.

3) $\begin{cases} x + y = a \\ x^2 + y^2 = b \end{cases}$ terzo tipo fornisce un altro sistema 3*) $\begin{cases} x + y = a \\ 2xy = a^2 - b \end{cases}$

Il sistema 3) verrà elaborato leggermente; Si ricordi che $x^2 + y^2$ è uguale a $(x + y)^2 - 2xy$, difatti se risolto ci porta al punto di partenza.

per cui $(x + y)^2 - 2xy$ diventa $a^2 - 2xy = b$ da cui $2xy = a^2 - b$ e quindi il sistema definitivo è

3*) $\begin{cases} x + y = a \\ 2xy = a^2 - b \end{cases}$ equazione di 2° grado $(z^2 + bz + c = 0$

Precisazioni:
La circonferenza inscritta in un triangolo isoscele con i suoi raggi alle tangenti divide i triangoli in due triangoli simili perché i raggi sono retti con i lati obliqui per il teorema delle tangenti delle rette *l* ad una circonferenza da un punto esterno C, (vedi figura).

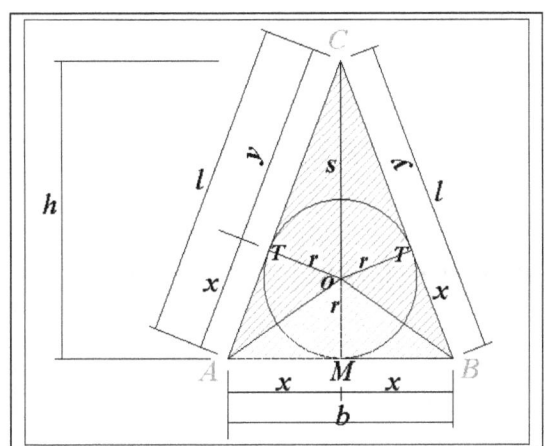

Osservando la figura si nota che i raggi, nei punti di tangenza, dividono il lato in due parti delle quali una parte è uguale alla semi base mentre il lato *l* è diviso in due parti, x e y. Chiamiamo *"s"* la distanza dal centro del cerchio al vertice C.
Nota: alcune attribuzioni letterarie sono state semplificate per comprendere meglio le dimostrazioni, vedi figura.
Si osservi ancora che il triangolo OTC è rettangolo per cui possiamo utilizzare il teorema della similitudine, ottenendo la seguente proporzione : $s : r = l : x$
Da questa proporzione possiamo ottenere qualsiasi termine come incognita: s, r, l, x.

Primo caso:
Calcolare la semi base "x" esplicitando il lato in funzione del teorema di Pitagora.

Consideriamo il teorema di Pitagora $l = \sqrt{(s + r)^2 + x^2}$ che sostituito nella proporzione si ha:

$s : r = \sqrt{(s + r)^2 + x^2} : x$ facendo il prodotto dei medi e degli estremi si ha

$sx = \sqrt{(s + r)^2 + x^2} \bullet r$ elevando ambo i membri al quadrato si ha

$s^2 x^2 = [(s + r)^2 + x^2] \bullet r^2$ risolvere il quadrato del binomio, si ha

$s^2x^2 = (s^2 + r^2 + 2sr + x^2) \bullet r^2$ risolviamo il prodotto del secondo membro

$s^2x^2 = s^2r^2 + r^4 + 2sr^3 + x^2r^2$ operiamo sul 2° membro mettendo in evidenza r^2

$s^2x^2 = r^2(s^2 + r^2 + 2sr) + x^2r^2$ portiamo al primo membro x^2r^2

$-x^2r^2 + s^2x^2 = r^2(s^2 + r^2 + 2sr)$ raccogliamo x^2 del primo membro

$x^2(x^2 - r^2) = r^2(s^2 + r^2 + 2xr)$ osservare che il secondo membro è il quadrato del binomio, si ha

$x^2(s^2 - r^2) = r^2(s + r)^2$ calcoliamo x^2 triangolo isoscele La figura seguente

$x^2 = r^2 \dfrac{(s + r)^2}{(s^2 - r^2)}$ mettiamo tutto sotto radice quadrata, si ha

$x = r\sqrt{\dfrac{s + r}{s - r}}$ *(Relazione tri.1)* **semi base del triangolo isoscele**.

Secondo caso:

Calcolare il lato "l" esplicitando la semi base nella proporzione.

prendiamo la proporzione $s : r = l : x$ e sostituiamo la Relazione tr.1, la semi base

$x = r\sqrt{\dfrac{s + r}{s - r}}$, si ha $\quad s : r = l : r\sqrt{\dfrac{s + r}{s - r}}$ da cui calcoliamo il lato, si ha:

$l = \dfrac{s \bullet r\sqrt{\dfrac{s + r}{s - r}}}{r}$ => **semplificando, si ha**

$l = s\sqrt{\dfrac{s + r}{s - r}}$ *(Relazione   tri.2)   lato   obliquo   del   triangolo   isoscele.*

Un altro modo per ottenere "l" è adottando il teorema di Pitagora, in funzione dell'altezza e della semi base.

Esempio: $l = \sqrt{h^2 + x^2}$ ossia

$l = \sqrt{(s+r)^2 + r^2 \cdot \dfrac{s+r}{s-r}}$ => $l = \sqrt{\dfrac{(s+r)(s+r)^2 + r^2 \bullet (s+r)}{s-r}}$ mettere in evidenza (s+r)

$l = \sqrt{\dfrac{(s+r) \cdot [(s+r)(s-r) + r^2]}{s-r}}$ si osservi che c'è una differenza di quadrati, si ha

$l = \sqrt{\dfrac{(s+r) \bullet s^2 - r^2 + r^2]}{s-r}}$ semplificando si ha $l = \sqrt{\dfrac{(s+r) \bullet s^2}{s-r}}$ portare fuori radice s²

$l = s \cdot \sqrt{\dfrac{s+r}{s-r}}$ *lato obliquo del triangolo isoscele identica a quella con la proporzione*

Elevando al quadrato $l = s \cdot \sqrt{\dfrac{s+r}{s-r}}$ si ha,

$l^2 = s^2 \cdot \dfrac{s+r}{s-r}$ => ossia $l^2 = \dfrac{s^3 + rs^2}{s-r}$ => m.c.m. si ha

$s^3 + rs^2 = l^2(s-r)$ => risolvere in $s^3 + rs^2 = sl^2 - rl^2$ si ottiene un'equazione di terzo grado difficilmente risolvibile $s^3 + rs^2 - l^2s + l^2r = 0$, naturalmente con $(s > r)$

Questa equazione di terzo grado è difficilmente risolvibile per cui si deve imporre ad "s" un valore maggiore di r e poi risolvere il problema.

Terzo caso:
Calcolare il perimetro "P" esplicitando i lati l e la semi base "x".
Considerando che il semi perimetro è la somma del lato più la semi base maggiore, indichiamo il semi perimetro con la lettera p minuscola, quindi $p = l + x$.

Sostituendo in p la Relazione tr.1 $l = s \bullet \sqrt{\dfrac{s+r}{s-r}}$ e la Relazione tr.2 $x = r \bullet \sqrt{\dfrac{s+r}{s-r}}$ otteniamo la

seguente uguaglianza:

$p = s \bullet \sqrt{\dfrac{s+r}{s-r}} + r \bullet \sqrt{\dfrac{s+r}{s-r}}$ => mettiamo in evidenza, si ha il secondo membro, si ha

$p = \sqrt{\dfrac{s+r}{s-r}}(s+r)$ **Il perimetro è 2 volte** p **per cui**

$P = 2\sqrt{\dfrac{s+r}{s-r}}(s+r)$ (Relazione tri.3) ***Perimetro del triangolo isoscele.***

Un altro modo per calcolare P è elevando al quadrato ambo i membri la terza equazione sopra ottenuta, si ha:

$P^2 = 4\dfrac{(s+r)}{(s-r)} \bullet (s+r)^2$ ossia $P^2 = \dfrac{4(s+r)^3}{(r-r)}$ => $P^2(s-r) = 4(s+r)^3$

11

Quarto caso:

Calcolare la semi base "x" noto l'area, il lato e il raggio.

Consideriamo che l'area totale è la somma delle 3 aree colorate, (vedi figura), cioè

$A = A_1 + A_2 + A_3$ per cui avremo $A_1 = \dfrac{l \bullet r}{2}$; $A_2 = \dfrac{l \bullet r}{2}$; $A_3 = \dfrac{2x \bullet r}{2}$ e quindi

$A = \dfrac{l \bullet r}{2} + \dfrac{l \bullet r}{2} + x \bullet r \implies 2A = l \bullet r + x \bullet r + 2 \bullet x \bullet r \implies 2A = 2lr + 2xr \implies 2A - 2lr = 2xr \implies$

$x = \dfrac{2A - 2lr}{2A} \implies$ semplificando per 2 si ha

$x = \dfrac{A - l \bullet r}{r}$ *(Relazione tri.4)* **base del triangolo isoscele**

Introduzione ai trapezi

Il trapezio è una delle figure più interessanti per le relazioni che esso offra.

Le condizioni, affinché un trapezio possa essere circoscritto da una circonferenza, sono diverse dalla circoscrizione ad una intera circonferenza o a una semi circonferenza per cui si riporta la seguente tabella per una ricerca veloce delle condizioni di ciascun trapezio, inscritto in circonferenza o semi circonferenza.

Trapezio isoscele

Ricerca delle relazioni:

Osservando attentamente la figura e considerando i punti di tangenza in T perpendicolari ai lati notiamo che il lato $"l"$ è diviso in due parti, la prima parte $"AT"$ è uguale a $"AM"$, mentre la seconda parte $"DT"$ è uguale a $"DK"$ per cui possiamo asserire che il lato e la somma delle semi basi e quindi la somma delle basi complete è 2 volte il lato. In formula si ha

$l = \dfrac{b}{2} + \dfrac{b'}{2}$ da cui si ha che $2l = b + b'$ ossia

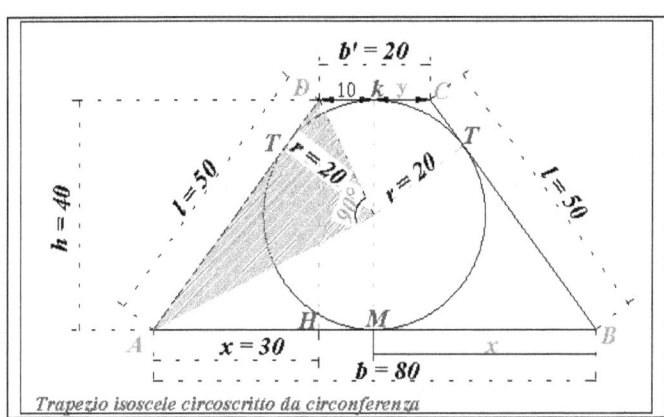

Trapezio isoscele circoscritto da circonferenza

$l = \dfrac{b+b'}{2}$ *(Relazione trap.1)* **lato del trapezio isoscele**

Osservando la figura possiamo confermare che:

a) il lato sinistro è $l = \dfrac{b}{2} + DK$

b) il lato destro è $l = \dfrac{b}{2} + CK$

Risulta quindi che il perimetro $P = 4 \bullet l$ e il semi perimetro è $p = \dfrac{4 \bullet l}{2}$ da cui

$p = 2 \bullet l$ *(Relazione trap. 2)* **semi perimetro del trapezio isoscele**

La formula dell'area è data da $A = \dfrac{b+b'}{2} \bullet h$, inserendo la relazione 1 $\dfrac{b+b'}{2} = l$ e la relazione 2

$h = 2r$ nella formula dell'area abbiamo che

$A = 2rl$ *(Relazione trap. 3)* **area del trapezio isoscele**

Il trapezio isoscele ha la proprietà che l'angolo opposto al lato obliquo misuri 90°
(vedi triangolo colore rosso in figura). In tal caso possiamo adottare il 2° teorema di Euclide
oppure dove l'altezza è medio proporzionale delle proiezioni sull'ipotenusa, quindi abbiamo:
$AT \bullet DT = r^2$ ma sappiamo anche che i punti di tangenza ai lati obliqui sono uguali, cioè *(DT = DK) e (AT = AM)*, inseriamo ciò nella formula, si ha $AM \bullet DK = r^2$

Si fa rilevare che AM e DK sono le semi basi del trapezio, quindi inseriamo le basi, si ha che

$$\frac{b}{2} \bullet \frac{b'}{2} = r^2 \text{ da cui } => \frac{b \bullet b'}{4} = r^2 \text{ ossia}$$

$b \bullet b' = 4r^2$ *(Relazione trap.4)* **raggio del trapezio isoscele**

La relazione 4 conferma che i punti di tangenza sono in relazione $AM = AT \ e \ DK = DT$ e
pertanto la relazione 4 diventa vedi triangolo di 90° colore rosso.

$AT \bullet DT = r^2$ *(Relazione trap.5)* **raggio del trapezio isoscele**

La relazione 5 ci induce a riflettere che si tratta del 2° teorema di Euclide che asserisce:
l'altezza di un triangolo rettangolo è media proporzionale del prodotto delle proiezioni dei lati
sull'ipotenusa, quindi il triangolo AOD e retto nel vertice "O"

Trapezio rettangolo

Introduzione:

Disegniamo il triangolo rettangolo e Cerchiamo di comporre due equazioni che ci
consentiranno di ottenere un sistema risolutivo.
Dall'osservazione della figura notiamo che il lato è calcolabile in due modi possibili:

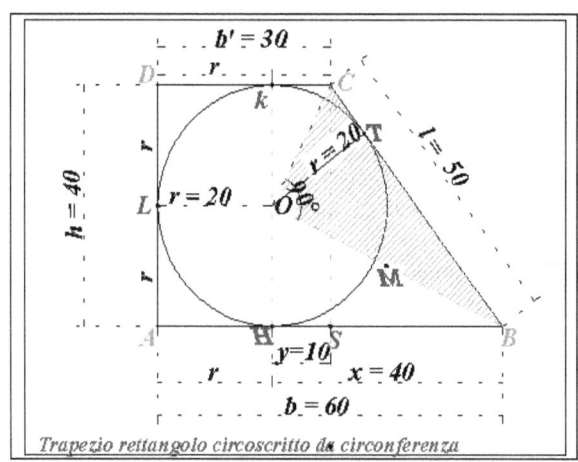

Trapezio rettangolo circoscritto da circonferenza

a) $l = BT + CT$ ma dal teorema delle tangenti i segmenti $BT = x$ e il segmento $CT = y$ per cui
   si ha che

   $l^2 = (x + y)^2$ *(Relazione trap.6)* **(prima equazione)**.

b) Dal teorema di Pitagora si ha che $l^2 = (x - y)^2 + (2r)^2$ => da cui

   $l^2 = (x - y)^2 + 4r^2$ *(Relazione trap.7)* **(seconda equazione)**

14

La relazione 6 e la relazione 7 consentono di impostare il seguente sistema risolutivo:

$$\begin{cases} (x+y)^2 = l^2 \\ (x-y)^2 + 4r^2 = l^2 \end{cases} \quad \text{ossia}$$

$(x+y)^2 = (x-y)^2 + 4r^2 \Rightarrow$

$x^2 + y^2 + 2xy = x^2 + y^2 - 2xy + 4r^2 = 0$ semplificando x^2 è y^2 si ha

$+2xy = +2xy + 4r^2 = 0 \Rightarrow +4xy = 4r^2 = 0 \Rightarrow xy = \dfrac{4r^2}{4} \Rightarrow$

$xy = r^2$ *(Relazione trap.8)* **(risoluzione del sistema)**

Questa equazione implica che il triangolo BOC colorato in rosso è rettangolo nel centro "O", perché soddisfa il 2° teorema di Euclide in cui l'altezza, nel nostro caso il raggio, è medio proporzionale delle proiezioni (nel nostro caso x e y) dei alti sull'ipotenusa.

Un'altra relazione è ottenibile dalla regola per cui l'area di un poligono circoscritto a un cerchio è data dal prodotto del raggio per il semi perimetro, per cui le aree sono:

$$A = \frac{b+b'}{2} \bullet r \Rightarrow A = \frac{AB+CD}{2} \bullet AD \quad \textit{(area normalmente per il trapezio)}$$

$$A = p \bullet r \Rightarrow A = \frac{AB+CD+BC+AD}{2} \bullet r \quad \textit{(are calcolabile ai poligoni regolari)}$$

Si ha l'uguaglianza seguente:

$$\frac{AB+CD}{2} \bullet AD = \frac{AB+CD+BC+AD}{2} \bullet r = \text{ inserendo le lettere incognite (x, y) si ha:}$$

$\dfrac{(x+r)+(y+r)}{2} \bullet 2r = \dfrac{(x+r)+(y+r)+BC+2r}{2} \bullet r \Rightarrow$ risolvere

$(x+r+y+r)2r = (x+r+y+r+BC+2r)r \Rightarrow$ semplificare per r, si ha

$(x+r+y+r)2 = (x+r+y+r+BC+2r) \Rightarrow$ risolvere il prodotto, si ha

$2x+2r+2y+2r = x+y+2r+2r+BC \Rightarrow$ risolvere e raggruppare, si ha

$2x+4r+2y = x+y+4r+BC \Rightarrow$ portare tutto al primo membro, si ha

$2x-x+2y-y+4r-4r = BC \Rightarrow$ semplificare e risolvere , si ha $x+y = BC$

$x+y = l$ *(Relazione trap.9) dimostrato la regola delle tangenti che il lato è anche x + y*

Trapezi circoscritti a un semi cerchio

Osservando la figura si notino le seguenti caratteristiche del trapezio

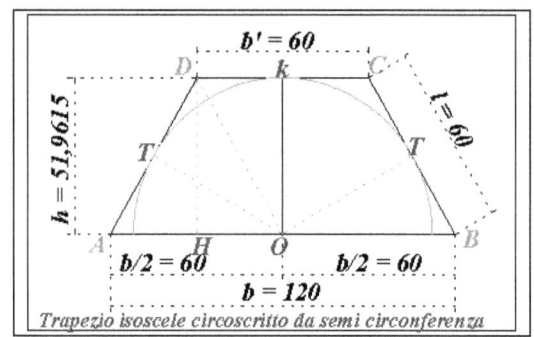

Il triangolo **AHD** e **ATO** sono simili con rapporto 1:1 perché OT = DH ed hanno angoli in comune nel vertice A, quindi si la proporzione seguente: $l : AH = b : AT$

Considerando il teorema delle tangenti i triangoli OTA e OTD sono rettangoli nel punto di tangenza "T" e quindi $AT = \dfrac{b}{2}...et...DT = \dfrac{b'}{2}$ dove b e b' sono le basi (vedi figura)

Un caso particolare del trapezio inscritto nella semi circonferenza è quando i lati sono uguali e la base è 2 volte il lato, stiamo nel caso di un semi esagono. (vedi figura).

Un'altra proprietà e l'adozione del teorema di Pitagora riferito al triangolo **AHD** quando si voglia calcolare il lato **AH**.

Premesso che $AH = \dfrac{(b - b')}{2}$, che $HD = r$, che il lato è la semi base maggiore $AD = \dfrac{b}{2}$

Dal teorema di Pitagora si ha che $HH^2 = AD^2 - r^2$ da cui $(\dfrac{(b - b')}{2})^2 = (\dfrac{b}{2})^2 - r^2$ ossia

$$\dfrac{b^2 + b'^2 - 2b \bullet b'}{4} = \dfrac{b^2}{4} - r^2 => b^2 + b'^2 - 2b \bullet b' = b^2 - 4r^2$$ semplificando si ha

$b'^2 - 2b \bullet b' = -4r^2$ *(Relazione trap.11)* **(rima equazione)**

TABELLA DELLE RELAZIONI
Dei triangoli circoscritti da cerchi o semi cerchi

(Relazione tri.1)	$x = r\sqrt{\dfrac{s+r}{s-r}}$ **semi base triangoli isosceli circoscritti da cerchi**
(Relazione tri.2)	$l = s\sqrt{\dfrac{s+r}{s-r}}$ **lato triangoli isosceli circoscritti da cerchi**
(Relazione tri.3)	$P = 2\sqrt{\dfrac{s+r}{s-r}}(s+r)$ **semi perimetro isosceli circoscritti da cerchi**
(Relazione tri.4)	$x = \dfrac{A - l \bullet r}{r}$ **area triangoli isosceli circoscritti da cerchi**
(Relazione tri.5)	$r\sqrt{\dfrac{s+r}{s-r}} = \dfrac{rl}{s}$ **raggio triangolo isoscele circoscritto**

TABELLA DELLE PROPRIETA' DEI TRAPEZI CIRCOSCRITTI
DA CERCHI O SEMI CERCHI

	Circoscritto da cerchio			Circoscritto da semi cerchio		
Proprietà del trapezio	Isosc.	Scal.	Rett.	Isosc.	Scal.	Rett.
La somma dei lati opposti è uguale	*si*	*si*	*si*	No*	no	no
Gli angoli opposti sommano 180°	*si*	no	no	*si*	no	no
Gli angoli adiacenti alle basi sono uguali tra loro	*si*	no	no	*si*	no	no
L'altezza è 2 volte il raggio	*si*	*si*	*si*	No 1 volta	No 1 volta	No 1 volta
Il vertice opposto al lato obliquo è 90°	Si**	Si**	Si**	no	No	no
I punti di tangenza ai lati obliqui sono uguali	*si*	*si*	*si*	*si*	*si*	Di
Il lato obliquo è equivalente alla semi somma delle basi	*si*	no	no	no	no	no
Il semi perimetro è p = 2l	*si*					
Il semi perimetro è p = b+b'	*si*					

* Il lato adiacente è uguale alla base maggiore

** In tal caso si applica il secondo teorema di Euclide $(x : r = r : y)$

TABELLA DELLE RELAZIONI
Dei trapezi circoscritti da cerchi o semi cerchi

(Relazione trap.1)	$l = \dfrac{b + b'}{2}$ **isosceli circoscritti da cerchi**
(Relazione trap.2)	$p = 2 \bullet l$ **isosceli circoscritti da cerchi**
(Relazione trap.3)	$A = 2rl$ **isosceli circoscritti da cerchi**
(Relazione trap.4)	$b \bullet b' = 4r^2$ oppure $AM \bullet DK = r^2$ **isosceli circoscritti da cerchi**
(Relazione trap.5)	$AT \bullet DT = r^2$ **isosceli circoscritti da cerchi**
(Relazione trap.6)	$l^2 = (x + y)^2$ **tr. rettangoli circoscritti da cerchi**
(Relazione trap.7)	$l^2 = (x - y)^2 + 4r^2$ **tr. rettangoli circoscritti da cerchi**
(Relazione trap.8)	$xy = r^2$ **tr. rettangoli circoscritti da cerchi**
(Relazione trap.9)	$x + y = BC$ oppure $x + y = l$ **tr. rettangoli circoscritti da cerchi**
(Relazione trap.10)	$(x + y) = p - 2r$ **tr. rettangoli circoscritti da cerchi**
(Relazione trap.11)	$b'^2 - 2bb' = -4r^2$ **tr. isosceli circoscritti da semi cerchi**
(Relazione trap.12)	$p = \dfrac{b + b'}{2}$ oppure $2p = b + b'$ **tr. isosceli circoscritti da semi cerchi**

Fine capitolo 1

CAPITOLO 2
PROBLEMI SUI TRIANGOLI RETTANGOLI
(applicati a Pitagora e Euclide)

1 Calcolare i cateti di un triangolo rettangolo e l'altezza relativa all'ipotenusa sapendo che questa è di m. 5 e che la proiezione di un cateto sull'ipotenusa è di m 18.

[m. 5,19; m. 18,68]

Dati : proiezione cateto sull'ipotenusa = m.18; h = 5
Risultato : cateto minore m. 5,19, cateto maggiore m. 18,68

Dal 2° teorema di Euclide (vedi triangoli 1 e 2) l'altezza è media proporzionale tra le proiezioni dei cateti sull'ipotenusa, quindi si ha che $h^2 = CD \bullet DB$ =>

$$h^2 = CD \bullet 18 \implies CD = \frac{h^2}{18} \implies CD = \frac{5^2}{18} \implies CD = \frac{25}{18} \implies$$

CD = m.1,388... (proiezione altro cateto sull'ipotenusa) vedi disegno

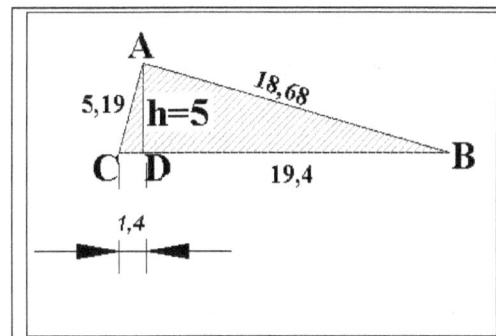

FORMULE APPLICATE
Euclide: $CD : h = h : DB$
Euclide: $AC^2 = CD \bullet CB$
$AB^2 = DB \bullet CB$

Calcoliamo l'ipotenusa CB, si ha che CB = CD + DB => ossia CB = 1,388 + 18 =>
CB = m. 19,388 (ipotenusa del triangolo)
Dal 1° teorema di Euclide (vedi triangoli 2, 3 e 1,3) calcoliamo il lato AC, si ha che

$$AC^2 = CD \bullet CB \implies AC^2 = 1,388 \bullet 19,388 \implies AC = \sqrt{26,92} \implies$$

AC = m. 5,19 (cateto corto)
Dal 1° teorema di Euclide (vedi triangoli 2, 3 e 1,3) calcoliamo il lato AB, si ha che

$$AB^2 = DB \bullet CB \implies AB^2 = 18 \bullet 19,388 \implies AB = \sqrt{384,984} \implies$$

AB = m. 18,68 (cateto corto)

2 In un triangolo rettangolo l'ipotenusa misura cm 60 e la proiezione di un cateto su di essa

è cm 15. Trovare i due cateti.   [30; 52]

Dati : ipotenusa = cm. 60; proiezione cm. 15

Risultato : Cateto minore cm. 30; cateto maggiore cm. 52

Consideriamo che CD sia cm 15 e CB sia cm. 60 calcoliamo l'altra proiezione del cateto sull'ipotenusa DB come differenza, si ha che DB = CB – CD => DB = 60-15 => *DB = cm. 45 (proiezione di AB su CB).* Vedi disegno.

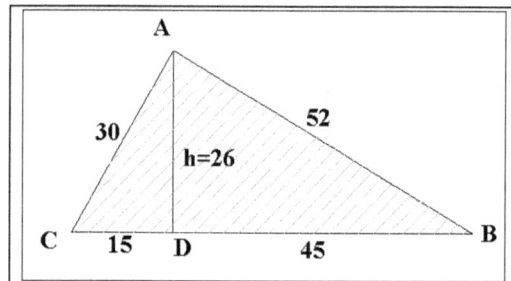

FORMULE APPLICATE

Pitagora: $CB = \sqrt{AC^2 - AB^2}$

Euclide: $AC^2 = CD \bullet CB$

$\qquad AB^2 = DB \bullet CB$

Euclide: $h^2 = CD \bullet DB$

Dal 1° teorema di Euclide (*in un triangolo rettangolo, il cateto è medio proporzionale tra l'ipotenusa e la propria proiezione su di essa*) calcoliamo il lato AC, si ha che

$AC^2 = CD \bullet CB => AC^2 = 15 \bullet 60 => AC^2 = 900 => AC = \sqrt{900} =>$

AC = cm. 30 (lato corto del triangolo)

Dal 1° teorema di Euclide calcoliamo il lato AB, si ha che $AB^2 = DB \bullet CB => AB^2 = 45 \bullet 60 >$

$AB^2 = 2700 => AB = \sqrt{2700} =>$

AB = cm. 52 (lato lungo del triangolo)

Poiché il 2° teorema di Euclide asserisce che l'altezza è media proporzionale tra le due proiezione dei cateti sull'ipotenusa si ha che $h^2 = CD \bullet DB => h^2 = 15 \bullet 45 => h^2 = 675 =>$

$h = \sqrt{675}$ => cm. 25,98 (altezza triangolo)

3

In un triangolo *ABC* rettangolo in *A*, siano *AB* = 3 cm e *AC* = 4 cm. Calcolare

l'ipotenusa *BC*, l'altezza *AD* e i due segmenti che essa determina sulla ipotenusa.

[*BC* = 5 cm; *BD* = 1,8 cm; *CD* = 3,2 cm]

Dati : AB = cm. 3; AC = cm.

Risultato : Ipotenusa cm. 5 cm; proiezione cateto minore cm. 3,2

Il triangolo CAB è rettangolo in A per cui applichiamo il teorema di Pitagora per calcolare

l'ipotenusa CB, si ha che $CB = \sqrt{AC^2 - AB^2}$ => $CB = \sqrt{4^2 - 3^2}$ => $CB = \sqrt{25}$ =>

CB = cm. 5 (ipotenusa) Vedi figura

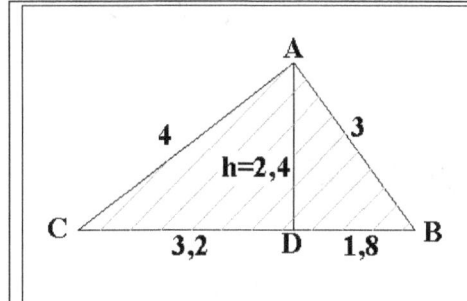

FORMULE APPLICATE
Pitagora: $CB = \sqrt{AC^2 - AB^2}$
Euclide: $AC^2 = CD \bullet CB$
$AB^2 = DB \bullet CB$

Dal 1° teorema di Euclide (*in un triangolo rettangolo, il cateto è medio proporzionale tra l'ipotenusa e la propria proiezione su di essa*) calcoliamo la proiezione dell'ipotenusa CD, si

ha che $AC^2 = CD \bullet CB$ => $4^2 = CD \bullet 5$ => $CD = \dfrac{16}{5}$ =>

CD = cm. 3,2 (proiezione del cateto sull'ipotenusa

Dal 1° teorema di Euclide calcoliamo l'altra proiezione, si ha che $AB^2 = DB \bullet CB$ =>

$3^2 = DB \bullet 5$ => $DB = \dfrac{9}{5}$ =>

DB = cm. 1,8 (Proiezione di AB sull'ipotenusa)

Poiché il 2° teorema di Euclide asserisce che l'altezza è media proporzionale tra le due

proiezione dei cateti sull'ipotenusa, si ha che $h^2 = CD \bullet DB$ =>

$h^2 = 3,2 \bullet 1,8$ => $h = \sqrt{5,76}$ => *h = cm. 2,4 (altezza del triangolo)*

4 In un triangolo *ABC,* rettangolo in *A,* siano l'ipotenusa *BC* = cm 6, il cateto *AB* = 3,6 cm.

Calcolare il cateto *AC,* l'altezza *AD e* i segmenti che essa determina sull'ipotenusa.

[AC = 4,8 cm; *AD* = 2,88 cm; *BD* = 2,16 cm; *CD* = 3.84 cm]

Dati : BC = cm. 6; AB = cm. 3,6

Risultato :

Poiché il triangolo è rettangolo in A Calcoliamo il lato AC con il Teorema di Pitagora, si ha che $AC = \sqrt{CB^2 - AB^2}$ => $AC = \sqrt{6^2 - 3,6^2}$ => $AC = \sqrt{36 - 12,96}$ => $AC = \sqrt{23,04}$ =>

AC = cm. 4,8 (lato maggiore del triangolo). Vedi figura

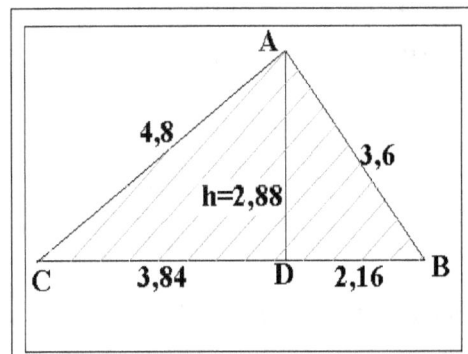

FORMULE APPLICATE

Pitagora: $AC = \sqrt{CB^2 - AB^2}$

Euclide: $AC^2 = CD \bullet CB$
$AB^2 = DB \bullet CB$

Euclide: $h^2 = CD \bullet DB$

Dal 1° teorema di Euclide (*in un triangolo rettangolo, il cateto è medio proporzionale tra l'ipotenusa e la propria proiezione su di essa*) calcoliamo la proiezione del lato grande

sull'ipotenusa, si ha che $AC^2 = CD \bullet CB$ => $4,8^2 = CD \bullet 6$ => $CD = \dfrac{4,8^2}{6}$ => $CD = \dfrac{23,04}{6}$ =>

CD = cm. 3,84 (proiezione del lato grande sull'ipotenusa)

Dal 1° teorema di Euclide calcoliamo il lato piccolo del triangolo DB, si ha che $3,6^2 = DB \bullet 6$

=> $DB = \dfrac{3,6^2}{6}$ => $DB = \dfrac{12,96}{6}$ => *DB = cm. 2,16 (proiezione del lato minore del triangolo)*

Poiché il 2° teorema di Euclide asserisce che l'altezza è media proporzionale tra le due proiezione dei cateti sull'ipotenusa calcoliamo l'altezza del triangolo, si ha che
$h^2 = CD \bullet DB$ => $h^2 = 3,84 \bullet 2,16$ => $h^2 = 8,2944$ => *h = cm. 2,88 (altezza del triangolo)*

5

In un triangolo *ABC*, rettangolo in *A*. siano dati il cateto *AB* = 36 cm, l'altezza relativa all'ipotenusa *AD* = 28,8 cm. Calcolare la proiezione *BD* di *AB* sull'ipotenusa, l'ipotenusa *BC* e il cateto *AC*.

[BD = 21,6 cm; BC = 60 cm; AC = 48 cm]

Dati : AB = cm. 36; AD = 28,8
Risultato :

Poiché il triangolo è rettangolo in A calcoliamo la proiezione DB con Pitagora, si ha che =>
$AB^2 = DB \cdot CB$ Calcoliamo la proiezione DB del cateto AB con il teorema di Pitagora, si ha che $DB = \sqrt{AB^2 - h^2}$ => $DB = \sqrt{36^2 - 28,8^2}$ => $DB = \sqrt{1296 - 829,44}$ => $DB = \sqrt{466,56}$ =>
DB = cm. 21,6 (proiezione) vedi disegno

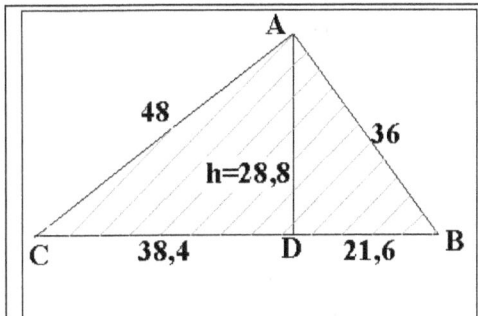

FORMULE APPLICATE

Pitagora: $DB = \sqrt{AB^2 - h^2}$

Euclide: $AC^2 = CD \cdot CB$
$AB^2 = DB \cdot CB$

Euclide: $h^2 = CD \cdot DB$

Poiché il 2° teorema di Euclide asserisce che l'altezza è media proporzionale tra le due proiezione dei cateti sull'ipotenusa calcoliamo l'altra proiezione, si ha che $h^2 = CD \cdot DB$ =>
$28,8^2 = CD \cdot 21,6$ => $829,44 = CD \cdot 21,6$ => $CD = \dfrac{829,44}{21,6}$ => *CD = cm. 38,4 (proiezione)*

L'ipotenusa BC = CD + DB => BC = 38,4 + 21,6 => *BC = cm. 60 (Ipotenusa del triangolo)*
Dal 1° teorema di Euclide (*in un triangolo rettangolo, il cateto è medio proporzionale tra l'ipotenusa e la propria proiezione su di essa*) calcoliamo il lato AC, si ha che
$AC^2 = CD \cdot CB$ => $AC^2 = 38,4 \cdot 60$ $AC^2 = 2304$ => $AC = \sqrt{829,44}$ =>
AC = cm. 48 (lato maggiore del triangolo)

6 In un triangolo *ABC*, rettangolo in *A*, siano il cateto *AC* = 4,8 cm e la sua proiezione *CD* = 3,84 cm sull'ipotenusa. Calcolare l'altezza *AD*, l'ipotenusa *BC* e il cateto *AB*.

[AD = 2,88 cm; BC == 6 cm.; AB = 3,6 cm]

Dati : AC = cm. 4,8; proiezione cateto sull'ipotenusa = 3,84

Risultato :

Con il teorema di Pitagora calcoliamo l'altezza, si ha che $h = \sqrt{AC^2 - CD^2}$ =>
$h = \sqrt{4,8^2 - 3,84^2}$ => $h = \sqrt{23,04 - 14,7456}$ => $h = \sqrt{8,29}$ =>
$h = cm.\ 2,88\ (altezza)$ **vedi figura**

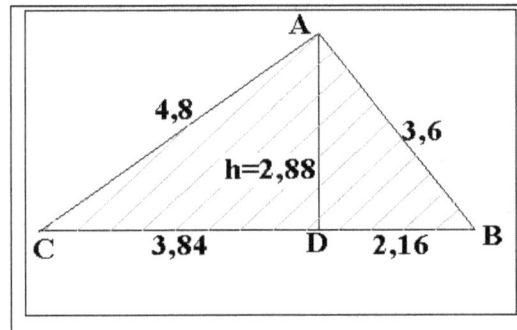

FORMULE APPLICATE
Pitagora: $\boldsymbol{h = \sqrt{AC^2 - CD^2}}$
Pitagora: $\boldsymbol{AB = \sqrt{h^2 + DB^2}}$
Pitagora: $\boldsymbol{AC = \sqrt{h^2 + CD^2}}$
Euclide: $\boldsymbol{h^2 = CD \bullet DB}$

Poiché il 2° teorema di Euclide asserisce che l'altezza è media proporzionale tra le due proiezione dei cateti sull'ipotenusa calcoliamo la proiezione DB, si ha che $\boldsymbol{h^2 = CD \bullet DB}$ ossia
$2,88^2 = 3,84 \bullet DB$ **=>** $\boldsymbol{DB = \dfrac{2,88^2}{3,84}}$ **=>** $\boldsymbol{DB = \dfrac{8,2944}{3,84}}$ **=>** $DB = cm.\ 2,16\ (proiezione\ del\ lato$
minore del triangolo)

Calcoliamo il lato AB con il teorema di Pitagora, si ha che $\boldsymbol{AB = \sqrt{h^2 + DB^2}}$ =>
$\boldsymbol{AB = \sqrt{2,88^2 + 2,16^2}}$ => $\boldsymbol{AB = \sqrt{8,2944 + 4,6656}}$ => $\boldsymbol{AB = \sqrt{12,96}}$ => $AB = cm.\ 3,6\ (lato)$

Calcoliamo l'altro lato con il teorema di Pitagora, si ha che $\boldsymbol{AC = \sqrt{h^2 + CD^2}}$ =>
$\boldsymbol{AC = \sqrt{2,88^2 + 3,84^2}}$ => $\boldsymbol{AC = \sqrt{8,2944 + 14,7456}}$ => $\boldsymbol{AC = \sqrt{23,04}}$ => $AC = cm.\ 4,8\ (lato)$

Calcoliamo l'ipotenusa CB, si ha che CB = CD + DB => CB = 3,84 + 2,16 =>
$CB = cm.\ 6\ (ipotenusa\ del\ triangolo)$

7 In un triangolo *ABC*, rettangolo in A, siano *BD* = 54 cm e *CD* = 96 cm, le proiezioni dei

due cateti sull'ipotenusa. Calcolare l'altezza e i cateti.

[AD = 72 cm; AB = 90 cm ; AC = 120 cm; BC = 150 cm]

Dati : BD = cm. 54; CD = cm. 96

Risultato :

Poiché il 2° teorema di Euclide asserisce che l'altezza è media proporzionale tra le due proiezione dei cateti sull'ipotenusa calcoliamo l'altezza h, si ha che $h^2 = CD \bullet DB$ =>
$h^2 = 96 \bullet 54$ => $h^2 = 5184$ => $h = \sqrt{5184}$ =>
h = cm. 72 (altezza del triangolo) vedi disegno

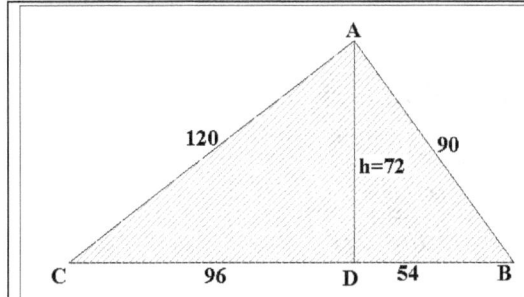

FORMULE APPLICATE
Pitagora: $AB = \sqrt{h^2 + DB^2}$
Pitagora: $AC = \sqrt{h^2 + CD^2}$

Poiché il triangolo è rettangolo in A calcoliamo il lato AB con il teorema di Pitagora, si ha che
$AB = \sqrt{h^2 + DB^2}$ => $AB = \sqrt{72^2 + 54^2}$ => $AB = \sqrt{5184 + 2916}$ => $AB = \sqrt{8100}$ =>
AB = cm. 90 (lato)
Calcoliamo il lato AC con Pitagora, si ha che $AC = \sqrt{h^2 + CD^2}$ => $AC = \sqrt{72^2 + 96^2}$ =>
$AC = \sqrt{5184 + 9016}$ => $AC = \sqrt{14400}$ => AC = cm. 120 (lato del triangolo)
Calcoliamo l'ipotenusa CB, si ha che CB = CD + DB => CB = 96 + 54 =>
AB = cm. 150 (ipotenusa del triangolo)

8

In un triangolo rettangolo un cateto è di cm 18,5 e l'altezza relativa alla ipotenusa è di cm 11,1. Trovare l'ipotenusa. [23,125]

Dati : cateto cm. 18,5; h = 11,1

Risultato :

Calcoliamo la proiezione DB con il teorema di Pitagora, si ha che $DB = \sqrt{AB^2 - h^2}$ =>
$DB = \sqrt{18,5^2 - 11,1^2}$ => $DB = \sqrt{342,25 - 123,21}$ => $DB = \sqrt{219,04}$ => $DB = cm.\ 14,8$
Poiché il 2° teorema di Euclide asserisce che l'altezza è media proporzionale tra le due proiezione dei cateti sull'ipotenusa calcoliamo la proiezione CD, si ha che $h^2 = CD \bullet DB$ =>
$11,1^2 = CD \bullet 14,8$ => $CD = \dfrac{11,1^2}{14,8}$ => $CD = \dfrac{123,21}{14,8}$ => $CD = cm.\ 8,325\ (proiezione)$ **vedi figura**

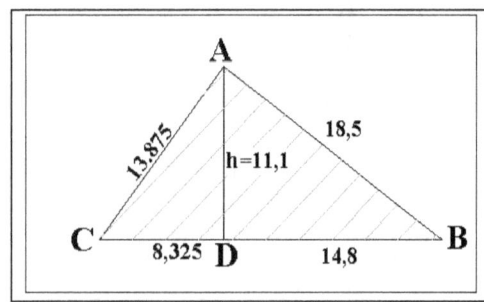

FORMULE APPLICATE
Pitagora: $DB = \sqrt{AB^2 - h^2}$
Euclide: $h^2 = CD \bullet DB$
Pitagora: $AC = \sqrt{h^2 + CD^2}$

Calcoliamo il lato AC con Pitagora, si ha che $AC = \sqrt{h^2 + CD^2}$ => $AC = \sqrt{11,1^2 + 8,325^2}$ =>
$AC = \sqrt{69,31 + 123,21}$ => $AC = \sqrt{192,516}$ => $AC = cm.\ 13,875\ (lato\ minore)$

Calcoliamo l'ipotenusa del triangolo, si ha che CB=CD + DB => CB = 8,325 + 14,8 => $CB = cm.\ 23,125\ (ipotenusa\ del\ triangolo\ rettangolo)$

9

In triangolo rettangolo un cateto è di cm 28,5, mentre la sua proiezione sulla ipotenusa è di cm 17,1. Trovare il perimetro e l'arca del triangolo.

$$[h = 22,8 \; ; P = 114; A = 541,5 \;]$$

Dati : cateto cm. 28,5; proiezione = cm. 17,1

Risultato :

Calcoliamo l'altezza con Pitagora, si ha che $h = \sqrt{AC^2 - CD^2}$ => $h = \sqrt{28,5^2 - 17,1^2}$ =>
$h = \sqrt{812,25 - 292,41}$ => $h = \sqrt{519,84}$ => $h = cm. \; 22,8 \; (altezza \; del \; triangolo)$ **vedi disegno**

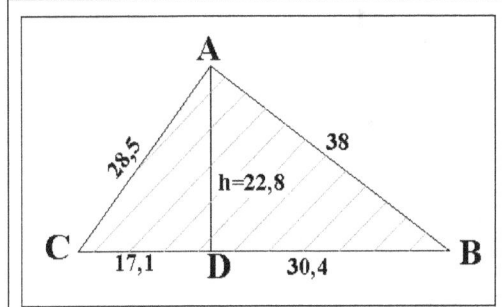

	FORMULE APPLICATE
	Pitagora: $h = \sqrt{AC^2 - CD^2}$
	Pitagora: $AB = \sqrt{h^2 + DB^2}$
	Euclide: $h^2 = CD \bullet DB$
	Area : $A = \dfrac{CB \bullet h}{2}$

Poiché il 2° teorema di Euclide asserisce che l'altezza è media proporzionale tra le due proiezione dei cateti sull'ipotenusa Calcoliamo la proiezione DB, si ha che $h^2 = CD \bullet DB$ =>
$22,8^2 = 17,1 \bullet DB$ => $DB = \dfrac{22,8^2}{17,1}$ => $DB = \dfrac{519,81}{17,1}$ => $DB = cm. \; 30,4 \; (proiezione)$

Calcoliamo il lato AB con Pitagora, si ha che $AB = \sqrt{h^2 + DB^2}$ => $AB = \sqrt{22,8^2 + 30,4^2}$ =>
$AB = \sqrt{519,84 + 924,16}$ => $AB = \sqrt{1444}$ => $AB = cm. \; 38 \; (lato \; del \; triangolo)$

CB = CD + DB => CB = 47,5 + 30,4 => $CB = cm. \; 47,5 \; (ipotenusa \; del \; triangolo)$

Calcoliamo il perimetro del triangolo, si ha che P = AC + AB + CB => P = 28,5 + 38 + 47,5 =>
$P = cm. \; 114 \; (perimetro \; del \; triangolo)$

Calcoliamo l'area del triangolo, si ha che $A = \dfrac{CB \bullet h}{2}$ => $A = \dfrac{47,5 \bullet 22,8}{2}$ =>

$A = \dfrac{1083}{2}$ => $A = cmq. \; 541,5 \; (area \; del \; triangolo)$

10

In un triangolo rettangolo l'ipotenusa è di dm 57,5 e la proiezione di un cateto su di

essa è dì cm 20,7, calcolare l'altro cateto [56,30; 10,1; A = 284,19]

Dati : ipotenusa dm. 57,5; proiezione cm. 20,7

Risultato :

Calcoliamo il lato AB con il 1° teorema di Euclide, (il quadrato di un lato è medio
proporzionale tra l'ipotenusa e la stessa proiezione del lato) si ha che $AB^2 = DB \bullet CB$
$AB^2 = 2,07 \bullet 57,5 => AB^2 = 119,025 \quad AB = \sqrt{119,025}$ =>

AB = dm. 10,1 (lato del triangolo) vedi figura

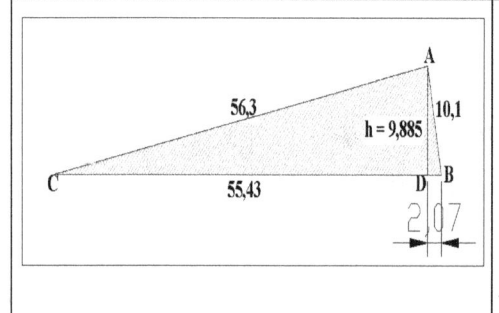

FORMULE APPLICATE

Euclide: $AB^2 = DB \bullet CB$

Pitagora: $h = \sqrt{AB^2 - DB^2}$

Pitagora: $AC = \sqrt{h^2 + CD^2}$

Area : $A = \dfrac{CB \bullet h}{2}$

Calcoliamo l'altezza h con Pitagora, si ha che $h = \sqrt{AB^2 - DB^2}$ => $h = \sqrt{10,1^2 - 2,07^2}$ =>

$h = \sqrt{102,01 - 4,2849}$ => $h = \sqrt{3170,2}$ => h = dm. 9,885 (altezza)

Calcoliamo la proiezione CD, si ha che CD = BC – DB => CD = 57,5 – 2,07 =>

CD = dm. 55,43 (proiezione)

Calcoliamo il lato AC con Pitagora, si ha che $AC = \sqrt{h^2 + CD^2}$ => $AC = \sqrt{9,885^2 + 55,43^2}$ =>

$AC = \sqrt{97,71 + 3092,44}$ => $AC = \sqrt{3170,21}$ => AC = dm. 56,30 (lato del triangolo)

Calcoliamo l'area del triangolo, si ha che $A = \dfrac{b \bullet h}{2}$ => $A = \dfrac{57,5 \bullet 9,885}{2}$ => A = dmq. 284,19

11

In un triangolo rettangolo, avente l'altezza di dm 3,6 la proiezione di un cateto sull'ipotenusa e di cm 2,4. Trovare il perimetro e l'area del triangolo. [A = 14,04 …]

Dati : h = dm. 3,6; proiezione = cm. 2,4

Risultato :

Calcoliamo il lato AC del triangolo con Pitagora, si ha che $AC = \sqrt{h^2 + CD^2}$ =>
$AC = \sqrt{36^2 + 24^2}$ => $AC = \sqrt{1296 + 576}$ => $AC = \sqrt{1872}$ =>

AC = cm. 3,27 (lato del triangolo)

Poiché il 2° teorema di Euclide asserisce che l'altezza è media proporzionale tra le due proiezione dei cateti sull'ipotenusa calcoliamo la proiezione DB, si ha che $h^2 = CD \bullet DB$ =>
$36^2 = 24 \bullet DB$ =>

$1296 = 24 \bullet DB$ => $DB = \dfrac{1296}{24}$ => *DB = cm. 54 (proiezione) vedi disegno*

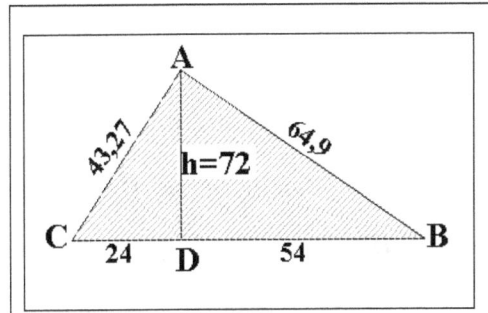

Calcoliamo il lato AB con Pitagora, si ha che $AB = \sqrt{h^2 + DB^2}$ => $AB = \sqrt{36^2 + 54^2}$ =>
$AB = \sqrt{1296 + 2916}$ => $AB = \sqrt{4212}$ =>

AB = 64,9 cm (lato del triangolo)

Calcoliamo l'area del triangolo, si ha che $A = \dfrac{(CD + DB) \bullet h}{2}$ => $A = \dfrac{(24 + 54) \bullet 36}{2}$ =>

$A = \dfrac{78 \bullet 36}{2}$ => $A = 1404 cm^2$ *ossia* $A = 14,04 dm^2$

12 In un triangolo rettangolo le proiezioni dei due cateti sull'ipotenusa sono di m 2,88 e

di m 11,52. Trovare l'altezza e i due cateti, *[h = 5,76; ...]*

Dati : proiezioni m. 2,88 e m. 11,52

Risultato :

Poiché il 2° teorema di Euclide asserisce che l'altezza è media proporzionale tra le due
proiezione dei cateti sull'ipotenusa calcoliamo l'altezza, si ha che $h^2 = CD \bullet DB$ =>
$h = \sqrt{CD \bullet DB}$ => $h = \sqrt{2,88 \bullet 11,52}$ => $h = \sqrt{33,1776}$ => *h = m. 5,76 (altezza del triangolo)*
vedi disegno

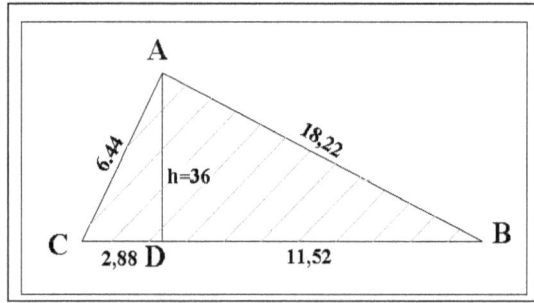

Calcoliamo CB, si ha che CB = CD + DB => CB = 2,88 + 11,52 *CB = m. 14,40 (ipotenusa)*

Calcoliamo i lati con il teorema di Pitagora, si ha che $AC = \sqrt{h^2 + CD^2}$ =>
$AC = \sqrt{5,76^2 + 2,88^2}$ => $AC = \sqrt{33,1776 + 8,2944}$ => $AC = \sqrt{41,472}$ =>

AC = m. 6,44 (lato del triangolo)

Calcoliamo il lato AB, si ha che $AB = \sqrt{h^2 + DB^2}$ $AB = \sqrt{5,76^2 + 11,52^2}$ =>
$AB = \sqrt{33,1776 + 165,88}$ => $AB = \sqrt{331,776}$ => *AB = m. 18,22 (lato del triangolo)*

13

In un triangolo rettangolo, avente un cateto di m 16, sta all'altezza nel rapporto 5/4,
Trovare l'ipotenusa e il secondo cateto.   [20; 12]

Dati : cateto = m. 16 in rapporto 5 a 4 sull'altezza

Risultato :

Poiché la proiezione del cateto AB su AC è data dalla proporzione $\dfrac{5}{4} = \dfrac{AB}{DB}$ noto AB
risolviamo,
$\dfrac{5}{4} = \dfrac{16}{DB}$ => $DB = \dfrac{4 \bullet 16}{5}$ => *DB = m. 12,8 (proiezione)* **vedi figura**

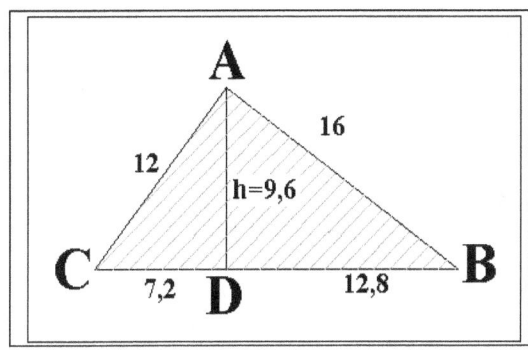

Calcoliamo l'altezza con Pitagora, si ha che $h = \sqrt{AB^2 - DB^2}$ => $h = \sqrt{16^2 - 12,8^2}$ =>
$h = \sqrt{256 - 163,84}$ => $h = \sqrt{92,16}$ => *h = m. 9,6 (altezza del triangolo)*
Poiché il 2° teorema di Euclide asserisce che l'altezza è media proporzionale tra le due
proiezione dei cateti sull'ipotenusa calcoliamo che $h^2 = CD \bullet DB$ => $9,6^2 = CD \bullet 12,8$ =>
$92,16 = CD \bullet 12,8$ => $CD = \dfrac{92,16}{12,8}$ => *CD = m. 7,2 (proiezione)*

Calcoliamo con Pitagora il lato AC, si ha che $AC = \sqrt{h^2 + CD^2}$ =>
$AC = \sqrt{9,6^2 + 7,2^2}$ => $AC = \sqrt{92,16 + 51,84}$ => $AC = \sqrt{144}$ => AC = 12
Calcoliamo l'ipotenusa del triangolo, si ha che CB = CD + DB => CB = 7,2 + 12, 8 =>
CB = m. 20 (ipotenusa del triangolo)

14 In un triangolo rettangolo un cateto è di dm 27 e l'ipotenusa sta alla proiezione di quel cateto su di essa nel rapporto 25/9. Trovare l'ipotenusa e l'altro cateto.   [45; 36]

Dati : cateto = dm. 27; rapporto 25/9 del cateto

Risultato :

I dati della traccia ci impongono a estendere la seguente eguaglianza **25 : 9 = CB : DB** => da cui $DB = \dfrac{9CB}{25}$ però il lato AB è calcolabile con 1° teorema di Euclide con la formula $AB^2 = DB \bullet CB$, quindi noto AB = 27 sostituiamo in essa il suo valore e calcoliamo l'ipotenusa CB, si ha che $27^2 = \dfrac{9CB}{25} \bullet CB$ => $729 = \dfrac{9CB^2}{25}$ => $18225 = 9CB^2$ =>

$CB^2 = \dfrac{18225}{9}$ => $CB^2 = 2025$ => $CB = \sqrt{2025}$ => $CB = dm.\ 45$ *(ipotenusa)*

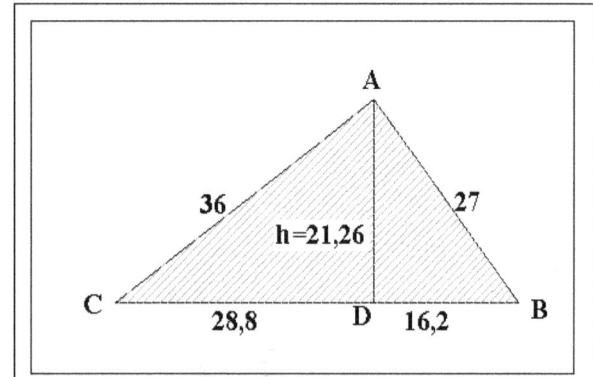

Sostituiamo l'ipotenusa CB nella formula sopra calcolata $DB = \dfrac{9CB}{25}$ => $DB = \dfrac{9 \bullet 45}{25}$ =>

$DB = \dfrac{405}{25}$ => $DB = dm.\ 16,2$ *(proiezione del lato AB sull'ipotenusa)*

CD = CB – DB => CD = 45 – 16,2 => CD = 28,8 (proiezione dell'altro lato del triangolo)

Calcoliamo l'altezza del triangolo con Pitagora, si ha che $h = \sqrt{AB^2 - DB^2}$ =>

$h = \sqrt{27^2 - 16,2^2}$ => $h = \sqrt{729 - 262,44}$ => $h = \sqrt{466,56}$ => *h = dm. 21,6 (altezza)*

Calcoliamo il lato AC con Pitagora, si ha che $AC = \sqrt{h^2 + CD^2}$ => $AC = \sqrt{21,6^2 + 28,8^2}$ =>

$AC = \sqrt{466,56 + 829,44}$ => $AC = \sqrt{1296}$ => *AC = dm. 36 (lato del triangolo)*

15

In un triangolo rettangolo si sa che il rapporto fra le proiezioni dei cateti sull'ipotenusa **è** 9/16 e che questa è di cm 18,50. Determinare: 1) la misura dell'altezza relativa all'ipotenusa;

2) il perimetro e l'area del triangolo, [h == cm 8,88;...]

Dati : proiezione dei cateti 9/16; rapporto proiezioni = 18,5

Risultato :

Il rapporto delle proiezioni imposto dalla traccia ci impongono a estendere la seguente eguaglianza $9 : 16 = CD : DB$ => da cui calcoliamo una qualsiasi incognita delle due, si ha che

$CD = \dfrac{9DB}{16}$ però noto l'ipotenusa del triangolo CD + DB = 18,5 si sostituisce il valore di CD, si

ha che $\dfrac{9DB}{16} + DB = 18,5$ => $9DB + 16DB = 16 \cdot 18,5$ => $25DB = 296$ => $DB = \dfrac{296}{25}$ => *DB*

= *cm. 11,84 (proiezione del lato AB)* **vedi figura**

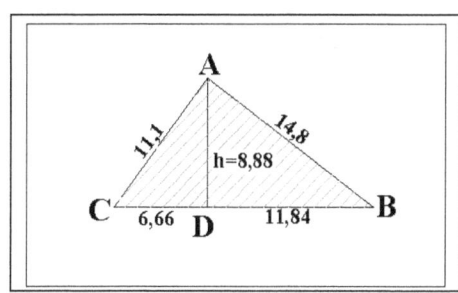

Riprendiamo $CD = \dfrac{9DB}{16}$ e sostituiamo in essa il valore di DB calcolato, si ha che

$CD = \dfrac{9 \cdot 11,84}{16}$ => $CD = \dfrac{106,56}{16}$ => *CD = cm. 6, 66 (proiezione del lato AC)*

Verifica delle condizioni: CD + DB = 18,5 => 6,66 + 11,84 = 18,5 *Vero*

$\dfrac{CD}{DB} = \dfrac{9}{16}$ => $\dfrac{6,66}{11,84} = \dfrac{9}{16}$ => 0,5625 = 05625 *Vero*

Le verifiche sono esatte.

Calcoliamo l'altezza con il teorema di Euclide, si ha che $h^2 = CD \cdot DB$ => $h^2 = 6,66 \cdot 11'84$ =>

$h^2 = 78,8544$ => $h^2 = \sqrt{78,8544}$ => *h = cm. 8,88 (altezza del triangolo)*

Calcoliamo i lati del triangolo con il teorema di Pitagora, si ha che $AC = \sqrt{h^2 + CD^2}$;

$AC = \sqrt{8,88^2 + 6,66^2}$ => $AC = \sqrt{78,8544 + 44,3556}$ => $AC = \sqrt{123,21}$ =>

AC = cm. 11,1 (lato)

$AB = \sqrt{h^2 + DB^2}$ => $AB = \sqrt{8,88^2 + 11,84^2}$ => $AB = \sqrt{78,8544 + 140,1856^2}$ =>

$AB = \sqrt{219,04}$ => *AB = cm. 14,8 (lato del triangolo)*

Calcoliamo il perimetro, si la che P = 18,5 + 11,1 + 14,8 =>

P = cm. 44,4 (perimetro del triangolo)

Calcoliamo l'altezza, si ha che $A = \dfrac{CB \bullet h}{2}$ => $A = \dfrac{18,5 \bullet 8,88}{2}$ =>

A = cmq. 82,14 (area del triangolo)

16
In un triangolo rettangolo il cateto minore è 3/4 dell'altezza più 36. La differenza tra il cateto minore e l'altezza relativa all'ipotenusa è m 18. Calcolare le lunghezze dei cateti e l'area della superficie del triangolo., inoltre verificare il rapporto 3/4 con i lati del triangolo [120; 90; …]

Dati : BH = cateto minore 3/4 dell'altezza più 36; differenza cateto minore e altezza m.18

Risultato :

Le condizione imposte dal problema sono: il cateto minore che chiameremo AC = h + 18 e che lo stesso sia AC = 3/4h+36 , quindi basti sostituire il valore di questa seconda condizione nella prima e risolverla per calcolare l'altezza.

$\dfrac{3h}{4} + 36 = h + 18$ => $3h + 144 = 4h + 72$ => $144 - 72 = 4h - 3h$ => $72 = h$ =>

h = m. 72 (altezza)

Poiché AC = h+ 18 si ha che **AC = 72 + 18** => *AC = m. 90 (cateto minore)* (vedi disegno)

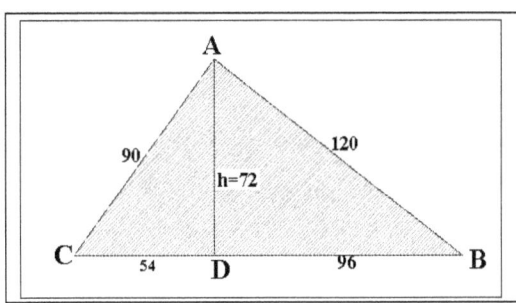

Calcoliamo la proiezione CD con il teorema di Pitagora, si ha che $CD = \sqrt{AC^2 - h^2}$ =>

$CD = \sqrt{90^2 - 72^2}$ => $CD = \sqrt{8100 - 5184}$ => $CD = \sqrt{2916}$ => *CD = m. 54 (proiezione)*

Calcoliamo l'altra proiezione con il teorema di Euclide, si ha che $h^2 = CD \bullet DB$ =>

$72^2 = 54 \bullet DB$ => $DB = \dfrac{72^2}{54}$ => *DB = m. 96 (latro minore)*

Calcoliamo il lato maggiore del triangolo con il teorema di Pitagora, si ha che

$AB = \sqrt{h^2 + DB^2}$ =>

$AB = \sqrt{72^2 + 96^2}$ => $AB = \sqrt{5184 + 9216}$ => $AB = \sqrt{14400}$ => *AB = m. 120 (lato maggiore)*

Calcoliamo l'ipotenusa, si ha che CB = CD * DC => CD = 54 + 96 => CB = m. *120 (ipotenusa)*

$$A = \frac{CB \cdot h}{2} \implies A = \frac{120 \cdot 72}{2} \implies A = mq.\ 5400\ (area\ del\ triangolo)$$

Verifica: $\dfrac{3}{4} = \dfrac{AC}{AB} \implies$ ossia $\quad \dfrac{3}{4} = \dfrac{90}{120} \implies$ da cui 3*120 = 4*90 $\implies$ *360 = 360 verifica*

effettuata.

17

In un triangolo rettangolo che ha il perimetro di cm 60, il .rapporto tra i due cateti

è **3/4.** Calcolare l'ipotenusa del triangolo e l'altezza ad essa relativa. [cm. 25; cm. 12]

Dati : perimetro = cm. 60; rapporto tra cateti 3/4

Risultato :

Osservando bene la figura di sinistra si nota che il rapporto 3/4 significa che un lato è diviso in 3 parti e l'altro in 4 parti per cui con il teorema di Pitagora si calcolino le parti dell'ipotenusa, si ha che

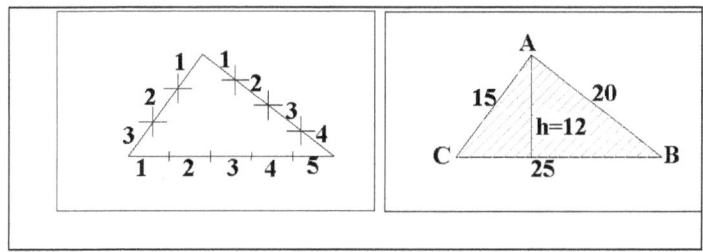

$CB = \sqrt{3^2 + 4^2} \implies CB = \sqrt{9+16} \implies CB = \sqrt{25} \implies CB = cm.\ 5\ (parti)$

Il perimetro risulta essere di 3+4+5 $\implies$ *P = 12 parti*

Poiché la misura del perimetro è cm. 60 si ha che 60/12 = *cm 5 (misura di una sola parte)*

Calcoliamo subito le misure dei lati e dell'ipotenusa:

AC = 3 * cm. 5 $\implies$ *AC = cm. 15*

AB = 4 * cm. 5 $\implies$ *AB = cm. 20*

CB = 5 * cm. 5 $\implies$ *CB = cm. 25*

Per calcolare l'altezza h del triangolo (Vedi nota) dobbiamo richiamare il 1° teorema di Euclide (il quadrato di un lato è medio proporzionale tra l'ipotenusa e la stessa proiezione del lato sull'ipotenusa) per cui $AC^2 = x \cdot CB$ inserendo i valori si ha $15^2 = x \cdot 25 \implies$

$225 = x \cdot 25$ da cui $x = \dfrac{225}{25} \implies$

x = 9 cm. (proiezione del cateto AC sull'ipotenusa).

Sempre con il 1° teorema di Euclide si ha che $AB^2 = y \cdot CB$ inserendo i valori si

ha $20^2 = y \cdot 25 \implies 400 = y \cdot 25$ da cui $y = \dfrac{400}{25} \implies$

Y = 16 cm. (proiezione del cateto AB sull'ipotenusa).

Poiché il 2° teorema di Euclide cita l'altezza media proporzionale tra le proiezioni dei cateti sull'ipotenusa, si ha che $x : h = h : y$ da cui $h^2 = x \bullet y$ ossia $h = \sqrt{9 \bullet 16}$ =>
h = 12 cm. (altezza del triangolo rettangolo).
poiché $A = b \bullet h$ => $A = 25 \bullet 12$ =>
h = cm. 150 (area del triangolo rettangolo).

Nota: Dalla dimostrazione di Euclide (vedi proporzione dei triangoli 2 e 3) si evince che l'altezza è data dal rapporto del prodotto delle basi su l'ipotenusa, cioè $h = \dfrac{a \bullet b}{i}$

ossia $h = \dfrac{15 \bullet 20}{25}$ => **cm. 12 (1 solo passaggio ed è fatto, vero?)**

18 Un cateto di un triangolo rettangolo è m 16, l'altro cateto è i 3/5 dell'ipotenusa.

Trovare l'area del triangolo. [96]
Dati : cateto = m. 16; l'altro cateto 3/5 dell'ipotenusa
Risultato :

Poniamo che AC sia il cateto di 3 parti e l'ipotenusa CB quello di 5 parti, con Pitagora troviamo quante parti è l'altro cateto AB che misura m. 16, si ha che $AB = \sqrt{CB^2 - AC^2}$ =>
$AB = \sqrt{5^2 - 3^2}$ => $AB = \sqrt{25 - 9}$ => $AB = \sqrt{16}$ => AB = 4 (parti del cateto di m. 16)
Per cui AB/4 parti => *AB = m.4 (lunghezza lato AB).* **Vedi figura**

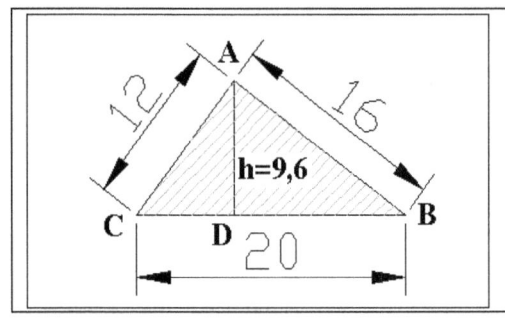

Con una semplice operazione calcoliamo le misure dell'altro lato e dell'ipotenusa, si ha che
AB = 3 parti per 4 ossia *AB = 3*4 = m. 12 (lungherra lato AB)*
CB = 5 parti per 4 ossia *CB = 5*4 = m. 20 (lunghezza ipotenusa CB)*
Calcoliamo il perimetro del triangolo, si ha che P = AC+AB+CB => P = m.12 + m.16 + m.20 =>
P = m. 48 (perimetro del triangolo
Dalla dimostrazione di Euclide (vedi proporzione dei triangoli 2 e 3) si evince che l'altezza è data dal rapporto del prodotto delle basi su l'ipotenusa, cioè $h = \dfrac{a \bullet b}{i}$ ossia

$h = \dfrac{12 \bullet 16}{20}$ => cm. 9,6 (altezza del triangolo rettangolo).

Calcoliamo l'area del rettangolo, si ha che $A = \dfrac{b \bullet h}{2}$ => $A = \dfrac{20 \bullet 9,6}{2}$ =>

A = m. ,6 (area del triangolo)

19

Le proiezioni dei cateti di un triangolo rettangolo sull'ipotenusa sono m 25 e

m 4. Trovare l'altezza, i cateti e l'area del triangolo,   [h = 10 ; A = 145]

Dati : proiezioni cateti m. 25 e m. 4

Risultato :

Con il teorema di Euclide in cui dice che: l'altezza è media proporzionale delle proiezioni dei cateti sull'ipotenusa, si ha che **CD : h = h : DB** => 25 : h = h : 4 => $h^2 = 25 \bullet 4$ =>
$h^2 = 100$ => $h^2 = \sqrt{100}$ => *h = m. 10 (altezza del triangolo)* **vedi figura**

Con il teorema di Pitagora calcoliamo i lati del triangolo:

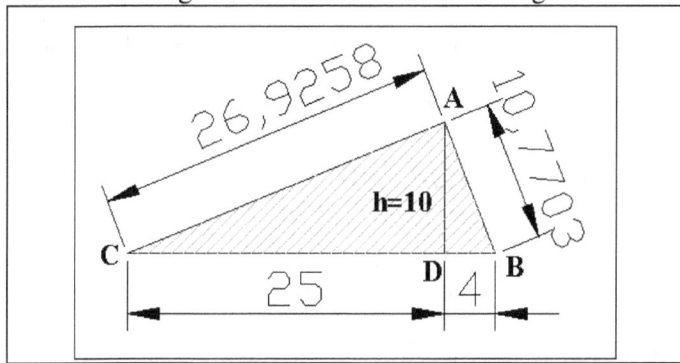

Calcoliamo il lato AC, si ha che $AC = \sqrt{CD^2 + h^2}$ => $AC = \sqrt{25^2 + 10^2}$ =>
$AC = \sqrt{625 + 100}$ =>

$AC = \sqrt{725}$ => *AC = m. 26,93 (lato del triangolo)*

Calcoliamo il lato AB, si ha che $AB = \sqrt{DB^2 + h^2}$ => $AB = \sqrt{4^2 + 10^2}$ =>
$AB = \sqrt{16 + 100}$ =>

$AB = \sqrt{116}$ => *AB = m. 10,77 (latio del triangolo)*

Calcoliamo l'area del triangolo, si ha che $A = \dfrac{CB \bullet h}{2}$ => $A = \dfrac{29 \bullet 10}{2}$ =>

A = mq. 145 (area del triangolo)

20

L'ipotenusa di un triangolo rettangolo è m 5, un cateto è i 3/4 dell'altro. Trovare

i due cateti e l'area del triangolo.   **[A= 6]**

Dati : ipotenusa = m. 5; rapporto cateto 3/4 dell'altro

Risultato :

Considerando che il cateto AC = $AC = \dfrac{3}{4} AB$ e noto

l'ipotenusa CB = 5 Vedi figura

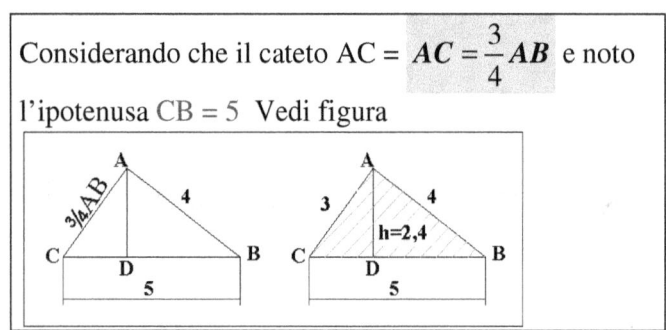

Calcoliamo il cateto AB del triangolo con Pitagora, si ha $5^2 = AC^2 + AB^2$ => sostituendo i

valori si ha $5^2 = (\dfrac{3}{4} AB)^2 + AB^2$ => $25 = \dfrac{9}{16} AB^2 + AB^2$ => $25 \bullet 16 = 9AB^2 + 16AB^2$ =>

$25 \bullet 16 = 25AB^2$ => $AB^2 = \dfrac{25 \bullet 16}{25}$ => $AB^2 = 16$ => $AB = \sqrt{16}$ =>

AB = m. 4 (lato del triangolo)

Poiché $AC = \dfrac{3}{4} AB$ si sostituisce AB in essa, si ha $AC = \dfrac{3}{4} \bullet 4$ =>

AC = m. 3 (lato del triangolo)

Calcoliamo il perimetro, si ha che P = AC + AB + CB => P = 3 + 4 + 5 =>

P = m. 12 (perimetro)

Dalla dimostrazione di Euclide (vedi proporzione dei triangoli 2 e 3) si evince che l'altezza

è data dal rapporto del prodotto delle basi su l'ipotenusa, cioè $h = \dfrac{a \bullet b}{i}$ ossia

$h = \dfrac{3 \bullet 4}{5}$ => *h = cm. 2,4 (altezza del triangolo rettangolo).*

Calcoliamo l'area del rettangolo, si ha che $A = \dfrac{b \bullet h}{2}$ => $A = \dfrac{5 \bullet 2,4}{2}$ =>

A = mq. ,6 (area del triangolo)

21

In un triangolo rettangolo un cateto è i 3/4 dell'altro e l'ipotenusa è di m. 25.

Calcolare i cateti, l'area, l'altezza relativa all'ipotenusa e le due proiezioni dei cateti sull'ipotenusa.   [15; 20; h = 12]

Dati : cateto 3/4 dell'altro; ipotenusa 25

Risultato :

Considerando che il cateto AC = $AC = \dfrac{3}{4}AB$ e noto l'ipotenusa CB = m. 25

Calcoliamo il cateto AB del triangolo con Pitagora, si ha $25^2 = AC^2 + AB^2$ => sostituendo i valori si ha $25^2 = (\dfrac{3}{4}AB)^2 + AB^2$ => => $25^2 = \dfrac{9}{16}AB^2 + AB^2$ => $25^2 \bullet 16 = 9AB^2 + 16AB^2$

$25^2 \bullet 16 = 25AB^2$ => $AB^2 = \dfrac{25^2 \bullet 16}{25}$ => $AB^2 = 25 \bullet 16$ => $AB = \sqrt{400}$ =>

AB = m. 20 (lato del triangolo)   **vedi figura**

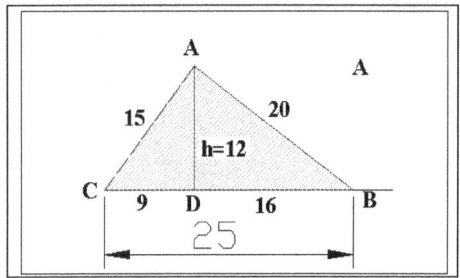

Poiché $AC = \dfrac{3}{4}AB$ si sostituisce AB in essa, si ha $AC = \dfrac{3}{4} \bullet 20$ => AC = 15 (lato del triangolo) Calcoliamo il perimetro, si ha che P = AC + AB + CB => P = 15 + 20 +25 => P = m. 60 (perimetro).

Poiché il teorema di Euclide consente di calcolare l'altezza nel modo semplice (vedi nota problema n. 17) abbiamo che $h = \dfrac{a \bullet b}{i}$ ossia $h = \dfrac{15 \bullet 20}{25}$ =>

h = m. 12 (altezza del triangolo rettangolo).

Calcoliamo l'area del rettangolo, si ha che $A = \dfrac{b \bullet h}{2}$ => $A = \dfrac{25 \bullet 12}{2}$ =>

A = mq. 150 (area del triangolo)

Con il teorema di Pitagora si calcolino le proiezioni:

$CD = \sqrt{AC^2 - h^2}$ => $CD = \sqrt{15^2 - 12^2}$ => $CD = \sqrt{225 - 144}$ => $CD = \sqrt{81}$ =>

CD = m. 9 (Proiezione del lato AC)

$DB = \sqrt{AB^2 - h^2}$ => $CD = \sqrt{20^2 - 12^2}$ => $CD = \sqrt{400 - 144}$ => $CD = \sqrt{256}$ =>
CD = m. 16 (Proiezione del lato AB).

22 L'ipotenusa di un triangolo rettangolo è lunga m 250 e l'altezza ad essa relativa è

lunga m 120. Calcolare le lunghezze dei cateti e l'area della superficie del triangolo.
[200; 150; 15 000]
Dati : ipotenusa = m. 250; h = m. 120
Risoluzione:

Poiché il 2° teorema di Euclide asserisce che l'altezza è media proporzionale tra le due proiezione dei cateti sull'ipotenusa, chiamiamo le proiezioni x e y (vedi figura) si ha che $h^2 = x \bullet y$.

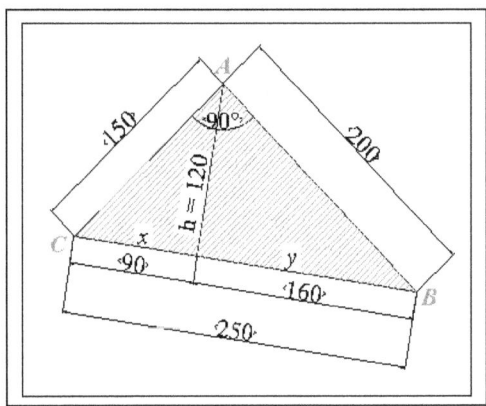

Noto l'ipotenusa m. 250, essa è la somma (x + y), quindi si ha che $x + y = 250$

Se esplicitiamo le due formule ottenute in funzione di x avremo un sistema con due equazioni facilmente risolvibile. Si ha:

$$\begin{cases} x = \dfrac{h^2}{y} \\ x = 250 - y \end{cases}$$ inseriamo i valori noti, si ha $$\begin{cases} x = \dfrac{120^2}{y} \\ x = 250 - y \end{cases}$$ otteniamo l'equazione generale:

$\dfrac{14400}{y} = 250 - y$ => $14400 = 250y - y^2$ => $y^2 - 250y + 14400 = 0$ equazione

di secondo grado che va risolta con la formula $x_{1/2} = \dfrac{-b \pm \sqrt{b^2 - 4ac}}{2a}$ per cui abbiamo

$$x_{1/2} = \frac{250 \pm \sqrt{250^2 - 4(1 \bullet 14400)}}{2 \bullet 1} => x_{1/2} = \frac{250 \pm \sqrt{62500 - 57600}}{2} => x_{1/2} = \frac{250 \pm \sqrt{4900}}{2}$$

$$=> x_{1/2} = \frac{250 \pm 70}{2} => \begin{vmatrix} x_1 = \dfrac{250 + 70}{2} \\ x_2 = \dfrac{250 - 70}{2} \end{vmatrix} =>$$

$\begin{vmatrix} x_1 = 160 \\ x_2 = 90 \end{vmatrix}$ poiché il sistema è simmetrico una è x e l'altra è y e viceversa.

Poniamo che le proiezioni del lati sull'ipotenusa siano $x = m.\ 90\ e\ y = m.\ 160$

Dal teorema di Pitagora calcoliamo il lato AC, si ha $AC = \sqrt{h^2 + x^2}$ => $AC = \sqrt{120^2 + 90^2}$ =>
$AC = \sqrt{14400 + 8100}$ => $AC = \sqrt{22500}$ =>

AC = m. 150 (lato del triangolo).

Dal teorema di Pitagora calcoliamo il lato AB, si ha $A = \sqrt{h^2 + y^2}$ =>
$A = \sqrt{120^2 + 160^2}$ => $AB = \sqrt{14400 + 25600}$ => $AB = \sqrt{40000}$ =>

AB = m. 200 (lato del triangolo).

Calcoliamo l'area, si ha $A = \dfrac{b \bullet h}{2}$ => $A = \dfrac{250 \bullet 120}{2}$ => $A = \dfrac{30000}{2}$ =>

A = mq. 15000 (area del triangolo).

Calcoliamo il perimetro, si ha che P = 150 + 200 + 250 => *P = m. 600 (perimetro)*

Se il lettore ha cognizione delle figure inscritte e circoscritte il problema sopra esposto viene risolto nel modo seguente:

La risoluzione del problema è possibile solo se si conoscono le peculiarità o affinità dei triangoli rettangoli.

a) i triangoli rettangoli non possono essere circoscritti in una circonferenza ma solo in una semi circonferenza;

b) l'ipotenusa è il diametro della semi circonferenza;

c) I vertici del triangolo rettangolo hanno equo distanza dal centro della circonferenza circoscritta.

d) L'area è data dalla formula $A = R \bullet h$

Il centro della semi circonferenza "O" è equo distante dai vertici A, B, C (vedisi figura).

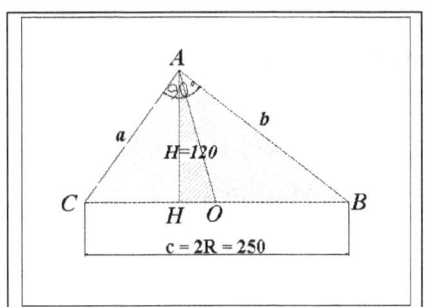

Noto La peculiarità b) calcoliamo il raggio "R" circoscritto al triangolo, si ha che $R = \dfrac{c}{2}$ =>

$R = \dfrac{250}{2}$ $R = m.\ 125$. *(raggio circoscritto)*

Noto la peculiarità c), dal teorema di Pitagora si ha che il triangolo AHC di colore rosso è retto, quindi $HO = \sqrt{AO^2 - h^2}$ => $HO = \sqrt{125^2 - 120^2}$ => $HO = \sqrt{15625 - 14400}$ => $HO = \sqrt{1225}$ => *HO = 35 m.* *(segmento)*

Il segmento CH è dato da R – HO => CH = 125 – 35 => *CH = 90 m.* *(proiezione di a)*

Con Pitagora si calcolino i lati a e b; si ha:

$a = \sqrt{h^2 + CH^2}$ $a = \sqrt{120^2 + 90^2}$ => $a = \sqrt{14400 + 8100}$ => $a = \sqrt{22500}$ => *a = 150 m.* *(lato)*

$b = \sqrt{h^2 + HB^2}$ dove HB = R+HO si ottiene che $b = \sqrt{120^2 + (R + HO)^2}$ =>

$b = \sqrt{14400 + (125 + 35)^2}$ => $b = \sqrt{14400 + 25600}$ = $b = \sqrt{40000}$ => *b = 200 m.* *(lato)*

Il perimetro del triangolo è dato da a +b +c => 150+200+250 => *P = cm.600 m.* *(perimetro)*

Inserendo il valore della base c = 2R si calcoli che l'area del triangolo è $A = \dfrac{2 \bullet R \bullet h}{2}$ =>

$A = R \bullet h$ => $A = 125 \bullet h$ => *A = cm. 15000 (solo per i triangoli rettangoli)*

Si ricava anche che $R = \dfrac{A}{h}$ => $R = \dfrac{15000}{120}$ => R = **125** *(dimostrazione dell'affinità per i soli triangoli rettangoli).*

23

L'area di un triangolo rettangolo misura m. 27880,55 e l'altezza relativa all'ipotenusa misura m. 163. Calcolare le lunghezze dei cateti e il perimetro del triangolo.

[m. 204,5; m. 272,67; m. 818]

Dati : Area = mq. 27880,55; h = m. 163,6

Risultato :

Il problema viene risolto come il n. 22, per comodità risolviamo solo il 2° caso .

La risoluzione del problema è possibile solo se si conoscono le peculiarità o affinità dei triangoli rettangoli.

a) i triangoli rettangoli non possono essere circoscritti in una circonferenza ma solo in una semi circonferenza;

b) l'ipotenusa è il diametro della semi circonferenza;

c) I vertici del triangolo rettangolo hanno equo distanza dal centro della circonferenza circoscritta.

d) l'area è data dalla formula $A = R \bullet h$

Poiché la quarta affinità asserisce che $A = R \bullet h$ si ricava da essa che $R = \dfrac{A}{h}$ => $R = \dfrac{27880,55}{163,6}$

=> *R = m. 170,42 (raggio della circonferenza circoscritta)*

Noto La peculiarità b) calcoliamo che $c = 2 \bullet R$ => $c = 2 \bullet 170,42$ =>

c = m. 340,84 (ipotenusa del triangolo rettangolo) **(vedisi figura)**

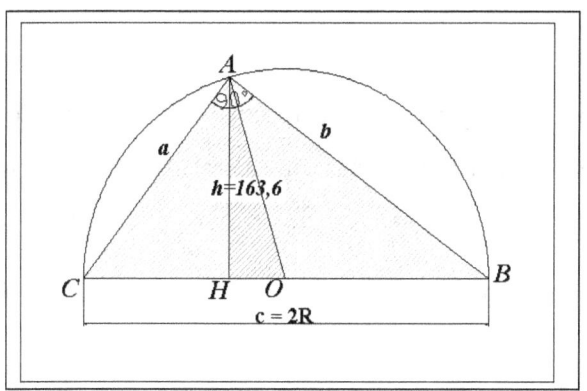

Noto la peculiarità c), dal teorema di Pitagora si ha che il triangolo AHC di colore rosso è retto, quindi $HO = \sqrt{AO^2 - h^2}$ => $HO = \sqrt{170,42^2 - 163,6^2}$ =>
$HO = \sqrt{29042,9764 - 26746,96}$ => $HO = \sqrt{2278,0164}$ =>
HO = 47,72 m. (segmento)

Il segmento CH è dato da R – HO => CH = 170,42 – 47,72 => *CH = 122,70 m. (proiezione di a)*

Con Pitagora si calcolino i lati a e b; si ha:

$a = \sqrt{h^2 + CH^2}$ $a = \sqrt{163,6^2 + 122,70^2}$ => $a = \sqrt{26746,96 + 15055,29}$ => $a = \sqrt{41820,25}$ => *a = 204,5 m. (lato)*

$b = \sqrt{h^2 + HB^2}$ dove HB = R+HO si ottiene che $b = \sqrt{163,6^2 + (170,42 + 47,72)^2}$ =>
$b = \sqrt{26764,96 + 217,84^2}$ => $b = \sqrt{26764,96 + 474585,0596} = b = \sqrt{74350}$ =>
b = 272,67 m. (lato)

Il perimetro del triangolo è dato da a +b +c => 204,5 +272,67 +340,84 =>
P = m. 818,01 (perimetro)

24

In un triangolo rettangolo la somma delle proiezioni dei cateti sull'ipotenusa è di cm 15, mentre la differenza delle stesse proiezioni è di cm 5. Trovare l'altezza relativa all'ipotenusa, l'area e i cateti.

$$[5\sqrt{2};\ \frac{75}{\sqrt{2}};\ 5\sqrt{3};\ 5\sqrt{6}]$$

Dati : somma delle proiezioni = cm. 15; differenza proiezioni = cm. 5
Risultato :

La somma delle proiezione non è altro che l'ipotenusa CB e la differenza sono di certo le proiezione sull'ipotenusa per cui si ha che CD = 5 e DB = 10.

Calcoliamo l'altezza relativa con il teorema di Euclide in cui l'altezza è media proporzionale del prodotto delle proiezioni, si ha che $h^2 = CD \bullet DB => h^2 = 5 \bullet 10 => h^2 = 50 => h = \sqrt{50}$

$=> h = \sqrt{2 \bullet 5^2} => h = cm.5\sqrt{2}$ *(altezza)* **vedi figura**

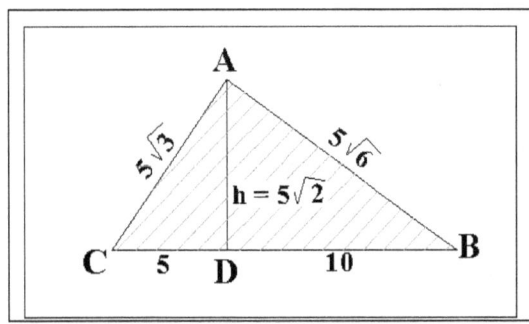

Calcoliamo il lato AC con Pitagora, si ha che $AC = \sqrt{CD^2 + h^2} => AC = \sqrt{5^2 + (5\sqrt{2})^2} =>$

$AC = \sqrt{25 + 50} => AC = \sqrt{75} => AC = \sqrt{3 \bullet 5^2} => AC = m.5\sqrt{3}$ *(lato del triangolo)*

Calcoliamo AB con Pitagora, si ha che $AB = \sqrt{DB^2 + h^2} => AB = \sqrt{10^2 + (5\sqrt{2})^2} =>$

$AB = \sqrt{100 + 50} =>$

$AB = \sqrt{150} => AB = \sqrt{6 \bullet 5^2} => AB = m.5\sqrt{6}$ *(lato del triangolo)*

Calcoliamo l'area del triangolo, si ha che $A = \frac{b \bullet h}{2} => A = \frac{15 \bullet 5\sqrt{2}}{2} => A = mq. \frac{75\sqrt{2}}{2}$ *(area)*

Il risultato del problema è $A = \frac{75}{\sqrt{2}}$ diverso ma identico a quello calcolato, difatti se

razionalizziamo la $\sqrt{2}$, portandola al numeratore (moltiplicare numeratore e denominatore per

la $\sqrt{2}$, si ha che $A = \frac{75 \bullet \sqrt{2}}{\sqrt{2} \bullet \sqrt{2}} => A = \frac{75 \bullet \sqrt{2}}{2}$ dimostrato quanto asserito.

25

Calcolare le misure dei cateti di un triangolo rettangolo avente l'ipotenusa lunga 30 cm, il perimetro lungo 72 cm e la superficie di 216 cm². Calcolare il valore dei cateti.
[l = cm. 18 e cm. 30]

Dati : P = 72 cm; A = 216 cm²; CB = 30 cm

Risultato :

Come specificato nella nota del problema n. 17 l'altezza è uguale a $A = \dfrac{AC \bullet AB}{2}$, quindi

assegniamo ai lati le incognite con le lettere x e y, abbiamo che $A = \dfrac{AC \bullet AB}{2}$, ossia $216 = \dfrac{x \bullet y}{2}$

(vedi figura)

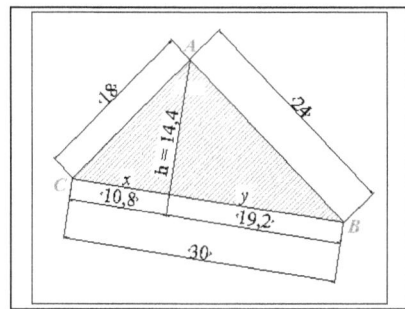

Il perimetro è la somma dei lati, cioè P = AC + AB + BC ossia $P = x + y + 30$

Le due equazioni compongono il seguente sistema

$$\begin{cases} 72 = x + y + 30 \\ 216 = \dfrac{x \bullet y}{2} \end{cases} \Rightarrow \begin{cases} x + y = 42 \\ x \bullet y = 432 \end{cases} \Rightarrow$$ Se risolviamo il sistema otterremo un'equazione di

secondo grado, ma osservando le due equazioni del sistema si nota la somma e il prodotto di due numeri, quindi sappiamo che questi numeri sono le radici dell'equazione di secondo grado $z^2 - s \bullet z + p = 0$ i cui valori sostitutivi ci fornisce

la risoluzione dell'equazione $z^2 - 42 \bullet z + 432 = 0$

Applichiamo la formula risolutiva dell'equazione di 2° grado: $x_{1/2} = \dfrac{-b \pm \sqrt{b^2 - 4ac}}{2a}$,

si ha che $x_{1/2} = \dfrac{42 \pm \sqrt{42^2 - 4 \bullet 432}}{2} \Rightarrow x_{1/2} = \dfrac{42 \pm \sqrt{1764 - 1728}}{2} \Rightarrow$

$x_{1/2} = \dfrac{42 \pm \sqrt{36}}{2} \Rightarrow x_{1/2} = 42 \pm \dfrac{6}{2} \Rightarrow \begin{vmatrix} x_1 = \dfrac{42 + 6}{2} \\ x_2 = \dfrac{42 - 6}{2} \end{vmatrix}$

Poiché il sistema è simmetrico x e y sono invertibili, quindi i lati sono: AC = 18 cm; AB = 24 cm.

26

In un rettangolo di area 6a² il rapporto tra la diagonale e un lato è 5/4.

Determinare il perimetro di un rettangolo simile al dato e avente il lato maggiore uguale al

lato minore di esso.
$$[\frac{21}{4}a\sqrt{2}]$$

Dati: $A = 6a;$ $\frac{d}{b} = \frac{5}{4}$

Risoluzione:

La lettura attenta della traccia ci impone la costruzione della seguente figura:

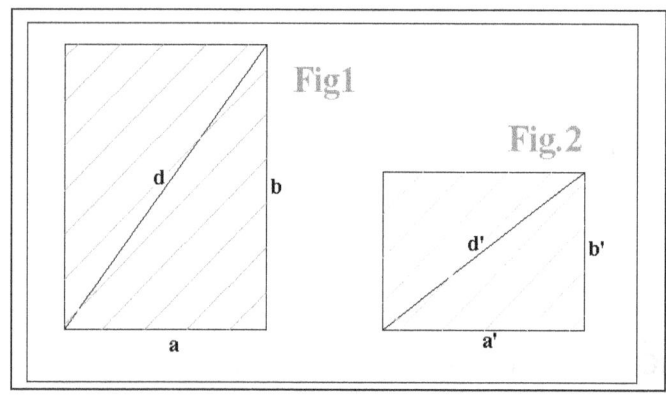

- Poiché la diagonale è 5 parti e ponendo il lato b uguale a 4 parti (rapporto noto), con il teorema di Pitagora calcoliamo la base del rettangolo, si ha che $a = \sqrt{d^2 - b^2}$ =>

  $a = \sqrt{5^2 - 4^2}$ =>

  $a = \sqrt{25 - 16}$ => a = 3 (parti della base del rettangolo)

- La misura di ogni elemento del rettangolo è data da una incognita e dalle parti che la compongono per cui noto l'area del rettangolo $A = a \bullet b$ abbiamo la relazione

  $6a^2 = ax \bullet 3x$ che va risolta in $6a^2 = 12x^2$ => $x^2 = \frac{6a^2}{12}$ => $x = \sqrt{\frac{a^2}{2}}$ => $x = \frac{a}{\sqrt{2}}$ =>

  (variabile moltiplicativa degli elementi del rettangolo)

- Poiché i triangoli sono simili si ha la seguente proporzione: $b : a = a' : b'$ sostituiamo in a' il valore del lato minore del rettangolo della fig.1. La proporzione diventa $b : a = a : b'$ e quindi troviamo l'incognita b' (altezza del rettangolo di fig.2, si ricava

  che $b' = \frac{a^2}{b}$ sostituiamo i valori già noti si ha

  $b' = \frac{(\frac{3a}{\sqrt{2}})^2}{\frac{4a}{\sqrt{2}}}$ => $b' = \frac{\frac{9a^2}{2}}{\frac{4a}{\sqrt{2}}}$ => $b' = \frac{9a^2}{2} \bullet \frac{\sqrt{2}}{4a}$ =>

$b' = \dfrac{9a\sqrt{2}}{8}$ (altezza del rettangolo della fig.2)

➤ Calcoliamo il perimetro del rettangolo della fig,2, si ha che $p = 2b + 2a$ =>

$p = 2 \cdot \dfrac{9a\sqrt{2}}{8} + 2 \cdot \dfrac{3a}{\sqrt{2}}$ => eseguendo i calcoli e razionalizzando la radice di due si

ottiene $p = \dfrac{9a\sqrt{2}}{4} + \dfrac{6a\sqrt{2}}{2}$ => $p = \dfrac{9a\sqrt{2} + 12a\sqrt{2}}{4}$ => $p = \dfrac{21a\sqrt{2}}{4}$ (perimetro

rettangolo fig.2)

27

La lunghezza della base di un triangolo isoscele è m 20√3 e quella dell'altezza ad

essa relativa è m 5 √3. Calcolare la lunghezza della diagonale del quadrato inscritto con un lato

sulla base.   [4 √6]

Dati : base = m. 20√ 3; altezza = m. 5 √3

Risultato :

Il quadrato deve trovarsi sulla base in punti ben certi (E-F) da formare lati uguali per cui i

triangoli ACD e GCE sono simili, si ha la proporzione seguente: *CD: h = CE : EG*, (vedi figura

e impostare la proporzione definitiva).

La proporzione è la seguente $(\dfrac{CB}{2}) : h = (\dfrac{CB}{2} - ED) : l$ dove *ED = l/2 e* va sostituita

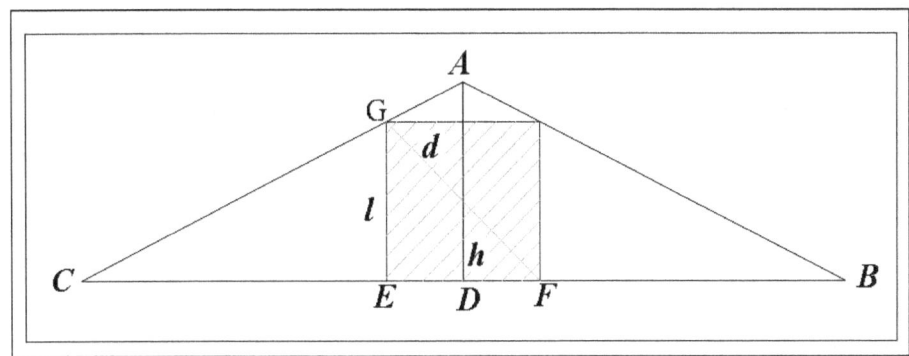

nell'espressione, quindi si ha $(\dfrac{CB}{2}) : h = (\dfrac{CB}{2} - \dfrac{l}{2}) : l$ => sostituendo i valori noti si ha che

$(\dfrac{20\sqrt{3}}{2}) : 5\sqrt{3} = (\dfrac{20\sqrt{3}}{2} - \dfrac{l}{2}) : l$ =>

$(10\sqrt{3}:5\sqrt{3}=(\dfrac{20\sqrt{3}-l}{2}):l \Rightarrow 20\sqrt{3}:10\sqrt{3}=20\sqrt{3}-l:2l \Rightarrow 20\sqrt{3}\bullet 2l=:10\sqrt{3}(20\sqrt{3}-l)$

$\Rightarrow 40l\sqrt{3}=:600-10l\sqrt{3}) \Rightarrow 40l\sqrt{3}+10l\sqrt{3}=:600 \Rightarrow 50l\sqrt{3}=:600 \Rightarrow l=:\dfrac{600}{50\sqrt{3}} \Rightarrow$

$l=:\dfrac{12}{\sqrt{3}} \Rightarrow$ razionalizzando si ha che $l=:\dfrac{12\sqrt{3}}{3} \Rightarrow$

$l=:\boldsymbol{m}.4\sqrt{3}$ *(lato del quadrato)*

Calcoliamo la diagonale del quadrato con la nota formula che $\boldsymbol{d}=:l\sqrt{2}$ ossia

$\boldsymbol{d}=:4\sqrt{3}\bullet\sqrt{2} \Rightarrow \boldsymbol{d}=:\boldsymbol{m}.4\sqrt{6}$ *(diagonale del quadrato verificato con il risultato)*

28 La base di un triangolo isoscele è lunga m. 20 e l'altezza relativa ad uno dei lati

uguali è lunga m 12. Calcolare la misura della diagonale del quadrato equivalente al
triangolodato. [10,16]
Dati : base = m. 20; altezza = m. 12

Risultato :

Il quadrato deve trovarsi sulla base in punti ben certi (E-F) da formare lati uguali per cui i
triangoli ACD e GCE sono simili, si ha la proporzione seguente: *CD: h = CE : EG*, (vedi figura
e impostare la proporzione definitiva).

La proporzione è la seguente $(\dfrac{CB}{2}):h=(\dfrac{CB}{2}-ED):l$ dove *ED = l/2 e* va sostituita

Il quadrato deve trovarsi sulla base in punti ben certi (E-F) da formare lati uguali per cui con la
similitudine dei triangoli si porrà la seguente proporzione; Vedi figura:

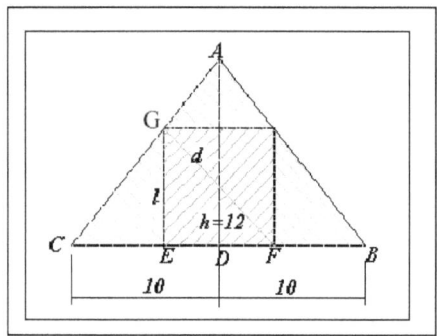

$(\dfrac{CB}{2}) : h = (\dfrac{CB}{2} - \dfrac{l}{2}) : l$ => sostituendo i valori noti si ha che $(\dfrac{20}{2}) : 12 = (\dfrac{20}{2} - \dfrac{l}{2}) : l$ =>

$10 : 12 = (10 - \dfrac{l}{2}) : l$ => $20 : 24 = 20 - l : 2l$ => $20 \bullet 2l = 24(20 - l)$ => $40l =: 480 - 24l$ =>

$40l + 24l =: 480$ => $64l =: 480$ => $l =: \dfrac{480}{64}$ => $l =: \boldsymbol{m}.7,5$ *(lato del quadrato)*

Calcoliamo la diagonale del quadrato con la nota formula che $\boldsymbol{d} =: \boldsymbol{l}\sqrt{2}$ ossia

$\boldsymbol{d} =: 7,5 \bullet \sqrt{2}$ => $\boldsymbol{d} =: \boldsymbol{m}.10,61$ *(diagonale del quadrato verificato con il risultato)*

29

Dato un triangolo ABC di lati: BC = cm 30, AC = cm 80; AB = cm 90,

condurre da un punto D di BC la parallela ad AC sino ad incontrare AB in E. Determinare D in modo che il triangolo BDE e il trapezio stiano fra loro come 4 sta a 5 e calcolare le misure di BD. Di DE e di BE.   [20; 16/3; 60]

Dati: BC = 30;   AC = 80;   AB = 90; $\dfrac{\textit{area...triangolo}}{\textit{area...trapezio}} = \dfrac{5}{4}$

Risoluzione:

La traccia del problema ci fornisce le misure dei tre lati del triangolo, quindi è possibile calcolare l'area del triangolo con l'adozione della formula di **Erone** che include il semi perimetro con la lettera "p".

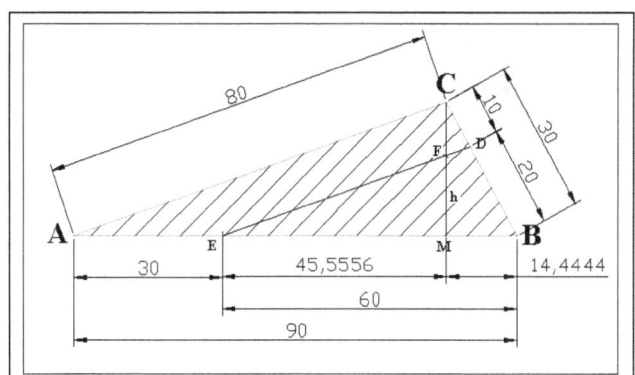

Si ha che $A = \sqrt{p(p-a)(p-b)(p-c)}$ dove p è il semi   perimetro si ha

$p = \dfrac{30 + 80 + 90}{2}$ => p = cm. 100 (semi perimetro del triangolo) che inseriremo nella

formula $A = \sqrt{100(100 - 30)(100 - 80)(100 - 90)}$ =>

A = 1183,3 cmq. (area del triangolo)

Noto l'area $A = \dfrac{b \bullet h}{2}$ calcoliamo l'altezza; si ha che $h = \dfrac{2A}{b}$ => $h = \dfrac{2 \bullet 1183,3}{90}$ =>

h = cm. 26,3 (altezza del triangolo)

➢ Dal teorema di Pitagora ricaviamo quanto segue: $BM = \sqrt{BC^2 - h^2}$ =>

$BM = \sqrt{30^2 - 26,3^2}$ => $BM = 14,4$

$AM = \sqrt{AC^2 - h^2}$ => $AM = \sqrt{80^2 - 26,3^2}$ => $AM = 75$

➢ Applicando il teorema di Talede (rette parallele tagliate da una trasversale) ricaviamo quanto segue: $BC : CD = AB : AE$ => notiamo che CD = 1 in quanto il rapporto delle ree e 5/4, cioè è BC = 5 et BD = 4, quindi la differenza è CD = 1 che va inserito nella proporzione affinché l'incognita da calcolare sia solo una, noto le altre.

$30 : 1 = 90 : AE$ => $AE = \dfrac{90}{30}$ => AE = 3cm. 0 (lato del trapezio)

BE = AB – AE => BE = 90 – 30 => BE = cm. 60 (risultato chiesto)

EM = BE – BM => EM =60 – 14,4 => EM = cm. 45,6 (segmento)

$AB : BE = BC : BD$ => $90 : 60 = 30 : BD$ => $h = \dfrac{60 \bullet 30}{90}$ =>

BD = cm. 20 (risultato   chiesto)

$BD : DE = BC : AC$ => $20 : DE = 30 : 8$ => $DE = \dfrac{20 \bullet 80}{30}$ =>

$DE = \dfrac{16}{3}$ (risult. Chiesto)

30 I lati di un triangolo rettangolo sono proporzionali ai numeri 20. 21, 29 e il

perimetro è di 240. Calcolare l'area del triangolo rettangolo e l'altezza relativa all'ipotenusa di un triangolo simile al dato, il cui cateto minore è di m 8.   [2472;   5,79]

Dati:; P = 240;   Cateto minore del triangolo m. 8

Risoluzione:

Dalla lettura attenta della traccia si ricava il triangolo in figura dove è evidenziato la similitudine dei due triangoli (rosso e verde). Espletiamo i rapporti dei lati in relazione con il perimetro.

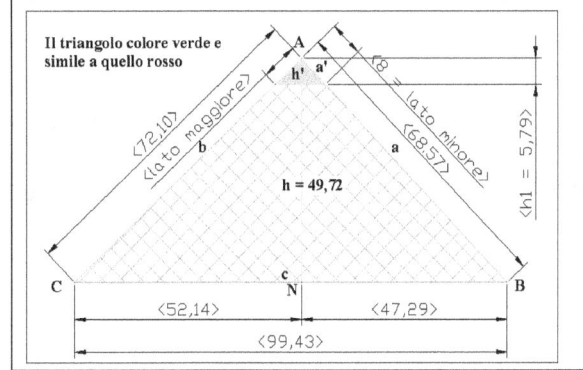

> Poiché i lati sono nel rapporto $\dfrac{a}{20} : \dfrac{b}{21} : \dfrac{c}{29}$ prendiamo ogni coppia e calcoliamo a e b in

   funzione di "c".   Si ha che

   $$\frac{a}{20} : \frac{c}{29} \Rightarrow a = \frac{20c}{29} \qquad \frac{b}{21} : \frac{c}{29} \Rightarrow b = \frac{21c}{29}$$

> Noto il perimetro P = 240 poniamo l'equazione seguente e calcoliamo il lato "c":

   $P = a + b + c$ ossia $240 = \dfrac{20c}{29} + \dfrac{21c}{29} + c \Rightarrow 29 \bullet 240 = 20c + 21 + 29c \Rightarrow 29 \bullet 240 = 70c$

   $\Rightarrow c = \dfrac{29 \bullet 40}{70} \Rightarrow \quad c = \dfrac{6960}{70} \Rightarrow$

   c = m. 99,43 (ipotenusa del triangolo rettangolo)

   $a = \dfrac{20 \bullet 99,43}{29} \Rightarrow$ *a = m. 68,57 (lato minore del triangolo rettangolo)*

   $b = \dfrac{21 \bullet 99,43}{29} \Rightarrow$ *b = 72 (lato maggiore del triangolo rettangolo)*

> Dalla similitudine dei triangoli calcoliamo le proiezioni dei cateti sull'ipotenusa.
   Si ha la proporzione $AC : BC = h : AB$ inserendo i valori si ha $72 : 99,43 = h : 68,57$ $\Rightarrow$

   $h = \dfrac{72 \bullet 68,57}{99,43} \Rightarrow$

h = m. 49,72 (altezza del triangolo Rettangolo).

$BN : a = h : b$ => $BN : 68,5 = 49,65 : 72$ => $BN = \dfrac{68,57 \bullet 49,65}{72}$ =>

BN = m. 47,29 (proiezione di a sull'ipotenusa del triangolo rettangolo)

$CN : b = h : a$ => $CN : 72 = 49,65 : 68,57$ => $CN = \dfrac{72 \bullet 49,65}{68,57}$ =>

CN = m. 52,14 (proiezione di b sull'ipotenusa del triangolo rettangolo)

$H : a = h1 : 8$ => $49,65 : 68,57 = h1 : 8$ => $h1 = \dfrac{49,65 \bullet 8}{68,57}$ =>

h1 = m. 5,79 (altezza del triangolo simile)

➢ Calcoliamo l'area del triangolo rettangolo, si ha:

$A = \dfrac{b \bullet h}{2}$ => $A = \dfrac{99,43 \bullet 49,2}{2}$ => A = mq. 2472 (area del triangolo rettangolo)

31

Nel triangolo *ABC*, isoscele sulla base *BC*. Il perimetro misura cm 320. Sapendo che il rapporto tra l'altezza *BK* e l'altezza *AH* è 6/5 e che la base misura cm.120, calcolare la misura dei segmenti in cui si dividono scambievolmente tali altezze.   [75: 21 : 35 : 45]

Dati : perimetro cm. 120; rapporto Bk e AH = 6/5
Risultato :
Calcoliamo i lati uguali del triangolo isoscele noto la base, si ha che AC = AB quindi

$AC =: AB = \dfrac{P - CB}{2}$ => $AC =: AB = \dfrac{320 - 120}{2}$ =>

AC = AB = cm. 100 (lati uguali), vedi figura

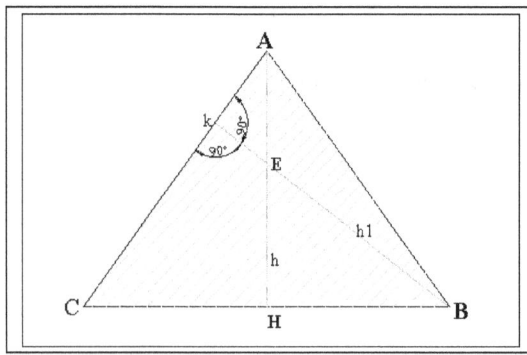

Dal teorema di Pitagora si calcola l'altezza h, si ha che $h = \sqrt{AC^2 - (\dfrac{CB}{2})^2}$ =>

$h = \sqrt{100^2 - (\dfrac{120}{2})^2}$ => $h = \sqrt{100^2 - 60^2}$ => $h = \sqrt{10000 - 3600}$ => $h = \sqrt{6400}$ =>

h = cm. 80 (altezza del triangolo)

Calcoliamo l'altezza Bk che chiameremo h1, si ha che $h1 =: \dfrac{6}{5} h$ per cui si ha che $h1 =: \dfrac{6}{5} 80$ =>

h1 = cm. 96 (altezza Bk relativa al lato AC)

L'altezza Bk divide il lato AC perpendicolare tale che il triangolo Abk et CBk sono rettangoli, per cui si calcoli il segmento Ak con Pitagora, si ha che $Ak = \sqrt{AB^2 - Bk^2}$ =>

$Ak = \sqrt{100^2 - 96^2}$ => $Ak = \sqrt{1000 - 9216}$ => $Ak = \sqrt{784}$ => *Ak = cm. 28 (segmento)*
Noto Ak calcoliamo il segmento Ck, si ha che Ck = AC – Ak => Ck = 100-28 =>
Ck = cm. 72 (segmento).
I triangoli AkE et ACD sono simili perché hanno il lato Ek in comune e gli angoli di 90° al piede k, per cui si impone la proporzione seguente: Ak : Ek = AH : CH => 28 : Ek = 80 : 60 =>

$Ek = \dfrac{28 \bullet 60}{80}$ => *Ek = cm. 21 (segmento di divisione altezza Bk)*

Calcoliamo BE, si ha che BE = Bk – Ek => BE = 96-21 =>
BE =cm. 75 (segmento di divisione altezza Bk)
Con la stessa similitudine dei triangoli calcoliamo il segmento AE , si ha che AE : Ek = CB :

Ck => AE : 21 = 120 : 72 => $AE = \dfrac{21 \bullet 120}{72}$ => *AE = 35 (segmento di divisione altezza AH)*

Calcoliamo EH, si ha EH = AH – AE => EH = 80 – 35 =>
EH = cm. 45 (segmento di divisione altezza AH)

32

I cateti *AB* e *AC* di un triangolo rettangolo misurano rispettivamente m 18 e m 24. Un

punto P divide l'ipotenusa in parti proporzionali ai numeri 4 e 11. Calcolare le distanze del

punto *P* dai cateti e dal vertice dell'angolo retto. $[\dfrac{32}{5};....\dfrac{66}{5};......\dfrac{2}{5}\sqrt{1345}]$

Dati : cateti = m. 18; m. 24; rapporto punto P 4 a 11

Risultato :

Disegniamo per prima la figura con i dati forniti e logici e calcoliamo subito gli elementi possibili e ottenibili con formule elementari già noti, vedi figura

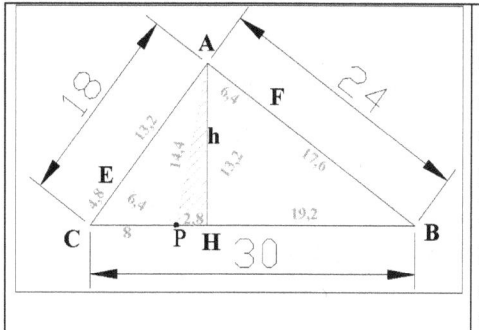

Questa figura riporta tutti i dati calcolati analiticamente e cronologicamente come meglio specificato nella relazione.
Il problema è importante e merita di molta attenzione per apprendere i complicati passaggi per raggiungere lo scopo imposto.

Calcoliamo per prima tutti gli elementi utili. Calcoliamo la base con il teorema di Pitagora, noto i lati del triangolo rettangolo in A, si ha che $CB = \sqrt{AC^2 + AB^2}$ => $CB = \sqrt{18^2 - 24^2}$ =>

$CB = \sqrt{324 + 576}$ => $CB = \sqrt{900}$ => $CB = m. 30$ *(ipotenusa del triangolo rettangolo)*

Calcoliamo il perimetro del rettangolo, si ha che P = AC+AB+CB => P = 18+24+30 => *P = m. 72 (perimetro)* da cui p = 72/2 => *p = m. 36 (semi perimetro)*

Calcoliamo l'area del triangolo con la formula di Erone, si ha che $A = \sqrt{p(p-a)(p-b)(p-c)}$ =>

$A = \sqrt{36(36-18)36-24)36-30)}$ => $A = \sqrt{36(18)12)6)}$ => $A = \sqrt{46658}$ =>

A = mq. 216 (area del triangolo rettangolo)

Calcoliamo l'altezza del triangolo rettangolo, si ha che $A = \dfrac{b \bullet h}{2}$ => $216 = \dfrac{CB \bullet h}{2}$ =>

$216 = \dfrac{30 \bullet h}{2}$ => $2 \bullet 216 = 30 \bullet h$ => $h = \dfrac{432}{30}$ => *h = m. 14,4 (altezza del tri. Rettang.)*

Calcoliamo la proiezione CH sull'ipotenusa del lato AC, si ha che

$CH = \sqrt{AC^2 - h^2}$ => $CH = \sqrt{18^2 - 14,4^2}$ => $CH = \sqrt{324 - 207,36}$ => $CH = \sqrt{116,64}$ =>

CH = m. 10,8 (proiezione del lato AC sull'ipotenusa)

Calcoliamo l'altra proiezione, cioè del lato AB sull'ipotenusa, si ha che $BH = \sqrt{AB^2 - h^2}$ =>

$BH = \sqrt{24^2 - 14,4^2}$ => $BH = \sqrt{576 - 207,36}$ => $BH = \sqrt{368,64}$;

BH = m. 19,2 (proiezione del lato AB sull'ipotenusa)

Calcolato tutti gli elementi prioritari del triangolo passiamo alla seconda fase per calcolare le distanze del punto P dai lati del triangolo e dal vertice.

Poiché l'ipotenusa è divisa a sinistra di 4 e a destra di 11 significa che le parti totale sono 15 per cui si ha dividiamo 30/15 ed otteniamo una parte uguale a 2, si ha quindi che CP = 4 parti => *CP = m. 8 (segmento dell'ipotenusa)*

BP = 11 parti => *BP = m. 22 (segmento dell'ipotenusa)*

Calcoliamo la distanza PH, si ha che PH = CH – CP => PH = 10,8-8 => *PH = m. 2,8 (segmento)*

Calcoliamo con il teorema di Pitagora, triangolo PAH colorato in rosso, la distanza del punto P dal vertice A, si ha che $AP = \sqrt{PH^2 + h^2}$ => $AP = \sqrt{2,8^2 + 14,4^2}$ => $AP\sqrt{7,84 + 207,30}$ =>

$AP = \sqrt{215,2}$ => *AP = m. 14,67 (Risultato voluto: distanza di P dal vertice A)*

Noto che la distanza dai lati è sempre quella più vicina EP et FP rispettivamente le altezze del triangoli ACP ed ABP abbiamo l'alternativa che noto l'area possiamo calcolarci l'altezza, poniamo che A1 = area del triangolo ACH ed A2 = area del triangolo PAH si ha che l'area del triangolo ACP è la differenza delle due aree.

$A1 = \dfrac{CH \bullet h}{2}$ => $A1 = \dfrac{(8 + 2,8) \bullet 14,4}{2}$ => $A1 = \dfrac{10,8 \bullet 14,4}{2}$ =>

A1 = mq. 77,76 (area del triangolo ACH)

$A2 = \dfrac{PH \bullet h}{2}$ => $A2 = \dfrac{2,8 \bullet 14,4}{2}$ => $A2 = mq. \ 20,16$ *(area del triangolo piccolino colore rosso)*

A2 – A1 = 77,76 – 20, 16 => *A1-A2 = mq. 57,60 (area del triangolo ACP)*

Poiché $A = \dfrac{b \bullet h}{2}$ => si ha che $A = \dfrac{AC \bullet EP}{2}$ => $2 \bullet 57,60 = 18 \bullet EP$ => $EP = \dfrac{115,2}{18}$

EP = m. 6,4 (distanza voluta del punto P da lato AC)

Lo stesso discorso vale per calcolare la distanza di P dal lato AB, poniamo A3 l'area del triangolo APB e A4 l'area del triangolo piccolo ABH, (facendo la somma e non la differenza), si ha che $A3 = 20,16$ (già calcolata precedentemente, triangolo colore rosso)

$A4 = \dfrac{BH \bullet h}{2}$ => $A4 = \dfrac{19,2 \bullet 14,4}{2}$ => $A4 = \dfrac{276,48}{2}$ =>

A4 = mq. 138,24 (area del triangolo ABH)

A3+A4 = 20,16+138,24 => *A3+A4 = mq. 158,4 (area del triangolo ABP)*

Poiché $A = \dfrac{b \bullet h}{2}$ => si ha che $A = \dfrac{AB \bullet FP}{2}$ => $2 \bullet 5158,4 = 24 \bullet FP$ => $FP = \dfrac{316,8}{24}$ =>

FP = m. 13,2 (distanza voluta del punto P dal lato AB).

Tutti gli altri valori sono facilmente calcolabili per addizione o sottrazione di segmenti contigui.

33 In un triangolo rettangolo l'ipotenusa misura m. 45 e il cateto minore è ¾ del

maggiore. Conducendo da un punto del cateto minore la perpendicolare alla ipotenusa, si ottiene un triangolo che ha il cateto giacente sull'ipotenusa lungo m. 6/5.
Calcolare il perimetro e l'area del triangolo che viene a formarsi.

[P =532/5; A = 12126/25]

Dati : ipotenusa m.45;catemo minore 3/4 del maggiore; cateto giacente m. 6/5

Risultato :

Considerando la figura con attenzione si nota il piccolo triangolo di colore rosso quotato di base e altezza che relazionerò in seguito.

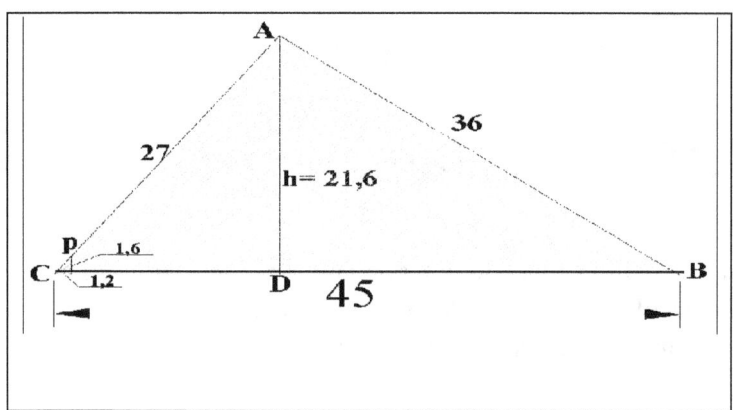

Tenendo conto che $AC =: \frac{3}{4}AB$ e noto l'ipotenusa CB = m. 45 poniamo l'uguaglianza del

teorema di Pitagora che $CB^2 =: AC^2 + AB^2 => 45^2 =: (\frac{3}{4}AB)^2 + AB^2 =>$

$45^2 =: \frac{9}{16}AB^2 + AB^2 => 45^2 16 =: 9AB^2 + 16AB^2 => 45^2 16 =: 25AB^2 =>$

$AB^2 = \frac{45^2 \bullet 16}{25} => AB = \sqrt{\frac{45^2 \bullet 16}{25}} => AB = \sqrt{1296} =>$

AB = m. 36 (lato del triangolo)

Calcoliamo AC, si ha che $AC =: \frac{3}{4}AB => AC =: \frac{3}{4} \bullet 36 =>$

AC = m. 27 (lato del triangolo)

Calcoliamo il perimetro, si ha che P = 27 + 36 + 45 =>
P = 108 => P/2 = 54 (semi perimetro)

Calcoliamo l'area con la formula di Erone, si ha che $A = \sqrt{p(p-a)(p-b)(p-c)} =>$

$A = \sqrt{54(54-27)54-36)54-45)} => A = \sqrt{54(27)(18)(9)} =>$ mq. $A = \sqrt{236196} =>$

A = mq. 486 (area del triangolo)

Calcoliamo l'altezza del triangolo noto l'area, si ha che $A =: \frac{b \bullet h}{2} => 486 =: \frac{45 \bullet h}{2} =>$

$972 = 45 \bullet h => h =: \frac{972}{45} =>$ *h = m. 21,6 (altezza del triangolo)*

Calcoliamo il lato CD con Pitagora, si ha che $CD = \sqrt{AC^2 - h^2} => CD = \sqrt{27^2 - 21,6^2} =>$

$CD = \sqrt{729 - 466,56} => CD = \sqrt{262,44} =>$

CD = m. 16,2 (proiezione del lato AC)

Dalla figura si nota che il triangolo piccolo formato dalla perpendicolare di P è simile al triangolo ACD per cui dal teorema della similitudine si ha la seguente proporzione, considerando x l'altezza del piccolo triangolo.

1,2 : x = CD : h   da cui si ha che 1,2 : x = 16,2 : 21,6 => $x =: \dfrac{1,2 \bullet 21,6}{16,2}$ =>

x = 1,6 (altezza del triangolo piccolo colore rosso)

Con il teorema di Pitagora calcoliamo l'ipotenusa del piccolo triangolo, si ha che

$CP =: \sqrt{1,2^2 + 1,6^2}$ => $\boldsymbol{CP} =: \sqrt{1,44 + 2,56}$ =>

CP = m.2 (ipotenusa triangolino colore rosso)

Calcoliamo l'area del triangolo piccolo che chiameremo A1, si ha che $A1 =: \dfrac{1,2 \bullet 1,6}{2}$ => *A1 =*

mq. 0,96 (area del piccolo triangolo)

Calcoliamo l'area del quadrilatero formato dal punto P sull'ipotenusa semplicemente facendo la differenza dell'area totale meno quella del triangolino colore rosso. Chiamiamo questa A2 si ha che A2 = A- A1=> A2 = 486 – 0,96 =>

A2 = mq. 485,04 (area del quadrilatero a destra del punto P, dato voluto dalla traccia)

Per Calcolare il perimetro del quadrilatero si ha che P = (AC-2)+(CB-1,2)+1,5+AB =>

P = (27-2)+(45-1,2)+1,6+36 =>

P = m. 106,4 (perimetro del quadrilatero formato dal punto P, dato voluto dalla traccia)

34

In un triangolo isoscele la cui base è lunga m 36. Il lato obliquo supera l'altezza di m.

6.   Un punto *P* divide l'altezza relativa al lato obliquo, a partire dal vertice, nel rapporto 2/7. Calcolare l'area delle due parti in cui il triangolo dato viene diviso dalla parallela condotta per *P* al lato obliquo su cui cade l'altezza considerata.

$$[\dfrac{64}{3};........\dfrac{1232}{3}]$$

Dati : base = 36; lato obliquo m. 6 più dell'altezza; rapporto 2/7

Risultato:

Guardando attentamente la figura è stata costruita fedelmente alle informazioni della traccia data e i valori riportati sono quelli più salienti, gli altri risultati verranno analizzati man mano che si descriverà il procedimento del problema.

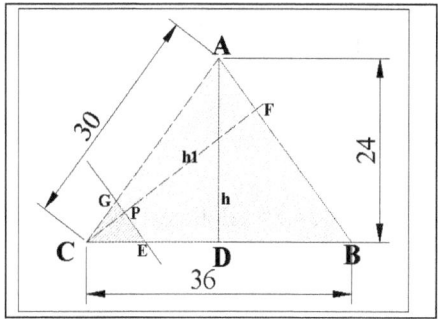

Iniziamo con l'imporre la condizione che il lato obliquo, esempio AC supera l'altezza di m. 6, e che CD = 36/2 => CD = 18, dal teorema di Pitagora si la che $18^2 = AC^2 - h^2$ ma h = AC-6) quindi sostituendo si ha che $18^2 = AC^2 - (AC-6)^2$ => risolviamo l'espressione,

$18^2 = AC^2 - (AC^2 + 36 - 12AC)$ => cambiare i segni in parentesi perché il segno è meno,

$18^2 = AC^2 - AC^2 - 36 + 12AC$ => semplificare si ha $18^2 = -36 + 12AC$ =>

$324 + 36 = 12AC$) => $AC = \dfrac{360}{12}$ => *AC = m. 30 (lati obliqui)*

Poiché h = AC-6 => h = 30-6 => *h = m. 24 (altezza del triangolo)*

Calcoliamo l'area del triangolo, si ha che $A = \dfrac{CB \bullet h}{2}$ => $A = \dfrac{36 \bullet 24}{2}$ => *A = mq. 432 (area)*

Noto l'area e il lato obliquo AB = 30 calcoliamo l'altezza relativa al lato obliquo che

indicheremo con h1, si ha che $A = \dfrac{CB \bullet h1}{2}$ inserendo i valori si ha $432 = \dfrac{30 \bullet h1}{2}$ =>

$2 \bullet 432 = 30 \bullet h1$ => $h1 = \dfrac{864}{30}$ => *h1 = m. 28,8 (altezza relativa al lato obliquo AB)*

Noto l'altezza relativa si calcolino le parti in cui esse è tagliata dalla parallela in P, quindi dividiamo l'altezza in 9 parti, si ha che h1/9 => 28,8/9 = *3,2 (valore di una parte)*
CP sono 2 parti; CP = 3,2 * 2 => *CP = m. 6,4 (distanza sull'altezza dal vertice C)*
FP sono 7 parti; FP = 3,2 * 7 => *FP = m. 22,4 (distanza sull'altezza dal lato AB)*
Il triangolo FCB è retto in F, adoperando Pitagora calcoliamo la distanza FB, si ha che
si ha che ha che $BC^2 - h^2 = 36$ inserendo la condizione si ha che

$(h+6)^2 - h^2 = 36$ => $FB = \sqrt{CB^2 - h1^2}$ => $FB = \sqrt{36^2 - 28,8^2}$ => $FB = \sqrt{1296 - 829,44}$ =>

$FB = \sqrt{466,56}$ => *FB = m. 21,6 (segmento sul lato AB)*

Calcoliamo AF, si ha che AF = AB – FB => AF = 30- 21,6 => AF = 8,4 (segmento sul alto AB)
Dalla similitudine dei triangoli ACF et GCP si ha che **AF : CF = GP : CP** =>

$8,4 : 28,8 = GP : 6,4$ => $GP = \dfrac{8,4 \bullet 6,4}{28,8}$ => *GP = m. 1,866 (segmento sulla base GE del*

triangolino)
Dalla similitudine dei triangoli CBF et CPE si ha che **FB : CF = PE : CP** =>

$21,6 : 28,8 = PE : 6,4$ => $PE = \dfrac{21,6 \bullet 6,4}{28,8}$ =>

PE = m. 4,8 (segmento sulla base GE del triangolino)
Calcoliamo la base del triangolino GE, si ha che GE = GP + PE => GE = 1,866 + 4,8 =>
GE = m. 6,66 (base del triangolino colore rosso)

Calcoliamo l'area del triangolino colore rosso che chiameremo A1, si ha che $A1 = \dfrac{GE \bullet CP}{2}$ =>

$A1 = \dfrac{6,66 \bullet 6,4}{2}$ =>

A1 = mq. 21,33 (area del triangolino rosso, risultato della traccia OK)
 Calcoliamo l'area del quadrilatero formato dalla parallela al punto P per sottrazione delle due aree A et A1, chiameremo questa con A2, si ha che
A2 = A – A1 => A2 = 432 – 21,33 =>
A2 = mq. 410,67 (area del quadrilatero, risultato della traccia OK)

35 Determinare il lato del quadrato inscritto in un triangolo rettangolo di cateti cm 21

e cm 28. Distinguere il caso in cui due lati del quadrato giacciono sui cateti del triangolo, dal caso in cui un lato del quadrato giaccia sull'ipotenusa.

[12; 11,35]

Dati: AC = 24;   AB = 28

Risoluzione:

La lettura attenta della traccia ci impone la costruzione della seguente figura:

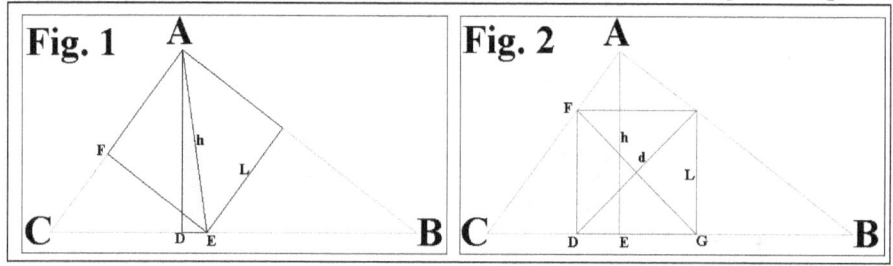

- Noto i lati del triangolo (Fig. 1) calcoliamo l'ipotenusa con il teorema di Pitagora:

$$CB = \sqrt{AC^2 + AB^2} \implies p = \sqrt{AC^2 + AB^2} \implies$$

CB = cm. 35 (ipotenusa del triangolo)

- Poiché il triangolo è rettangolo in A si applica la similitudine dei triangoli, si ha la seguente proporzione: **CD:AC=AC:CB** inserendo i valori si ha CD: 21=21:35 da cui

$$CD = \frac{21^2}{35} \implies$$

CD = 12,6 (proiezione del cateto minore AC sull'ipotenusa)

Noto l'ipotenusa e CD ricaviamo che DB = CB – CD => DB = 35 – 12,6 =>

DB = cm. 22,4 (proiezione del cateto maggiore AB sull'ipotenusa)

- Dal secondo teorema di Euclide ricaviamo che l'altezza al quadrato è media proporzionale delle proiezioni dei cateti sull'ipotenusa, cioè **CD :h = h : DB** da cui

$$h^2 = CD \bullet DB \implies$$

$$h = \sqrt{12,6 \bullet 22,4} \implies h = cm.\ 16,8 \text{ (altezza del triangolo rettangolo)}$$

- Tenuto conto che un lato del quadrato tocca il punto "F" ed è perpendicolare i triangoli adiacenti sono simili, per cui calcoliamo la distanza CE, dalla seguente proporzione:

$$l : d = CE : AC \implies l : \sqrt{2}l = CE : 21 \implies CE = \frac{21l}{\sqrt{2}l} \implies CE = \frac{21}{\sqrt{2}} \implies$$

CE = 14,95 (segmento).

- Calcoliamo il segmento DE, si ha che DE = CE- CD => DE = 14,95 – 12,6 =>

DE = cm. 2,25 (segmento).

- Dal teorema di Pitagora ricaviamo la diagonale "d" del quadrato. Si ha

$d = \sqrt{h^2 \bullet DE^2}$ => $d = \sqrt{16,8^2 \bullet 2,25^2}$ => d = cm. 16,95 (diagonale del quadrato)

➢ Poiché $d = \sqrt{2}l$ si ricava che $l = \dfrac{d}{\sqrt{2}}$ => $l = \dfrac{16,95}{\sqrt{2}}$ => $l = 12$

La fig. 2 distingue il caso in cui il quadrato giace sull'ipotenusa. Se il triangolo fosse rettangolo il quadrato doveva essere in asse con l'altezza del triangolo , nel nostro caso non avviene quindi è decentrato e si trova distante, a destra e a sinistra dalle rispettive misure CD e GB che si calcolano tenendo conto del teorema delle similitudini. Si hanno le seguenti proporzioni per ciascun segmento:

$CD : l = CE : h$ inserire i valori $CD : l = 12,5 : 16,8$ $CD = \dfrac{12,6l}{16,8}$ (distanza a sinistra del lato	$GB : l = BE : h$ inserire i valori $GB : l = 22,4 : 16,8$ $GB = \dfrac{22,4l}{16,8}$ (distanza a destra del lato)

Il lato l è dato dalla differenza dell'ipotenusa meno i due segmenti di sinistra e di destra, cioè $l + CD + GE = 35$ =>

$l + \dfrac{12,61 \bullet l}{16,8} + \dfrac{22,4 \bullet l}{16,8} = 35$ => $16,8l + 12,6l + 22,4l = 35 \bullet 16,8$ =>

$51,8l = 35 \bullet 16,8$ => $l = \dfrac{35 \bullet 16,8}{51,8}$ =>

$l = 11,35$ (lato del quadrato)

Il segmento DE è dato da $DE = CE - CD$ => $DE = 12,6 - \dfrac{12,61}{16,8}$ =>

$DE = 12,6 - \dfrac{12,6 \bullet 11,35}{16,8}$ => DE = 4,09 (distanza lato quadrato altezza triangolo)

36

In un trapezio rettangolo, la cui altezza è m. 3, il lato obliquo, la diagonale minore e la base maggiore sono uguali fra loro. Calcolare il perimetro del trapezio e l'area del triangolo che si ottiene prolungando i lati non paralleli e avente per base la base minore del trapezio.

[5√3+3;...]

Dati: AC = AB = BC ;

Risoluzione:

Dalla lettura attenta della traccia risulta che i lati AC; BC; AB sono tutti e tre uguali, quindi si tratta di un triangolo rettangolo (sul disegno sono contrassegnati con due barrette inclinate). L'altezza divide la base in parti uguali ed è rappresentata da $\dfrac{l}{2};\dfrac{l}{2}$.

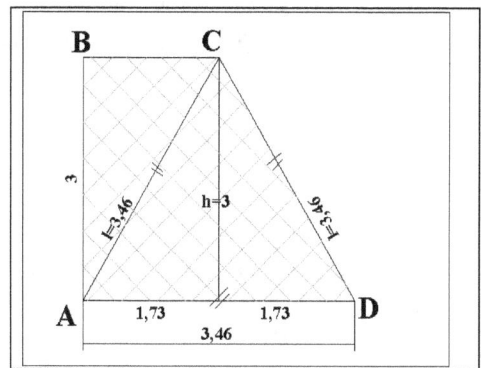

- Dal teorema di Pitagora si ha che $l^2 = h^2 + (\dfrac{l}{2})^2$ => $l^2 = 3^2 + \dfrac{l^2}{4}$ => $4l^2 = 36 + l^2$ =>

  $4l^2 - l^2 = 36$ => $3l^2 = 36$ => $l^2 = \dfrac{36}{3}$ => $l^2 = 12$ => $l = \sqrt{12}$ => $l = \sqrt{2^2 \bullet 3}$ =>

  $l = 2\sqrt{3}$ (lato del triangolo equilatero)

- Calcoliamo la semi base $\dfrac{l}{2}$ che corrisponde a $\dfrac{l}{2} = \dfrac{2\sqrt{3}}{2}$ => $\dfrac{l}{2} = \dfrac{2\sqrt{3}}{2}$ =>

  $\dfrac{l}{2} = \sqrt{3}$ (semi base)

- Osservando bene la figura si ha che l/2 = BC et h = AB per chi sono noti tutti gli elementi per calcolare il perimetro e l'area del trapezio, si ha che:

$P = AB + BC + CD + DA$ => $P = 3 + \sqrt{3} + 2\sqrt{3} + 2\sqrt{3}$ =>

$P = 3 + 5\sqrt{3}$ (perimetro trapezio)

$$A = \dfrac{(AB + BC) \bullet h}{2} \Rightarrow A = \dfrac{(\sqrt{3} + 2\sqrt{3})b \bullet 3}{2} \Rightarrow A = \dfrac{3\sqrt{3} \bullet 3}{2} \Rightarrow$$

$$A = \dfrac{9\sqrt{3}}{2} \text{ (area del trapezio)}$$

$A1 = \dfrac{AD \bullet h}{2}$ => $A1 = \dfrac{2\sqrt{3} \bullet 3}{2}$ => $A1 = \dfrac{6\sqrt{3}}{2}$ =>

$A1 = 3\sqrt{3}$ (area del triangolo equilatero)

37

In un trapezio *ABCD* rettangolo in A e *D,* che la base minore D*C* uguale a

√3, la diagonale minore, il lato obliquo e la base maggiore sono uguali e il doppio della base minore. Calcolare il rapporto delle distanze dei vertici *B* e *D* dalla diagonale AC, *e* l'altezza del trapezio. [2:3]

Dati: DC = √3; AC = AB = CB

Risoluzione:

I dati del problema ci conferma che il triangolo ACB e equilatero come riportato nel disegno con due linee oblique, per cui i lati sono di lunghezza $2\sqrt{3}$.

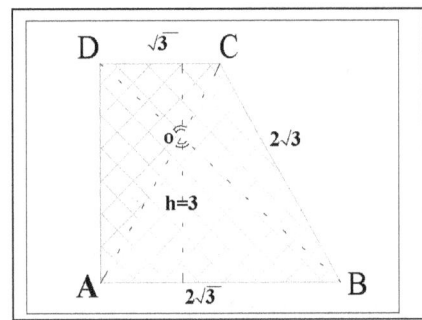

Dal teorema di Pitagora si ha che $h = \sqrt{(2\sqrt{3})^2 - (\frac{2\sqrt{3}}{2})^2} \Rightarrow h = \sqrt{12-3} \Rightarrow h = \sqrt{9}$;

H = m. 3 (altezza del triangolo equilatero o trapezio rettangolo)

➢ Se consideriamo il triangolo ADB e che h = AD, sempre con Pitagora calcoliamo BD (diagonale maggiore); si ha che $BD = \sqrt{AD^2 + AB^2} \Rightarrow BD = \sqrt{3^2 + 2\sqrt{3}^2} \Rightarrow$
$BD = \sqrt{9+12} \Rightarrow$
$BD = \sqrt{21}$ (diagonale maggiore del trapezio)

➢ **Teorema:** Poiché i triangoli DÔC e AÔB hanno gli angoli opposti uguali essi sono simili, si ha la seguente proporzione: **DO : DC = BO : AB** => ma
(BO $= \sqrt{21}$ -DO) che sostituiremo nella proporzione si ha DO: DC = BD-DO : AB
sostituiamo i valori noti, si ha $DO : \sqrt{3} = (\sqrt{21} - DO) : 2\sqrt{3} \Rightarrow$
$2\sqrt{3}DO = \sqrt{3}(\bullet\sqrt{21} - DO) \Rightarrow 2\sqrt{3}DO = \sqrt{3}\bullet\sqrt{21} - \sqrt{3}DO \Rightarrow$
$2\sqrt{3}DO + \sqrt{3}DO = \sqrt{3}\bullet\sqrt{21} \Rightarrow 3\sqrt{3}DO = \sqrt{3}\bullet\sqrt{21} \Rightarrow$
$DO = \frac{\sqrt{3}\bullet\sqrt{21}}{3\sqrt{3}} \Rightarrow DO = \frac{\sqrt{21}}{3}$ (distanza diagonale minore dal punto D)

➢ Calcoliamo l'altra distanza della diagonale maggiore sottraendo DO, si ha che

$BO = BD-DO => \boldsymbol{BO} = \sqrt{21} - \dfrac{\sqrt{21}}{3} => 3\boldsymbol{BO} = 3\sqrt{21} - \sqrt{21} => 3\boldsymbol{BO} = 2\sqrt{21}$;

$\boldsymbol{BO} = \dfrac{2\sqrt{21}}{3}$ (distanza diagonale minore dal punto B)

➤ Calcoliamo il rapporto delle due distanze, si ha che $\dfrac{\boldsymbol{BO}}{\boldsymbol{DO}} = \dfrac{2\sqrt{21}}{3} : \dfrac{\sqrt{21}}{3} =>$

$\dfrac{\boldsymbol{BO}}{\boldsymbol{DO}} = \dfrac{2\sqrt{21}}{3} : \dfrac{3}{\sqrt{21}} => \dfrac{\boldsymbol{BO}}{\boldsymbol{DO}} = 2$ (rapporto delle distanze)

38

Sia *ABC* un triangolo rettangolo in A. Si costruisca a bisettrice dell'angolo acuto maggiore ABC che incontri il cateto *AC* nel punto E. Sapendo che il triangolo *EBC e* isoscele sulla base *BC =a* √3, calcolare la lunghezza del perimetro del triangolo dato a quella della bisettrice BE.

$$[\dfrac{3}{2}a;.....(\sqrt{3}+1);...a]$$

Dati: $\boldsymbol{BC} = a\sqrt{3}$; $BE = CE$

Risoluzione:

Dalla lettura attenta del disegno si nota che la perpendicolare del punto "E", ottenuto dall'incontro della bisettrice sul lato AC, incontra la base CB del triangolo nel punto "M".

Detta perpendicolare divide la base in due segmenti uguali perché i lati CE e BE sono anch'essi uguali, quindi CM = BM.

Inoltre ogni perpendicolare condotta da una bisettrice che interseca il lato opposto produce i lati adiacenti uguali, in conclusione avremo che CM = BM = AB, come risulta nel disegno.

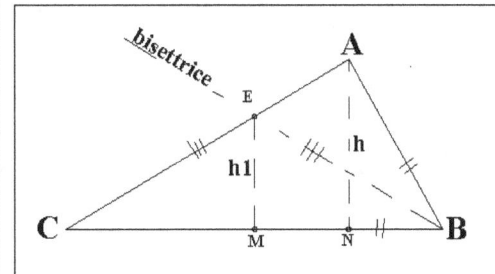

Noto BC i valori dei lati sopra detti sono CM = BM = AB = ossia $\dfrac{BC}{2} => \dfrac{a\sqrt{3}}{2}$

➤ Dal teorema di Pitagora si ha che $\boldsymbol{AC} = \sqrt{BC^2 - AB^2} => \boldsymbol{AC} = \sqrt{(a\sqrt{3})^2 - (\dfrac{a\sqrt{3}}{2})^2} =>$

$$AC = \sqrt{3a^2 - \frac{3}{4}a^2} \Rightarrow AC = \sqrt{\frac{12a^2 - 3a^2}{4}} \Rightarrow AC = \sqrt{\frac{9a^2}{4}} \Rightarrow AC = \frac{3}{2}a \text{ (lato}$$

maggiore)

➢ Dalla similitudine dei triangoli si ha:

$$AC : h = CB : AB \Rightarrow \frac{3}{2}a : h = a\sqrt{3} : a\frac{\sqrt{3}}{2} \Rightarrow h = \frac{3}{2}a \bullet \frac{\sqrt{3}}{2}a \bullet \frac{1}{a\sqrt{3}} \Rightarrow h = \frac{3}{4}a \text{ (altezza)}$$

$$BN : AB : AB : BC \Rightarrow BN = \frac{AB^2}{BC} \Rightarrow BN = \frac{(\frac{a\sqrt{3}}{2})^2}{a\sqrt{3}} \Rightarrow BN = \frac{3}{a}a^2 \bullet \frac{1}{a\sqrt{3}} \Rightarrow$$

$$BN = \frac{\sqrt{3}a}{4} \text{ (proiezione del lato AB sull'ipotenusa)}$$

$$CN : AC : AC : BC \Rightarrow CN = \frac{AC^2}{BC} \Rightarrow BN = \frac{(\frac{a\sqrt{3}}{2})^2}{a\sqrt{3}} \Rightarrow CN = \frac{\frac{9}{4}a^2}{a\sqrt{3}} \Rightarrow$$

$$CN = \frac{9}{4}a^2 \bullet \frac{1}{\sqrt{3}} \qquad \Rightarrow CN = \frac{9a^2\sqrt{3}}{12} \Rightarrow$$

$$CN = \frac{3}{4}a\sqrt{3} \text{ (proiezione del lato maggiore sull'ipotenusa)}$$

$$EN : CM : AC : CN \Rightarrow CE : \frac{A\sqrt{3}}{2} = \frac{3A}{2} : \frac{3A\sqrt{3}}{4} \Rightarrow BE = \frac{\frac{a\sqrt{3}}{2} \bullet \frac{3a}{2}}{\frac{3}{4}a\sqrt{3}} \Rightarrow$$

$$Ce = \frac{a^2 3\sqrt{3}}{4} \bullet \frac{4}{3a\sqrt{3}} \Rightarrow CE = a \Rightarrow EB \text{ (lati del triangolo isoscele uguali)}$$

➢ Si calcoli il perimetro del triangolo; si ha che P = AC+AB+BC =>

$$P = \frac{3}{2}a + \frac{a\sqrt{3}}{2} + a\sqrt{3} \Rightarrow P = \frac{3a + 3a\sqrt{3}}{2} \Rightarrow P = \frac{3a(\sqrt{3}+1)}{2} \Rightarrow$$

$$P = \frac{3}{2}a(\sqrt{3}+1) \text{ (perimetro del triangolo Rettangolo)}$$

➢ Si calcoli l'area del triangolo; si ha $A = \frac{CB \bullet h}{2} \Rightarrow A = \frac{a\sqrt{3} \bullet \frac{3}{4}a}{2} \Rightarrow A = \frac{3}{4}a^2\sqrt{3} \bullet \frac{1}{2} \Rightarrow$

$$A = \frac{3}{8}a^2\sqrt{3} \text{ (area del triangolo rettangolo)}$$

39

La base di un triangolo isoscele ABC è m $15\sqrt{3}$. Quale deve essere la lunghezza della corda MN parallela alla base perché il triangolo staccato abbia area uguale ai 3/5 di quella del triangolo dato?. [$9\sqrt{5}$]

Dati:; BC = AB; $AC = 15\sqrt{5}$

Risoluzione:

La condizione che impone la traccia è che il rapporto dell'area del triangolo MBN che si ottiene con la corda MN sia 3/5 minore del triangolo ABC, cioè vuol che il triangolo ABC è 2/5.

Il triangolo a sinistra della figura è quello della traccia, mentre quello di destra è il triangolo staccato dalla corda.

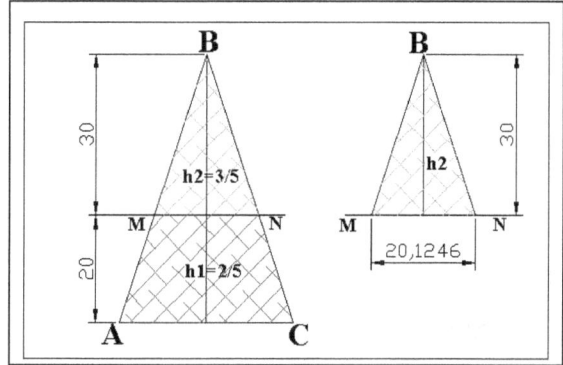

➤ Dalla reciprocità delle aree coi relativi rapporti si la seguente proporzione:

$$(15\sqrt{5}):(\frac{3}{5}+\frac{2}{5})=MN:\frac{3}{5} => (15\sqrt{5}):1=MN:\frac{3}{5} => MN=(15\sqrt{5})\bullet\frac{3}{5} =>$$

$MN=9\sqrt{5}$ (lunghezza della corda) risultato verificato

➤ Eseguiamo una verifica del rapporto delle aree. Per fare questo imponiamo un'altezza a piacimento; per esempio 50 ed eseguiamo quanto segue:

$$A1=\frac{AC\bullet h}{2} => A1=\frac{15\sqrt{5}\bullet50}{2} => A1 = mq. 838,52549$$

$$A2=\frac{3}{5}\bullet A1 => A2=\frac{3}{5}\bullet838,52549 => A2 = mq. 503,11529$$

$$A1:h=A2:h2 => h1=\frac{2\bullet503,11529}{9\sqrt{5}} => h2 = m. 30$$

Se facciamo il rapporto h2/h1 avremo 30/50 = 0.6 verifica effettuata con successo.

40 Determinare i cateti di un triangolo rettangolo circoscritto ad un cerchio sapendo l'ipotenusa i = m. 19,42 e il raggio r = m. 3,8

Dati:; 1= m. 19,42 $Ar = m.3,8$

Risoluzione:

Osservando la figura si nota che i raggi nei punti di tangenza dividono il lato in due parti. Considerando i lati a e b essi si dividono rispettivamente in [r e (a-r)] e
[r e (b-r)] che sono anche i due lati che separa il raggio sull'ipotenusa (i) perché i punti di tangenza da un punto esterno sono uguali.
Detto ciò scriviamo che i = (a - r) + (b - r) risolvendo si ha i = a + b - 2r possiamo affermare che $(a+b)=i+2r$ **(prima equazione).** L'ipotenusa i è anche calcolabile con il teorema di Pitagora
$a^2 + b^2 = i^2$ **seconda equazione** per cui il problema viene risolto impostando il seguente sistema (vedi figura)

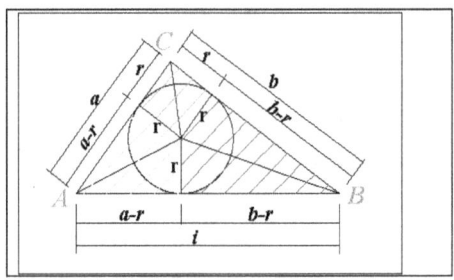

$$\begin{cases} a^2 + b^2 = i^2 \\ b+a = i+2r \end{cases}$$ => *sistema da risolvere inserendo i valori di r = 3,8 e i = 19,42*

$$\begin{cases} a^2 + b^2 = 19,42^2 \\ b+a = 19,42 + 2 \bullet 3,8 \end{cases}$$ => $$\begin{cases} a^2 + b^2 = 377,14 \\ b+a = 27 \end{cases}$$ => Dalla seconda equazione si ha che

(b = 27 - a) che sostituendo nella prima equazione abbiamo $a^2 + (27-a)^2 = 377,42$ =>
risolvere in $a^2 + 729 + a^2 - 54a - 377,42 = 0$ semplificare $2a^2 - 54a - 352 = 0$ equazione di

secondo grado che va risolta con $-b \pm \dfrac{\sqrt{b^2 - aac}}{2a}$ => $a_{1,2} = 54 \pm \dfrac{\sqrt{54^2 - 4 \bullet 2 \bullet 377}}{2 \bullet 2}$ =>

$a_{1,2} = 54 \pm \dfrac{\sqrt{2916 - 2816}}{4}$ => $a_{1,2} = 54 \pm \dfrac{\sqrt{100}}{4}$ => $a_{1,2} = 54 \pm \dfrac{10}{4}$ => $\begin{cases} a_1 = \dfrac{54+10}{4} \\ \\ a_2 = \dfrac{54-10}{4} \end{cases}$ =>

$$\begin{cases} a_1 = m.16 \\ a_2 = m.11 \end{cases}$$ *lati del triangolo rettangolo, soluzione voluta*

Poiché il sistema è simmetrico le soluzioni sono invertibili, cioè il lato può essere sia m.11 che m.16, difatti sostituendo il valore di a nella seconda equazione del sistema avremo due valori uguali.

41

Determinare i cateti di un triangolo rettangolo circoscritto ad una circonferenza di

raggio r = m. 3,8 sapendo la doppia area del triangolo $k \bullet r^2$. Considerare il coefficiente k = 12,2.

Dati:; r = m. 3,8; $2A = k \bullet r^2$

Risoluzione:

Nel triangolo rettangolo la doppia area è nota come prodotto dei lati del triangolo (ab), per cui abbiamo che $ab = k \bullet r^2 \Rightarrow ab = 12,2 \bullet 3,8^2 \Rightarrow ab = mq. 176$.
Osservando la figura il raggio nei punti di tangenza scompone il triangolo in piccoli triangoli che semplicità sono stati colorati. I triangoli sono 8 a coppie di 2 uguali grazie al teorema delle tangenze alla circonferenza che formano triangoli rettangoli e lati congruenti.

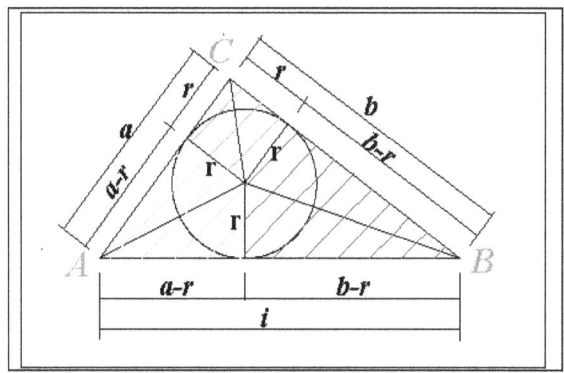

Poiché il triangolo ABC è rettangolo in C la sua semi area è il prodotto dei suoi lati, cioè *ab* che è la stessa se sommiamo tutte le 4 coppie delle semi aree dei triangoli colorati, abbiamo la seguente equazione:

2(a - r)r+2(b - r)r + 2(r • r) = a • b => da risolvere in

2ra - 2r² + 2rb - 2r² + 2r² = a • b => semplificare

2ra + 2rb - 2r² = a • b => mettere in evidenza

2r(a + b) -2r² = a • b => mettere in evidenza 2r

2r[(a + b) - r] = a • b => Prima equazione considerando le aree

Osservando la figura si calcoli che l'ipotenusa è la somma di

(b - r) +(a - r) = i => risolvere in

b - r + a - r = i => ossia

b + a - 2r = i => seconda equazione

Le due equazioni ci consentono di impostare un sistema del genere

$$\begin{cases} 2r[(a+b)-r]=a \bullet b \\ b+a-2r=i \end{cases}$$ *=> sistema da risolvere inserendo i valori di r = 3,8 e ab = 176*

Isoliamo (b + a) ossia

$$\begin{cases} 7,6[(a+b)-3,8]=a \bullet b \\ b+a=i+2r \end{cases}$$ *=> inseriamo i valori noti* $\begin{cases} 2 \bullet 3,8[(a+b)-3,8]=176 \\ b+a-2 \bullet 3,8=i \end{cases}$ =>

Dalla seconda equazione del sistema si ha (b + a) = i + 2r , esattamente quanto detto nell'esercizio precedente, procediamo con il sistema.

$$\begin{cases} 2 \bullet 3,8[(a+b)-3,8]=176 \\ b+a=i+7,6 \end{cases}$$

Sostituiamo (b + a) nella seconda equazione, si ha $7,6(i+7,6-3,8)=176$ =>

$7,6i+57,76-28,88-176=0$ => $7,6i=147,12$ => $i=\dfrac{147,12}{7,6}$ =>

i = m.19,4 (ipotenusa)

Sostituire i nella prima equazione, si ha che (b + a) = 19,4+7,6 da cui

(b + a) = m.27

Poiché e noto la doppia area (ab) = mq.176 impostiamo un altro sistema, si ha

$$\begin{cases} a \bullet b=176 \\ b+a=27 \end{cases}$$ *da risolvere come già detto.*

Dalla seconda equazione si ha che a = 27 - b da sostituire nella prima equazione, si ha

(27 - b)b = 176   ossia   27b - b² = 176   ovvero

$-b^2 + 27b - 176 = 0$ *equazione di secondo grado che va risolta con* $-b \pm \dfrac{\sqrt{b^2 - aac}}{2a}$;

$$b_{1,2} = -27 \pm \dfrac{\sqrt{27^2 - (4 \bullet -1 \bullet -176,32}}{-2} \Rightarrow b_{1,2} = -27 \pm \dfrac{\sqrt{729 - 704}}{-2} \Rightarrow b_{1,2} = -27 \pm \dfrac{\sqrt{25}}{-2} \Rightarrow$$

$$b_{1,2} = -27 \pm \dfrac{5}{-2} \Rightarrow \begin{cases} b_1 = \dfrac{-27+5}{-2} \\ b_2 = \dfrac{-27-5}{-2} \end{cases} \Rightarrow$$

$\begin{cases} a_1 = m.11 \\ a_2 = m.16 \end{cases}$ lati del triangolo rettangolo, soluzione voluta

42

Determinare i cateti di un triangolo rettangolo circoscritto ad una circonferenza di raggio r = m. 3,8 sapendo che il perimetro è $k \bullet r$. Considerare il coefficiente k = 12,215.

Dati:; r = m. 3,8; $P = k \bullet r$;   k = 12.215;

Risoluzione:

Nel triangolo rettangolo il perimetro è la somma dei lati, quindi kr è il perimetro **=>**
12,215 • 3,8 = 46,42. *Perimetro del triangolo rettangolo.*
Osservando bene la figura calcoleremo il perimetro sotto forma letteraria (vedi figura)

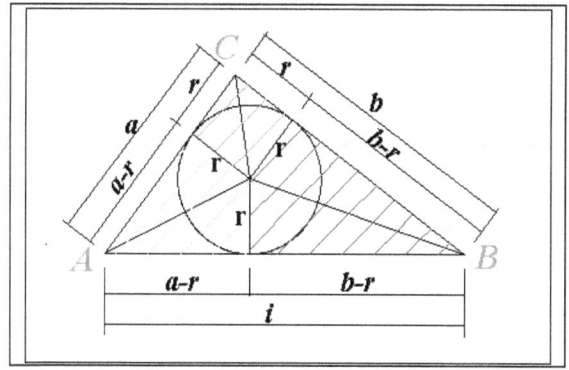

$P = 2(a-r) + 2(b-r) + 2r$ mettere in evidenza 2 si ha

$P = 2[(a-r) + (b-r)] + 2r$ ma è noto, e lo si può vedere in figura, che (a-r)+(b-r) = i, quindi

avremo che P =2(i)+2r inseriamo il valore di P, si ha

46,42 = 2i + 2 • 3,8 => 46,42 = 2i + 7,6 => 2i = 46,42 - 7,6 =>

2i = 38,82 => $i = \dfrac{38,82}{2}$ => *i = 19,42 (ipotenusa del triangolo rettangolo)*

inseriamo i nella formula (a-r)+(b-r) = i e calcoliamo che

$a - r + b - r = i$ *ossia*

$a + b = i + 2r$ => inserire i valori noti, si ha $(a + b) = 19{,}42 + 2 \cdot 3{,}8$ =>

$a + b = 27$ per cui

$b = 27 - a$

I lati del triangolo rettangolo si calcolano con il teorema di Pitagora

$b^2 = i^2 - a^2$ *sostituendo* $b = 27 - a$, *si ha*

$(27 - a)^2 = i^2 - a^2$ => inserire i = 19,42 si ottiene

$(27 - a)^2 = 19{,}42^2 - a^2$ risolvere

$729 + a^2 - 54a = 377{,}14 - a^2$ =>

$2a^2 - 54a + 351{,}86 = 0$ equazione di secondo grado che va risolta con $-b \pm \dfrac{\sqrt{b^2 - aac}}{2a}$ =>

$a_{1,2} = 54 \pm \dfrac{\sqrt{54^2 - (4 \cdot 2 \cdot 351{,}86)}}{2 \cdot 2}$ => $a_{1,2} = 54 \pm \dfrac{\sqrt{2916 - 2814{,}88}}{4}$ => $a_{1,2} = 54 \pm \dfrac{\sqrt{101{,}12}}{4}$ =>

$a_{1,2} = 54 \pm \dfrac{10}{4}$ => $\begin{cases} b_1 = \dfrac{54 + 10}{4} \\ b_2 = \dfrac{54 - 10}{4} \end{cases}$ =>

$\begin{cases} b_1 = m.11 \\ b_2 = m.16 \end{cases}$ *lati del triangolo rettangolo, soluzione voluta*

43 Determinare l'area e il raggio del triangolo isoscele circoscritto a un cerchio avente il

lato obliquo '*l*' = m.16,1 e la differenza (altezza raggio) uguale a m. 11.

Dati:; l = m. 16,1;   differenza altezza - raggio = m.11;

Risoluzione:

Disegniamo per prima la figura e notiamo che la differenza (altezza raggio) è la lettera "s", inoltre la figura ha i raggi nei punti di tangenza che dividono il lato in due parti delle quali, la parte x è uguale alla semi base e quindi il lato l è diviso in x e y.

Alcune attribuzioni letterarie sono state semplificate per comprendere meglio le dimostrazioni, vedi figura.

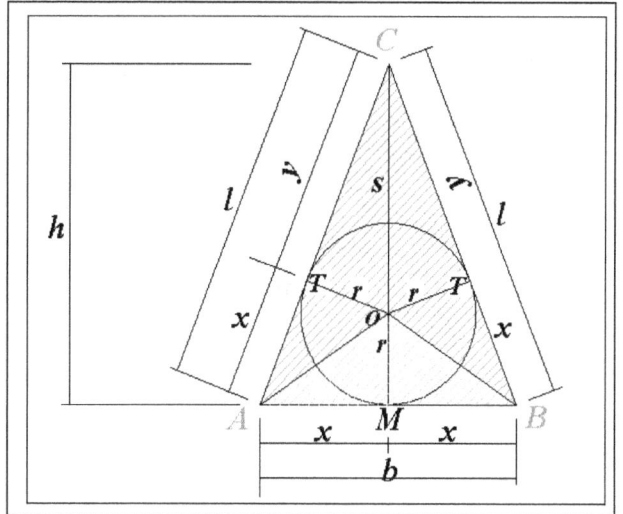

Osservando la figura il triangolo OTC è rettangolo per cui possiamo utilizzare il teorema della similitudine. Si ha la proporzione seguente: s : r = l : x

Premesso che la semi base è $x = r\sqrt{\dfrac{s+r}{s-r}}$ (vedi dimostrazione Relazione tr.1).

Premesso che la stessa semi somma si ricava dalla proporzione, e che essa è anche $x = \dfrac{rl}{s}$, impostiamo l'eguaglianza e calcoliamo l'unica incognita raggio:

$r\sqrt{\dfrac{s+r}{s-r}} = \dfrac{rl}{s}$ *Relazione tri.5* (raggio del cerchio inscritto nel triangolo isoscele)

sostituiamo i valori noti del lato e del segmento OC, ossia lettera s, si ha

$r\sqrt{\dfrac{11+r}{11-r}} = \dfrac{16,1r}{11}$ eleviamo al quadrato ambo i membri, si ha

$\dfrac{r^2(11+r)}{(11-r)} = \dfrac{259,21r^2}{121}$ moltiplichiamo il prodotto in croce, si ha

$121r^2(11+r) = 259,21r^2(11-r)$ => risolvere,

$1331r^2 + 121r^3 = 2851,31r^2 - 259,21r^3$ ossia

$1331r^2 - 2851,31r^2 + 121r^3 + 259,21r^3$ => risolvere,

$1520r^2 + 380r^3$ dividiamo ambo i membri per r^2, si ha

$1520 = 380r$ che si risolve in $r = \dfrac{1520}{380}$ *r = 4 (raggio della circonferenza inscritta)*

Calcoliamo l'altezza; h = 11 + 4 => *h = 15 (altezza del triangolo isoscele*

La semi base può essere calcolata sia con il triangolo rettangolo che con la semi somma ottenuta con la proporzione. Nel nostro caso adottiamo la seconda soluzione perché è più semplice.

La semi base è $x = r\sqrt{\dfrac{s+r}{s-r}}$ => sostituiamo i valori di r e s otteniamo

$x = 4\sqrt{\dfrac{11+4}{11-r}}$ => $x = 4\sqrt{\dfrac{15}{7}}$ => *x = m. 5,8774 (altezza del triangolo isoscele)*

La base è il doppio prodotto 2•5,8774 => *b = m 11,71*

44

Problema: Un triangolo isoscele circoscritto ad una circonferenza di raggio

r = m.20 e la differenza (altezza raggio) uguale a m. 60. Calcolare il perimetro del triangolo isoscele.

Dati:; r = m. 20;   differenza altezza raggio = m.60;

Risoluzione:

Risoluzione:

Disegniamo la figura e calcoliamo la semi base   "x" come visto nella prima equazione, ricordando che la differenza h - r è la lettera s, si ha che

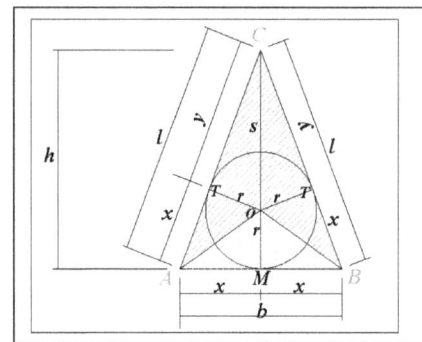

$x = r\sqrt{\dfrac{s+r}{s-r}}$ => sostituiamo i valori noti del raggio e di s, si ha

$x = 20\sqrt{\dfrac{60+20}{60-20}}$ => $x^2 = 20^2 \bullet \dfrac{60+20}{60-20}$ => $x^2 = 400 \bullet \dfrac{80}{40}$ =>

$x^2 = \dfrac{32000}{40}$ => $x^2 = 800$ => $x = \sqrt{800}$ =>

$x = 28,284271$ *(semi base del triangolo isoscele)*

Calcoliamo la base "b" corrispondente a due volte x, si ha b = 2 • x da cui b = 2 • 28,284271 => *b = m. 56,57 (base del triangolo isoscele)*

Calcoliamo l'altezza del triangolo, (h = s + r) ossia h = 60 + 20 =>

h = m. 80 altezza del triangolo isoscele)

Calcoliamo il lato con il teorema di Pitagora, si ha

$$l = \sqrt{h^2 + x^2} \;=> \; l = \sqrt{80^2 + 28,284271^2} \;=>$$

$l = \sqrt{6400+800} \;=> l = m.$ *84,8528 (lato del triangolo isoscele)*

Calcoliamo il perimetro " P " che corrisponde a P = 2l + b =>

P = 2 • 84,8528 + 56,57 => *P = 226,27 (perimetro del triangolo isoscele)*

45
Un triangolo isoscele circoscritto in una circonferenza di raggio m.10 ha altezza

m. 50. Calcolare l'area e il perimetro del triangolo.

Dati:; r = m. 10;   h = 50;

Risoluzione:

Disegniamo la figura e calcoliamo la semi base *"x" e la differenza (altezza raggio)*

" s " (vedi figura).

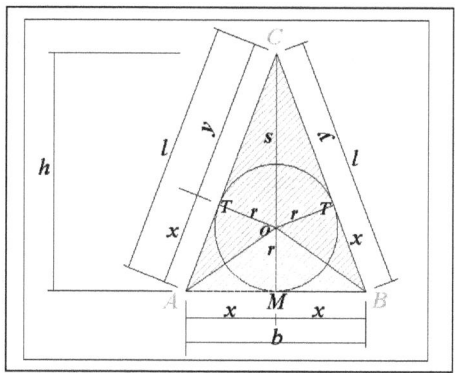

Noto l'altezza e il raggio calcoliamo la distanza x dal centro della circonferenza al vertice della base, si ha che x = h - r ossia x = 50-10 => *x = m. 40 (segmento)*

Noto x ed r, calcoliamo la semi base x con la nota formula Relazione tr.1, $x = r\sqrt{\dfrac{s+r}{s-r}}$ si ha:

$$x = 10\sqrt{\frac{40+10}{40-10}} => x^2 = 10^2 \bullet \frac{40+10}{40-10} => x^2 = 100 \bullet \frac{50}{30} => x^2 = \frac{5000}{30} =>$$

$$x = \sqrt{\frac{5000}{30}} => x = m.\ 12,9\ \textit{(semi base del triangolo isoscele)}$$

Dal teorema di Pitagora Calcoliamo il lato l , si ha $l = \sqrt{h^2 + x^2}$ =>

$l = \sqrt{50^2 + 12,9^2}$ => $l = \sqrt{2500 + 166,41}$ => $l = \sqrt{2666,41}$ => $l = 51,64\ \textit{(lato)}$

Il perimetro è la sommatoria di P = 2l + 2x => $P = 2 \bullet 51,64 + 2 \bullet 12,9$ =>

P = m. 129,08 Perimetro del triangolo isoscele.

L'area del triangolo è $A = \frac{P \bullet r}{2}$ => $A = \frac{129,08 \bullet 10}{2}$ => $A = mq.\ 645,4\ \textit{(area)}$

46

Determinare altezza e base del triangolo isoscele circoscritto sapendo che l'area

misura mq. 87,831, il perimetro misura m. 43,2048 e la differenza (h - r) = 1/3,92 del perimetro.

Dati: A = mq. 87,831; $\quad h - r = \frac{1}{3,92}$; $\quad$ P = m.43,2048;

Risoluzione:

Nella Relazione tr.3 abbiamo dimostrato che il semi perimetro è $p = \sqrt{\frac{s+r}{s-r}}(s+r)$

Noto l'area e il perimetro calcolo il raggio della circonferenza; si la che $A = \frac{P \bullet r}{2}$ =>

A = Pr => $2A = P \bullet r$ => $r = \frac{2A}{P}$ ossia $r = \frac{2 \bullet 87,831}{43,2048}$ =>

$r = \frac{175,7662}{43,2048}$ => $r = m.\ 4\ \textit{(raggio della circonferenza)}$ **vedi figura**

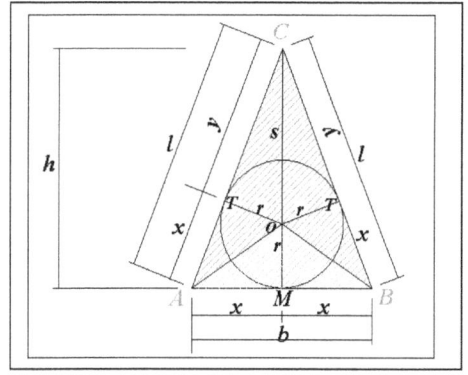

Calcoliamo la differenza altezza raggio noto il perimetro "P", si ha che

$$s = \frac{43{,}2048 \bullet 1}{3{,}92} \quad => s = 11$$

Calcoliamo il lato del triangolo isoscele con la Relazione tr.2, si ha

$$l = s\sqrt{\frac{s+r}{s-r}} \quad => l = 11\sqrt{\frac{11+4}{11-4}} \quad => l = 16{,}1 \ (lato\ del\ triangolo\ isoscele)$$

Calcoliamo l'altezza del triangolo, si ha che

h = s + r => h = 11 + 4 => *h = 15 (altezza del triangolo isoscele)*

47

Determinare l'altezza del triangolo isoscele il cui lato obliquo è l = m. 70, il raggio r

= m. 19 e l'area di A = mq. 1897,368.

Dati:; l = m. 70;   A= mq. 1897,368;   r = 19;

Risoluzione:

Per prima cosa disegniamo il triangolo isoscele e assegniamo lettere arbitrarie. Per meglio comprendere lo sviluppo delle formule si è disegnato il triangolo con tre triangoli colorati, vedi figura.

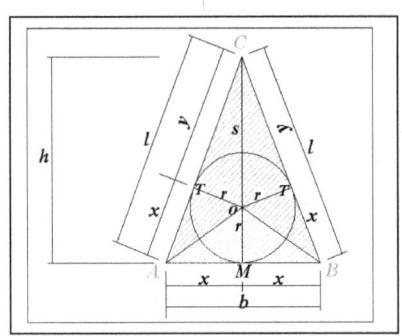

Si noti subito che l'area totale è la somma delle 3 aree colorate, cioè A = A_1 + A_2 + A_3 per cui

avremo $A_1 = \dfrac{l \bullet r}{2}$; $A_2 = \dfrac{l \bullet r}{2}$; $A_3 = \dfrac{2x \bullet r}{2}$ e quindi

$A = \dfrac{l \bullet r}{2} + \dfrac{l \bullet r}{2} + x \bullet r \ \Rightarrow \ 2A = l \bullet r + x \bullet r + 2 \bullet x \bullet r \ \Rightarrow \ 2A = 2lr + 2xr \ \Rightarrow \ 2A - 2lr = 2xr$

$\Rightarrow x = \dfrac{2A - 2lr}{2A} \ \Rightarrow$ semplificando per 2 si ha

$x = \dfrac{A - l \bullet r}{r}$ *semi base del triangolo isoscele = alla Relazione tr.4 già dimostrata*

Noto l'area inseriamo i valori noti e calcoliamo x, si ha:

$x = \dfrac{A - l \bullet r}{r} \ \Rightarrow \ x = \dfrac{1897,368 - 70 \bullet 18,9737}{18,97,37} \ \Rightarrow x = 30 \ Semi \ base \ del \ triangolo$

Dal teorema di Pitagora si ha che $h = \sqrt{l^2 - x^2} \ \Rightarrow \ h = \sqrt{70^2 - 30^2} \ \Rightarrow \ h = \sqrt{4900 - 900}$

$h = \sqrt{4000} \ \Rightarrow h = 63,2456 \ altezza \ del \ triangolo$

Fine Capitolo 2

CAPITOLO 3
ROBLEMI SULLE CORDE SECANTI E TANNGENTI

1 Si consideri il triangolo A.BC ; siano AD ed *AM* ordinatamente la bisettrice e la mediana condotte da *A*. La circonferenza per A, *M* e *D* intersechi ulteriormente *AB* in *E* ed AC in .F. Provare che BE $==$ *CF e che* $BD = \sqrt{AB \bullet BE}$ **[solo dimostrazioni]**

Un qualsiasi triangolo isoscele, la cui circonferenza è uguale alla relativa altezza, taglia i lati uguali in due punti E ed F (vedi figura).

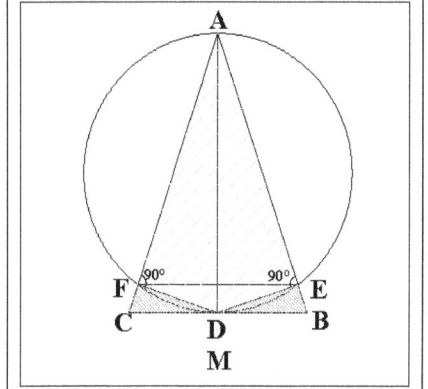

Formule utile e importanti:
$$BE = CF$$
$$BD = \sqrt{AB \bullet BE}$$

Congiungendo i punti D con F et D con E si hanno due triangoli rettangoli. Considerando che per costruzione CD = DB si applica il teorema di Pitagora sui due triangoli di colore rosso raffigurati in figura, quindi si ha che

$BD^2 + BE^2 = CD^2 + CF^2 \Rightarrow$ poiché BD = CD sostituire BD al posto di CD, abbiamo che

$BD^2 + BE^2 = BD^2 + CF^2 \Rightarrow$ i cui prodotti sono

$BE^2 \bullet BD^2 = BD^2 \bullet CF^2 \Rightarrow$ poiché BD esiste ai due membri va semplificato, si ha che

$BE^2 = CF^2 \Rightarrow$ estraendo la radice quadrata di ciascun membro si ha $\sqrt{BE^2} = \sqrt{CF^2} \Rightarrow$ semplificando si ha *BE = CF (dimostrazione eseguita correttamente)*

Inoltre, essendo i triangoli ABD et DEB sono retti (perché angoli alla circonferenza), si ha che $AB : BD = BD : BE$ da cui si ha che $BD^2 = AB \bullet BE$ si ha che

$BD = \sqrt{BA \bullet BE}$ *(dimostrazione)*

2

In un cerchio, il cui raggio misura 15 cm., due corde si intersecano " e il prodotto dei rispettivi segmenti misura 200 cm'. Trovare la misura della distanza del punto di intersezione dal centro.   [R. 5 cm.]

Dati: corda = 200 cm;   Raggio = 15 cm

Risoluzione:

Dalla lettura della traccia si denota che le due corde sono ciascuna di prodotto 200 cm e quindi le corde saranno perpendicolari tra loro.
e quindi una corda dividerà la seconda in un punto medio "P" facilmente calcolabile la distanza dal centro con il punto d'intersezione che chiameremo "P" (vedi figura).

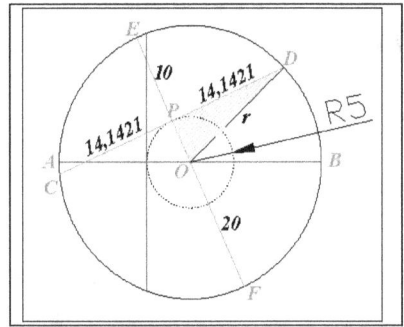

Poiché la retta per il calcolo della distanza del punto P al centro della circonferenza "O" è perpendicolare alla corda abbiamo essa la dividerà in due parti. Chiamando le parti $''x''$ si ha che $CD = x \bullet x => CD = x^2 =>$ ossia $200 = x^2 => x = \sqrt{200} => x = \sqrt{2^3 \bullet 5^2} => x = 10\sqrt{2}$
(mezza coda CD)

Verifichiamo che sia vero. $200 = (10\sqrt{2})^2$ ossia $200 = 100 \bullet 2 => 200 = 200$ (è Vero)

Il triangolo OPD è rettangolo, quindi dal teorema di Pitagora si Ha che

$OP = \sqrt{15_3 \bullet (10\sqrt{2})^2} => OP = \sqrt{225 - 100 \bullet 2} => OP = \sqrt{225 - 200} =>$

$OP = \sqrt{25} => OP = cm. 5$ *(distanza intersezione corde centro circonferenza).*

Precisiamo subito la corda massima della circonferenza assegnata è il r^2 che corrisponde a $15 \bullet 15$ cioè cm 225. Vedi figura, corda rossa.

   Si può osservare nel disegno che ruotando la corda rossa CD e mantenendo l'altra perpendicolare si hanno diverse posizioni,. Nel disegno si nota che la corda CD di colore verde è perpendicolare alla corda AB con risultato identico.

3

Due corde perpendicolari misurano 16 cm ciascuna e si intersecano in un cerchio il cui

raggio misura 10 cm. Quale è la lunghezza dei segmenti in cui si dividono le due corde?
[R- 14 cm. *e* 2 cm.]

Dati: corde perpendicolari = 16 cm;   **Raggio = 10 cm**
Risoluzione:

Questo problema è un caso particolare in cui le corde sono perpendicolari e uguali per cui va risolto tenendo conto del teorema delle tangenti che meglio spiegherò.

Disegniamo subito la corda CD intersecante la circonferenza di raggio *r = 10* e poi congiungiamo i punti d'intersezione col centro "O", si noti che abbiamo un triangolo isoscele con altezza "d", distanza dal centro O, (vedi figura).

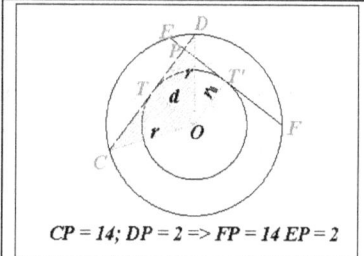

CP = 14; DP = 2 => FP = 14 EP = 2

L'altezza d divide la corda in due parti uguali, per cui noto la corda e il raggio calcoliamo la distanza d, si ha che

$$d = \sqrt{r^2 - (\frac{CD}{2})^2} \Rightarrow d = \sqrt{10^2 - (\frac{16}{2})^2} \Rightarrow d = \sqrt{100 - 64} \Rightarrow d = \sqrt{36} \Rightarrow$$

$d = cm.6$ *(distanza centro corda CD)*

Tracciamo la circonferenza di raggio d con centro O della circonferenza e poi tracciamo l'altra corda EF tangente e perpendicolare alla corda CD, quindi le due corde sono tangenti alla circonferenza di raggio d nei punti T e T' (vedi disegno).

Dal teorema delle tangenti di un punto esterno (P) alla circonferenza di raggio (d), i segmenti OT, PT, OT' PT', contrassegnati da due trattini sono tutti uguali, e quindi possiamo affermare

che le corde si intersecano nel punto P alla misura di $CP = \dfrac{CD}{2} + PT$ ma PT = d si ha che =>

$$CP = \frac{CD}{2} + d \Rightarrow CP = \frac{16}{2} + 6 \Rightarrow CP = 8 + 6 \Rightarrow CP = cm.14 \text{ (primo segmento d'intersezione}$$

delle corde).

L'altro segmento diviso dalle corde è calcolabile dalla differenza, cioè $DP = 16 - 14 \Rightarrow$
$DP = cm.2$ *(secondo segmento d'intersezione delle corde).*
In conclusione si afferma che le corde hanno segmenti cm. 2 et cm. 14.

4 Nella circonferenza di centro O e di diametro $AB = 2a\sqrt{2}$, la corda CD, parallela ad AB, sta

con la sua distanza dal centro nel rapporto $2\sqrt{3}{:}3$. Le rette AC e BD s'intersechino
esternamente in P.

1) Calcolare PA e PC.
2) *2)* Calcolare PT, essendo T il punto in cui una tangente per P alla circonferenza incontra la circonferenza, stessa.

[R. 1) $PA = 2a\sqrt{2}$, $PC = a\sqrt{2}$. 2) $PT = 2a$.]

Dati: diametro $AB = 2a\sqrt{2}$; distanza corda centro circonf. $2\sqrt{3}{:}3$
Risoluzione:

Disegniamo subito la figura della circonferenza con la corda, i raggi OC e CD
e la distanza della corda dal diametro AB. (vedi figura).

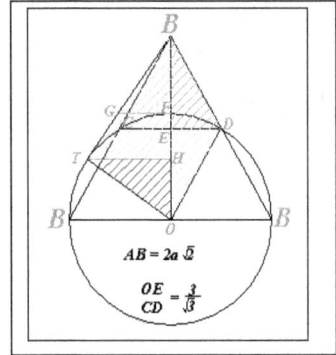

Noto i rapporti della corda con la distanza si ha la proporzione seguente: $OE : CD = 3 : 2\sqrt{3}$ da

cui calcoliamo che 1) $OE = \dfrac{3 \bullet CD}{2\sqrt{3}}$ ed 2) $CD = \dfrac{2\sqrt{3} \bullet OE}{3}$.

Dal teorema di Pitagora calcoliamo la mezza corda CD, si ha che $(\dfrac{CD}{2})^2 = (r)^2 - (OE)^2 \Rightarrow$

$(\dfrac{CD}{2})^2 = (\dfrac{AB}{2})^2 - (OE)^2$ sostituendo OE in funzione di CD come calcolato dalla proporzione
dei rapporti, si ha

$(\dfrac{CD}{2})^2 = (\dfrac{2a\sqrt{2}}{2})^2 - (\dfrac{3CD}{2\sqrt{3}})^2 \Rightarrow \quad \dfrac{CD^2}{4} = 2a^2 - \dfrac{3CD^2}{4} \Rightarrow \quad CD^2 = 8a^2 - 3CD^2 \Rightarrow$

$CD^2 - 3CD^2 = 8a^2 \quad \Rightarrow 4CD^2 = 8a^2 \quad \Rightarrow CD^2 = \dfrac{8a^2}{4} \Rightarrow CD^2 = 2a^2 \Rightarrow$

$CD = \sqrt{2a^2} \Rightarrow CD = a\sqrt{2}$ *(mezza corda)*

Sostituendo CD nella formula 1) si calcoli che $OE = \dfrac{3 \bullet CD}{2\sqrt{3}}$ => $OE = \dfrac{3 \bullet a\sqrt{2}}{2\sqrt{3}}$ =>

razionalizziamo il radicando si ha $OE = \dfrac{3 \bullet a\sqrt{2} \bullet \sqrt{3}}{2\sqrt{3} \bullet \sqrt{3}}$ => $OE = \dfrac{3 \bullet a\sqrt{6}}{2 \bullet 3}$ =>

$OE = \dfrac{a\sqrt{6}}{2}$ *(distanza della corda dal centro della circonferenza)*

Il triangolo OPB si divide in due triangoli simili EPD et OPB per cui avremo la seguente proporzione di similitudine: (vedi figura)

$EP : \dfrac{CD}{2} = OP : \dfrac{AB}{2}$ inseriamo i valori noti si ha $EP : \dfrac{a\sqrt{2}}{2} = OP : \dfrac{2a\sqrt{2}}{2}$ esplicitiamo tutto in

funzione di OP, difatti EP = OP - OE ed $OE =: \dfrac{a\sqrt{6}}{2}$ si ha che $EP =: OP - \dfrac{a\sqrt{6}}{2}$, che

sostituiremo nella proporzione. Si ha $(OP - \dfrac{a\sqrt{6}}{2}) : \dfrac{a\sqrt{2}}{2} = OP : a\sqrt{2}$ risolta in prodotto medi e

estremi, si ha $a\sqrt{2}(OP - \dfrac{a\sqrt{6}}{2}) =: OP\dfrac{a\sqrt{2}}{2}$ => $a\sqrt{2}OP - \dfrac{a\sqrt{12}}{2} =: OP\dfrac{a\sqrt{2}}{2}$ => trovato il

m.c.m.= 2 si ha che $2a\sqrt{2}OP - a^2\sqrt{12} =: OPa\sqrt{2}$ => $2a\sqrt{2}OP - OPa\sqrt{2} = a^2\sqrt{12}$ =>

$OPa\sqrt{2} = a^2\sqrt{12}$ => $OP = \dfrac{a^2\sqrt{12}}{a\sqrt{2}}$ =>

$OP = a\sqrt{6}$ *(altezza del triangolo APB)*

Noto OP possiamo calcolare EP dalla differenza tra $EP = OP - EO$ ossia $EP = a\sqrt{6} - a\dfrac{\sqrt{6}}{2}$

=> $2EP = 2a\sqrt{6} - a\sqrt{6}$ => $2EP = a\sqrt{6}$ =>

$EP = \dfrac{a\sqrt{6}}{2}$ *(altezza del triangolo CPD)*

Calcoliamo PA dal Teorema di Pitagora si ha che $PA = \sqrt{(\dfrac{AB}{2})^2 + OP^2}$ =>

$PA = \sqrt{(\dfrac{2a\sqrt{2}}{2})^2 + (a\sqrt{6})^2}$ => $PA = \sqrt{2a^2 + 6a^2}$ => $PA = \sqrt{8a^2}$ => $PA = \sqrt{2^2 \bullet 2 \bullet a^2}$ ossia

$PA = 2a\sqrt{2}$ *(Ipotenusa del triangolo APO)*

Calcoliamo l'ipotenusa PC dal teorema di Pitagora, si ha che $PC = \sqrt{(\dfrac{CD}{2})^2 + EP^2}$ =>

$PC = \sqrt{(\dfrac{a\sqrt{2}}{2})^2 + (\dfrac{a\sqrt{6}}{2})^2}$ => $PC = \sqrt{\dfrac{a}{2} + \dfrac{3a}{2}}$ => $PC = \sqrt{\dfrac{a^2 + 3a^2}{2}}$ => $PC = \sqrt{\dfrac{4a^2}{2}}$ =>

$PC = \sqrt{2a^2}$ => $PC = a\sqrt{2}$ *(ipotenusa del triangolo CPE)*

Considerando il triangolo BTO esso è rettangolo perché BT è tangente alla circonferenza, quindi notiamo che l'altezza è calcolabile in due modi diversi le cui equazioni formano una equazione generale che ci consentirà di calcolare le proiezioni dei cateti sull'ipotenusa. Si ha che

$$\begin{cases} h^2 = x \bullet y \\ h^2 = r^2 - x^2 \end{cases} \text{poiché } r = \frac{AB}{2} \text{ e } y = OP - x \text{ si ha s} \begin{cases} h^2 = x \bullet (OP - x) \\ h^2 = (\frac{AB}{2})^2 - x^2 \end{cases}$$

sostituendo i valori noti, abbiamo che

$$\begin{cases} h^2 = x(a\sqrt{6} - x) \\ h^2 = (\frac{2a\sqrt{2}}{2})^2 - x^2 \end{cases} \text{ossia} \begin{cases} h^2 = a\sqrt{6}x - x^2 \\ h^2 = 2a^2 - x^2 \end{cases}$$

il sistema si trasforma nell'equazione generale

$a\sqrt{6}x - x^2 = 2a^2 - x^2$ semplificando $a\sqrt{6}x = 2a^2 \implies x = \frac{2a^2}{a\sqrt{6}} \implies x = \frac{2a}{\sqrt{6}}$ razionalizzando si

ha $x = \frac{2a \bullet \sqrt{6}}{\sqrt{6} \bullet \sqrt{6}} \implies$

$x = \frac{2a \bullet \sqrt{6}}{6}$ *(proiezione del lato OT sull'ipotenusa OP)*

Noto x calcoliamo che $y = OP - x \implies y = a\sqrt{6} - \frac{2a}{\sqrt{6}} \implies \sqrt{6}y = a\sqrt{6} \bullet \sqrt{6} - 2a \implies$

$\sqrt{6}y = 6a - 2a \implies \sqrt{6}y = 4a = y = \frac{4a}{\sqrt{6}} \implies$

$y = \frac{2a}{\sqrt{6}}$ *(proiezione del lato PT sull'ipotenusa)*

Ora calcoliamo che $h = \sqrt{x \bullet y}$ ossia $h = \sqrt{\frac{2a}{\sqrt{6}} \bullet \frac{4a}{\sqrt{6}}} \implies h = \sqrt{\frac{8a^2}{6}} \implies h = \sqrt{\frac{2^2 \bullet 2a^2}{6}} \implies h = 2a\sqrt{\frac{2}{6}}$

$\implies h = \frac{2a}{\sqrt{3}}$ *(altezza del triangolo TPO)*

Dal teorema di Pitagora calcoliamo PT, si ha che $PT = \sqrt{h^2 + y^2} \implies$

$PT = \sqrt{(\frac{2a}{3})^2 + (\frac{4a}{\sqrt{6}})^2} \implies PT = \sqrt{\frac{4a^2}{3} + \frac{16a^2}{6}} \implies PT = \sqrt{\frac{8a^2 + 16a^2}{6}} \implies PT = \sqrt{\frac{24a^2}{6}} \implies$

$PT = \sqrt{4a^2} \implies PT = \sqrt{2^2 a^2} \implies$

$PT = 2a$ *(lato del triangolo TPO)*

5 In una circonferenza di centro O la corda CD divide il diametro AB in due parti, AE ed EB, che stanno fra loro come 1 :3. Sapendo che AB divide a sua volta la corda nei segmenti $CE = (3 +2 \sqrt{21})a$ ed $ED = (2\sqrt{21} -4)\,a$,

    1) Calcolare la misura del raggio della circ.nza e quella della distanza di O da CD.

    2) Fare la costruzione geometrica di CD e giustificarla.

    [1) r = 10a; 4 a.   *2) Centro in O si descriva la…*]

Dati: **Rapporto corda 1:3;** $CE = (3 +2 \sqrt{21})a$ ed $ED = (2\sqrt{21} -4)\,a$

Risoluzione:

Noto i segmenti d'intersezione della corda in AB, cioè $CE = (3 + 2\sqrt{21})a$ et

$DE = (3 - 2\sqrt{21})a$, dal teorema delle corde il prodotto

$CE \bullet DE = AE \bullet BE$ (vedi figura).

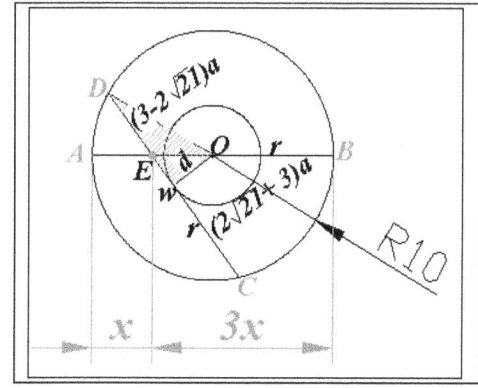

Poiché i segmenti AE et BE stanno nel rapporto 1:3, e considerando i relativi coefficienti con l'incognita x avremo $CE \bullet DE = 1x \bullet 3x$ Ossia

$(3+2\sqrt{21})a \bullet (2\sqrt{21} - 3)a = x \bullet 3x \;=> \; (3+2\sqrt{21})a \bullet (2\sqrt{21} - 3)a = 3x^2 \;=>$

$(-9 + 4 \bullet 21)a^2 = 3x^2 => 75a^2 = 3x^2 \;=> x^2 \dfrac{75a^2}{3} \;=> \; x\sqrt{\dfrac{75a^2}{3}} \;=> \; x\sqrt{25a^2} \;=>$

x = 5a (Segmento AE di rapporto 1)

Calcoliamo il segmento BE, si ha che $BE = 3 \bullet x \;=> \; BE = 3 \bullet 5a$

BE = 15a (segmento BE di rapporto 3)

Calcoliamo il diametro del cerchio, si ha che $(d = x + 3x) \;=> d = 5a + 15a \;=>$

d = 20a (diametro della circonferenza)

Il raggio è la metà del diametro, si ha che $r = \dfrac{d}{2} \;=> \; r = \dfrac{20a}{2} \;=>$

r = 10a (raggio della circonferenza)

Per calcolare la distanza della corda dal centro del diametro si terrà conto che la distanza minima passa per la mezzeria della corda *(vedi disegno punto w)*, quindi si la che

$$Dw = \frac{CE + DE}{2} \implies Dw = \frac{(3 + 2\sqrt{21})a + (2\sqrt{21} - 3)a}{2} \implies Dw = \frac{3a + 2\sqrt{21}a + 2\sqrt{21}a - 3a}{2}$$

semplificando si ha $Dw = \frac{4\sqrt{21}a}{2} \implies$

$Dw = 2\sqrt{21}a$ *(punto medio della corda CD)*

Congiungendo D con O si forma un triangolo rettangolo perché la distanza "d" è perpendicolare alla corda, quindi con il teorema di Pitagora abbiamo che $d = \sqrt{r^2 - DW^2}$ sostituendo i valori noti si ha che $d = \sqrt{10^2 - (2\sqrt{21}a)^2} \implies$

$d = \sqrt{100 - 4 \bullet 21a^2} \implies d = \sqrt{100 - 84a^2} \implies d = \sqrt{16a^2} \implies$

d = 4a (distanza corda centro cerchio)

6
In una circonferenza di. Centro O è inscritto il quadrilatero convesso

ABCD. In esso la diagonale *AC* è bisettrice dell'angolo *BAD* e perpendicolare al lato *BC*. Detto *E* il punto di intersezione delle diagonali, si sa che *AE* = 28 cm., *DE* = 7 cm. Ed *EC* = 2 cm.

1) Calcolare la misura del raggio della circonferenza, la" misura del perimetro e l'area del quadrilatero.
2) I Iati *AD* e *BC* s'intersecano in D
   [R = 15,5; P = 73,59; A = 217,8]

Dati: Rapporto corda AE = 28 cm. DE = 7 cm. EC = 2 cm.

Risoluzione:

Dal teorema delle corde (prodotto in croce) si ha che $\boldsymbol{AE \bullet EC = ED \bullet EB} \implies$

inserendo i valori noti si ha $28 \bullet 2 = 7 \bullet \boldsymbol{EB} \implies$ da cui $\boldsymbol{EB} = \frac{28 \bullet 2}{7} \implies$

EB = 8 (segmento) (Vedi disegno)

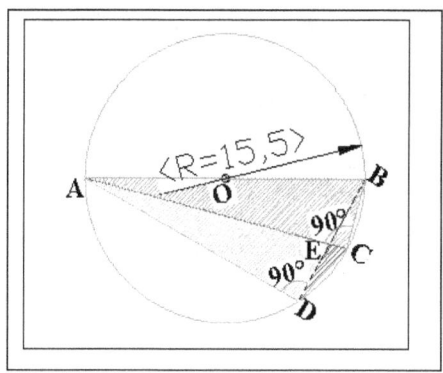

Poiché DE è perpendicolare ad AD perché AC bisettrice il triangolo ADC è rettangolo. Dal teorema di Pitagora calcoliamo il lato AD, si ha che $AD = \sqrt{AE^2 + DE^2}$ =>

$AD = \sqrt{28^2 + 7^2}$ => $AD = \sqrt{784 + 49}$ => $AD = \sqrt{735}$ =>

AD = 27,11 (Corda del quadrilatero).

Sempre con Pitagora si calcoli la corde AB, si ha che

$AB = \sqrt{AD^2 + (ED + EB)^2}$ => $AB = \sqrt{27,11^2 + (7+8)^2}$ =>

$AB = \sqrt{(27,11)^2 + 15^2}$ => $AB = \sqrt{735 + 225}$ => $AB = \sqrt{960}$ => *AB =30,98 (corda)*

Osservazioni: Il segmento maggiore è la corda AB, quindi essa è di conseguenza il diametro della circonferenza per cui il raggio è 1" del diametro, cioè

R = 14,49 (raggio)

Ora è possibile calcolare la corda BC essendo il triangolo ACB retto in C per cui si ha che

$BC = \sqrt{AB^2 + (AE + EC)^2}$ => $BC = \sqrt{31^2 + (28+2)^2}$ => $BC = \sqrt{961 + 900}$ => $BC = \sqrt{61}$

=> *BC = 7,76 (corda del quadrilatero)*

Dal teorema dei quadrilateri: il prodotto delle diagonali è uguale alla la somma dei prodotti delle corde frontali, si ha l'espressione seguente: $AC \bullet BD = (AD \bullet BC) + (DC \bullet AB)$ =>

$30 \bullet 15 = (27,11 \bullet 7,76) + (DC \bullet 30,98)$ => $450 = 210,37 + DC \bullet 30,98)$ =>

$450 - 210,37 = (DC \bullet 30,98)$ => $450 - 210,37 = (DC \bullet 30,98)$ => $239,63 = (DC \bullet 30,98)$ =>

$DC = \dfrac{239,63}{30,98}$ => *DC = 7,74 (corda del quadrilatero)*

Noto tutte le corde del quadrilatero calcoliamo il relativo perimetro P, si ha che

P = AB+BC+CD+AD => P = 30,98 + 7,76 + 7,74 + 27,11 =>

P = 73,59 (perimetro)

Per calcolare l'area del quadrilatero ci sono due possibilità dobbiamo calcolare le aree parziali della figura e sommarle. I triangoli in considerazione sono ABC e ADE che chiameremo rispettivamente A1, A2.

Dette aree vanno calcolate con la formula di Erone perché noto il perimetro, i lati dei triangoli e il semi perimetro.

p1 = (30+30,98+7,76)/2 => p1 = 68,74/2 => p1 = 34,37 (semi perimetro)

p2 = (30+27,11+7,74)/2 => p2 = 64,85/2 => p2 = 32,42 (semi perimetro)

$$A1 = \sqrt{p(p-a)(p-b)(p-c)} \;=> \; A1 = \sqrt{34,37(34,37-30)(34,27-30,98)(34,37-7,76)}$$

$$A1 = \sqrt{34,37(4,37)(3,39)(26,61)} \;=> \; A1 = \sqrt{34,37(394,2)} \;=> \; A1 = \sqrt{1357,654} \;=>$$

A1 = 116,4 (area del triangolo ABC)

$$A2 = \sqrt{p(p-a)(p-b)(p-c)} \;=> \; A2 = \sqrt{32,42(32,42-30)(32,42-27,11)(32,42-7,74)}$$

$$A2 = \sqrt{32,42(2,42)(5,31)(24,68)} \;=> \; A2 = \sqrt{32,42(317,14)} \;=> \; A2 = \sqrt{10281,77} \;=>$$

A2 = 101,4 (area del triangolo ADE)

A3) A1 + A2 => 116,4 + 101,4 => *A3 = 217,8 (area globale del quadrilatero)*

Nota: Poiché i triangoli ABC et ADC sono rettangoli dal teorema di Euclide l'altezza è

$h = \dfrac{a \bullet b}{i}$ quindi per chi non conosce la formula di Erone avrebbe potuto adottare Euclide.

7

In una circonferenza di. Centro *O* è inscritto il quadrilatero convesso

ABCD. La diagonale maggiore del quadrilatero *AC* è bisettrice dell'angolo *BAD*.
La diagonale minore interseca la maggiore AC nel punto E che la divide in due segmenti cm.
28 e cm. 2.
Calcolare il perimetro, i lati, il raggio, i lati BD e CD e l'area del quadrilatero.
[R = 15; P = 73,46; A = 224,4]

Dati: Rapporto corda AE = 28 cm. DE = 7 cm. EC = 2 cm.

Risoluzione:

Poiché AE = cm. 28 et CE = cm. 2 calcoliamo la diagonale maggiore AC, si ha che
AC = 28 + 2 => *AC = cm. 30 (diagonale maggiore del quadrilatero).*
Dal teorema delle corde si ha che $AE \bullet CE = DE \bullet BE$ ma AC è bisettrice quindi
DE = BE per questo abbiamo che
$28 \bullet 2 = DE \bullet DE \;=> \; 28 \bullet 2 = DE^2 \;=> \; DE = \sqrt{56} \;=>$

DE = cm.7,48 (metà diagonale minore del quadrilatero).
Poiché il triangolo ABC è rettangolo in B si afferma che AC è diametro della circonferenza è
(vedi figura).

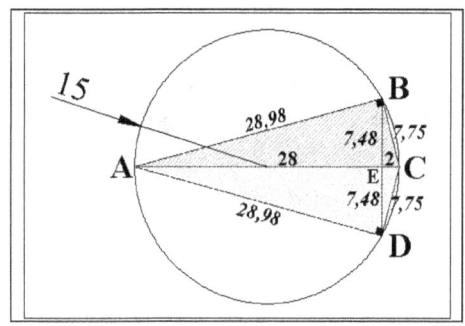

Dal teorema di Pitagora calcoliamo il lato BC del quadrilatero, si ha che $BC = \sqrt{7,48^2 + 2^2}$ =>
$BC = \sqrt{56+4}$ => $BC = \sqrt{60}$ =>
BC = 7,75 (lato minore del quadrilatero)

Sempre con Pitagora calcoliamo il lato maggiore del quadrilatero, si ha che $AB = \sqrt{AC^2 - BC^2}$
=> $AB = \sqrt{30^2 - 7,75^2}$ => $AB = \sqrt{900-60}$ => $AB = \sqrt{840}$ =>
AB = cm. 28,98 (lato maggiore del quadrilatero).
Calcoliamo il perimetro, si ha che P = AB + AD + BC + CD da cui
P = 28,98 + 28,98 + 7,75 + 7,75 => *P = 73,46 (perimetro del quadrilatero)*
Calcoliamo l'area del quadrilatero che corrisponde a 2 volte quella del triangolo ABC, si ha che
$A = 2\dfrac{(AC \bullet EB)}{2}$ ossia $A = AC \bullet EB$ => $A = 30 \bullet 7,48$ =>
A = 224,4 (area del quadrilatero).

8

In un triangolo isoscele *ABC*, la base *BC* misura $2a\sqrt{2}$; ed il rettangolo, che ha per

dimensioni il raggio del cerchio circoscritto e l'altezza relativa alla base del triangolo, ha l'area

49/9 a². Calcolare l'altezza sulla base *BC*   **[4/3a $\sqrt{5}$]**

Dati: BC misura $2a\sqrt{2}$;   A = 49/9 a².

Risoluzione:

Il diametro del cerchio e il lato BC del triangolo sono due corde incrociate. Le due corde si
incrociano nel punto O Assegnando la lettera (x = 2R-h), vedi figura.

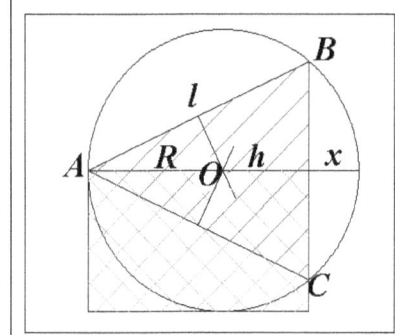

Formule utili e importanti:

$h \bullet x = \dfrac{BC}{2} \bullet \dfrac{BC}{2}$ **corde incrociate**

$x = (\dfrac{BC}{2})^2 \bullet \dfrac{1}{h}$ **corde incrociate**

(h = 2R-x) ;

Osservando il disegno si nota che l'altezza del triangolo è *(h = 2R - x)*. Il valore di x è calcolabile sfruttando il teorema delle corde incrociate che asserisce la seguente uguaglianza:

$$h \bullet x = \frac{BC}{2} \bullet \frac{BC}{2} => h \bullet x = (\frac{BC}{2})^2 => h \bullet x = (\frac{2a\sqrt{2}}{2})^2 => h \bullet x = 2a \text{ da cui } x = \frac{2a}{h}$$

(segmento)

per cui sostituiamo x nell'equazione sopra calcolata, cioè in *(h = 2R - x), si ha che*

$$h = 2R - \frac{2a}{h} => h^2 = 2Rh - 2a =>$$

Riutilizzando la nota area del rettangolo $A = R \bullet h$ ossia $\frac{49a^2}{9} = aR \bullet ah$ possiamo calcolare una delle incognite e sostituirla nell'equazione sopra ottenuta. Calcoliamo il raggio R, si ha che

$$R\frac{\frac{49a^2}{9}}{a^2h} => R\frac{49a^2}{9a^2h} => R\frac{49}{9h}$$ questo va sostituito nell'equazione sopra calcolata, si ha

$$h^2 = 2\frac{49}{9h}h - 2a =>$$ semplificando e risolvendo si ha $=> h^2 = 8,88 - 2a => h^2 = a(8,88 - 2)$

$$h = \sqrt{8,88a} =>$$

h = 2,98a (altezza del triangolo).

Per calcolare R si deve inserire h nella formula $R = \frac{49}{9h}$, si ha $R = \frac{49}{9 \bullet 2,98} => R = \frac{49}{26,82}$; *R =*

1,8261 (raggio circoscritto al triangolo).

Calcoliamo il lato *l* del triangolo con il teorema di Pitagora; si ha $l = \sqrt{(\frac{BC}{2}) + h^2} =>$

$$l = \sqrt{(\frac{2\sqrt{2}a}{2})^2 + h^2} => l = \sqrt{(\frac{2\sqrt{2}a}{2})^2 + (2,94a)^2}$$ risolvendo si ha $l = \sqrt{2a^2 + 8,8804a^2} =>$

$$l = \sqrt{10,8804a^2} => l = 3,298 \text{ (lati del triangolo)}$$

9

Due corde di cerchio si intersecano ; i segmenti di una misurano 12 cm e 8 cm. Quanto sono lunghi i segmenti dell'altra, sapendo che stanno fra loro come 8 : 3.

[R. 16 cm. e 6 cm.]

Dati: segmenti 12 cm. E 8 cm.

Risoluzione:

In figura è stato riportato l'intersezione delle due corde quotate coi risultati finali, ma il problema viene risolto considerando il teorema delle corde asserisce che il prodotto dei due segmenti della prima corda è uguale al prodotto degli altri due segmenti della seconda corda, ossia:

$OC \bullet OD = OA \bullet OB$; noto il segmento CD = cm 8 e cm 12 abbiamo che $CD = (cm8 \bullet cm12)$
$=> CD = cm^2 96$, quindi anche il prodotto $OA \bullet OB = cm^2 96$

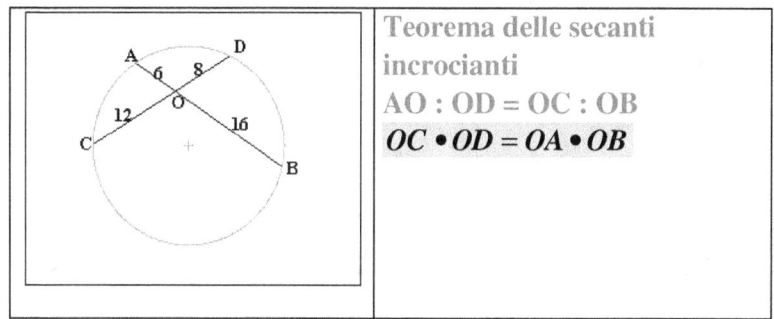

Noto il rapporto tra i due segmenti $\dfrac{OB}{OA} = \dfrac{8}{3}$ ricaviamo che $OA = \dfrac{3 \bullet OB}{8}$ che sostituito nella

$OA \bullet OB = 96$ si ha $\dfrac{3 \bullet OB}{8} \bullet OB = 96 => \dfrac{3 \bullet OB^2}{8} = 96 \quad 3 \bullet OB^2 = 768 => OB = \sqrt{\dfrac{768}{3}} =>$

$OB = \sqrt{256}$ => OB = cm. 16

Noto OB si calcoli che $OA = \dfrac{96}{OB} => OA = \dfrac{96}{16} =>$ OA = cm. 6

Il risultato è verificato con esattezza.

10

Una circonferenza di centro O ha il raggio che misura 3 cm. Determinare sulla

tangente ad essa condotta per un suo punto *P*, in modo che la congiungente il centro
O con P abbia la parte esterna uguale alla metà del segmento AP.

[R. *Deve essere* AP = 4 cm]

Dati : r = 3 cm; FP =1/2AP

Risoluzione:

La figura rappresenta la situazione del problema preposto: la retta inclinata dell'angolo alfa
deve intersecare la circonferenza esattamente nel punto F tale che FP sia 1/2 di AP per cui

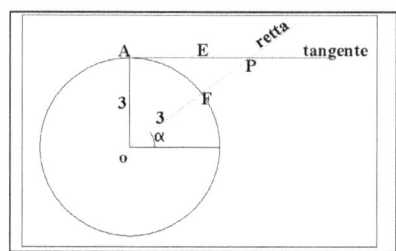

Considerando il triangolo OAP e il teorema di Pitagora e tenendo conto che AP = 2FP si ha la
seguente equazione: $2FP^2 = (3 + FP)^2$ che risolveremo in

$4FP^2 = 9 + 6FP + FP^2 =>$

$4FP^2 - FP^2 = 6AP => 3FP^2 = 6AP =>$ dividendo per AF

$3FP = 6 => FP = \dfrac{6}{3} => FP = 2$ *(distanza circonferenza punto P)*

Noto FP calcoliamo che AP = 2FP =>

AP = 4 cm. (distanza del punto P sulla tangente alla circonferenza).

11

Dal punto *P,* esterno ad una circonferenza, si conducono due secanti; una di esse passa per il centro O e interseca la circonferenza in A e *B*, con PA <*PB;* l'altra interseca la circonferenza in C e *D, con PC < PD.* Sapendo che è *PB = 12 a,* che

$5PA = AB$ e che $PC = 2\,(\sqrt{10}\,\text{-}2)$ a,

1) Calcolare *PD e* la misura della distanza di O dalla retta *PD.*

2) Calcolare la misura della distanza di - D da *PB e* provare che $BD = AC\,(\sqrt{10}\,+2)$

[1) PD $= \dfrac{12a}{\sqrt{10-2}}$; *la distanza misura* 3 a. 2) *La distanza di* D *da* PB *misura* 4,9;

Facilmente si prova la relazione.]

Dati: PB = 12a;   AB = 5PA; PC = 2 ($\sqrt{10}$ -2) a

Risoluzione:

Per prima dobbiamo costruire la figura della circonferenza con le due secanti che si Intersecano nel punto "P", quindi noto PB = 12a e AB = 5PA si ha che

PB = AB + PA ma sostituendo in essa

il valore di AB = 5AP, avremo 12a = 5PA + PA => 12 = 6PA => PA = 12/6 ossia

PA = 2a cm. (segmento esterno alla circonferenza).

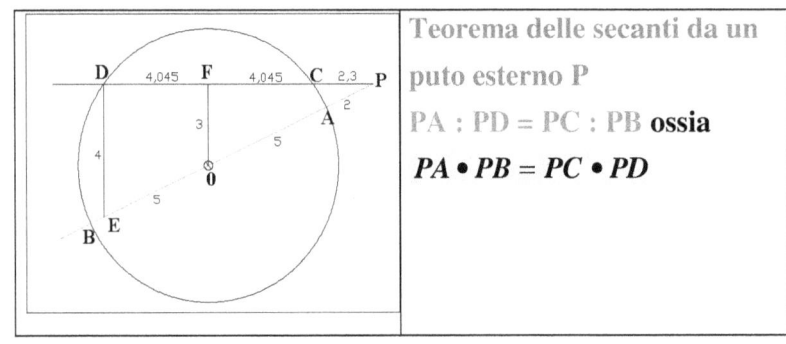

Teorema delle secanti da un puto esterno P

PA : PD = PC : PB **ossia**

$$PA \bullet PB = PC \bullet PD$$

Si calcoli ora il diametro della circonferenza AB, che risulta essere AB = PB - PA

ossia AB = 12a - 2a =>

AB = 10a cm. (diametro della circonferenza):

Calcoliamo che il raggio r = AB/2 ossia

r = 5a (raggio della circonferenza).

Ora è possibile adottare il teorema delle secanti che stabilisce la proporzione seguente:

$PA : PD = PC : PB$ da cui si ha che $PD = \dfrac{PA \bullet PB}{PC}$ => $PD = \dfrac{2a \bullet 12a}{2a(\sqrt{10}-2)}$ =>

$PD = \dfrac{12a}{(\sqrt{10}-2)}$ => $PD = 10{,}32a$ (Secante minore)

La parte di segmento che taglia la circonferenza è data da PD - PC ossia

DC = PD - PC => ma è noto che $PC = 2(\sqrt{10-2})$ per cui si ha che

$PC = 2(\sqrt{10-2})$ $DC = 10{,}32 - 2{,}3$ =>

DC = 8,09 (segmento incluso nella circonferenza).

La distanza del segmento PD al centro "O" (è la perpendicolare che interseca il punto F e si

trova a DC/2 ossia $DF = CF = \dfrac{DC}{2}$ => $DF = CF = \dfrac{8{,}09}{2}$ =>

$DF = 4{,}045$ (segmento su DP)

$CF = 4{,}045$ (segmento su DP)

Con il teorema di Pitagora si calcoli la distanza OF, ossia $OF = \sqrt{PP^2 - FP^2}$ cioè

$OF = \sqrt{(AP+OA)^2 - (CF+CP)^2}$ => $OF = \sqrt{(2+5)^2 - (4{,}04+2{,}3)^2}$ => $OF = \sqrt{(7)^2 - (4{,}34)^2}$

=> $OF = \sqrt{49-40}$ => $OF = \sqrt{9}$ =>

OF = 3 (distanza DC/2 centro circonferenza, richiesta nella traccia del problema)

La distanza DE è data dalla similitudine dei triangoli, o teorema di Talede, ossia

$FP : EO = DP : DE$ da cui si ha che (4,04+2,3) : 3 = 10,32 : DE =>

$DE = \dfrac{3 \bullet 10{,}32}{6{,}34}$ => si ha

DE = 4,93 (distanza segmento, richiesta nella traccia del problema)

12

Dal punto *P*, esterno **ad** una circonferenza, si conducono due secanti alla stessa. La prima interseca la circonferenza in C ed A. con PC<PA, e la seconda in *D e B,* con *PD < PB*. Sapendo che è PA = 8 $\sqrt{15}$ cm., *PD = 2 $\sqrt{15}$ cm.* ed "AB = 8 $\sqrt{15}$ cm,

1) Calcolare la misura **del** perimetro del quadrangolo *ABCD,* sapendo che *ADB è retta.*
2) Detto *E* il punto d'intersezione delle diagonali AD e *BC* et ED = 2 cm calcolare EB, EC, ED ed EA.

[1) P = 19$\sqrt{15}$ cm. 2) EB = 8 cm; EC = 7 cm; ED = 2 cm; AE = 28 cm.]

Dati: PA = $8\sqrt{15}$;   PD = $2\sqrt{15}$;   AB = $8\sqrt{15}$; ED = 2cm.

Risoluzione:

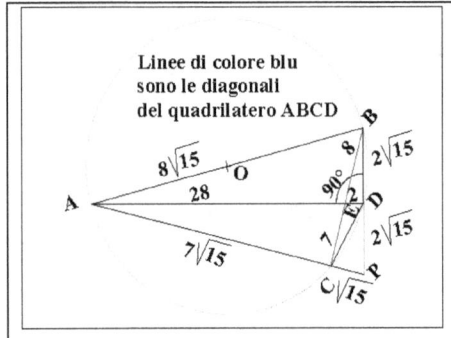

Teorema delle secanti:
$$PC : PB = PD : AP$$

$$AE \bullet ED = EB \bullet EC$$

Teorema del quadrilatero:
se con Pitagora non è possibile si può adottare la seguente espressione dei lati di un quadrilatero inscritto.
$$(AD \bullet CB) = (AB \bullet CD) + (AC \bullet BD)$$

I dati del problema ci inducono alla costruzione della figura dove ADB è retto al vertice D" (imposto dalla traccia): Poiché i dati del problema pongono AB = AP di conseguenza anche BD e DP sono uguali a $(2\sqrt{15})$.

Dal teorema di Pitagora calcoliamo il lato AD, si ha che

$$AD = \sqrt{AB^2 - BD^2} \Rightarrow AD = \sqrt{(8\sqrt{15})^2 - (2\sqrt{15})^2} \Rightarrow AD = \sqrt{64 \bullet 15 - 4 \bullet 15} \Rightarrow$$

$$AD = \sqrt{960 - 60} \Rightarrow AD = \sqrt{900} \Rightarrow AD = 30 \text{ (diagonale maggiore).}$$

Dal teorema delle secanti si ha la seguente proporzione $PC : PB = PD : AP$ ossia

$$PC : (2\sqrt{15} + 2\sqrt{15}) = 2\sqrt{15} : 8\sqrt{15} \Rightarrow PC : 4\sqrt{15} = 2\sqrt{15} : 8\sqrt{15} \Rightarrow PC : \frac{4\sqrt{15} \bullet 2\sqrt{15}}{8\sqrt{15}} \Rightarrow$$

$$PC : \frac{8(\sqrt{15})^2}{8\sqrt{15}} \Rightarrow \text{ semplificando si ha } PC : \sqrt{15} \text{ (distanza C da punto P).}$$

Calcoliamo la distanza AC noto AP, si ha che AC = AP - PC da cui $AC = 8\sqrt{15} - \sqrt{15} \Rightarrow$
$AC = \sqrt{15}$ (Secante)
Calcoliamo il perimetro del quadrilatero. P = AB + AC + CD + BD =>
$P = 8\sqrt{15} + 7\sqrt{15} + 2\sqrt{15} + 2\sqrt{15} \Rightarrow P = 19\sqrt{15}$ (perimetro del quadrilatero)
Dal teorema di Pitagora Calcoliamo la diagonale minore CB; si ha delle secanti si ha

$$CB = \sqrt{PB^2 - CP^2} \Rightarrow CB = \sqrt{(2\sqrt{15} + 2\sqrt{15})^2 - \sqrt{15}^2} \Rightarrow CB = \sqrt{(4\sqrt{15})^2 - 15} \Rightarrow$$

$$CB = \sqrt{(16 \bullet 15 - 15} \Rightarrow CB = \sqrt{225} \Rightarrow CB = \text{cm. } 15 \text{ (diagonale minore del quadrilatero)}$$

Calcoliamo il segmento AE, si ha AE = AD - ED ossia AE = 30 - 2 =>
AE = cm. 28 (segmento)

Calcoliamo il segmento EB con il Teorema di Pitagora, si ha $EB = \sqrt{(2\sqrt{15})^2 + 2^2}$ =>

$EB = \sqrt{60 + 4}$ => $EB = \sqrt{64}$ => EB = cm. 8 (segmento)
Calcoliamo il segmento EC, si ha che EC = CB - EB => ossia AE = 15 - 7 =>
AE = cm. 8 (segmento)

13

In una circonferenza di centro O sono date le corde AB e CD che s'intersecano

perpendicolarmente in *E*. Sapendo che *CD = 144 a*, che *13CE = 3 ED e* che
AE: EB = 13:27,
1) Provare che si ha *"ADE = EBC"*.
2) Calcolare CE, *ED, AE* ed *EB* e la misura del raggio della circonferenza
3) Calcolare *EO*.

[1) Invero….2) CE = 27 a ; ED = 117a ; AE = 39 a ; EB = 81 a; r= 75 a. **3)** EO = 3 a $\sqrt{274}$.]

Dati: **CD = 144a;**   *13CE = 3 ED* ;   *AE: EB = 13:27*
Risoluzione:

Noto CD e la somma CE + ED = 144a calcoliamo che CE = 144 - ED ma CE è ricavabile

anche dall'espressione 13CE = 3ED, ossia $ED = \dfrac{13CE}{3}$ che sostituendola nella prima si ha

$CE = 144 - \dfrac{13CE}{3}$ => $3CE = 432 - 13CE$ => $16CE = 432$ =>

$CE = \dfrac{432}{16}$ => CE = 27a (segmento) vedi figura

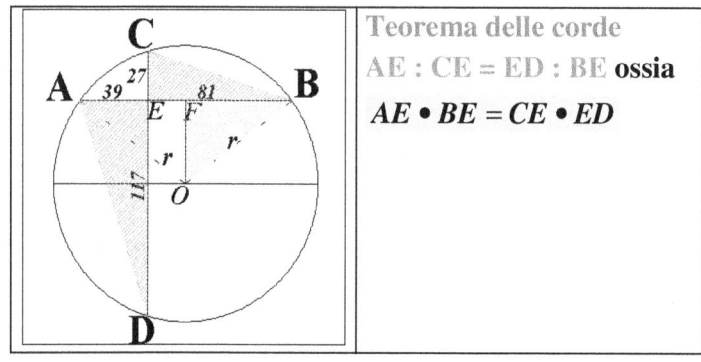

Teorema delle corde
AE : CE = ED : BE **ossia**

$AE \bullet BE = CE \bullet ED$

Calcoliamo ED dove ED = 144a - 27a => 117a (segmento)
Il teorema delle corde asserisce l'uguaglianza dei prodotti delle corde, cioè
$CE \bullet ED = AE \bullet EB$ => da cui si ha che $27 \bullet 117 = AE \bullet EB$ => $3159 = AE \bullet EB$ =>

$AE = \dfrac{3159}{EB}$ la proporzione in funzione dei rapporti è $AE : EB = 13 : 27$ $AE = \dfrac{13EB}{27}$

per cui avremo che $\dfrac{13EB}{27} = \dfrac{3159}{EB}$ => $13EB^2 = 27 \bullet 3159$ => $EB^2 = \dfrac{27 \bullet 3159}{13}$ => $EB = 81a$

(segmento)

Calcoliamo AE sostituendo EB ossia $AE = \dfrac{3159}{EB}$ da cui

$AE = \dfrac{3159}{81a} = AE = 39a$ (segmento)

Calcoliamo la distanza FO dalla corda AB al centro della circonferenza, si ha (vedi figura) che FO dista dalla corda AB la differenza della mezzeria della corda CD meno CE per cui si ha che

$FO = \dfrac{CD}{2} - EC$ inseriamo i valori si ha $FO = \dfrac{144}{2} - 27$ => $FO = 72 - 27$ => $FO = 45$ *(distanza corda CD con centro circonferenza)*

Noto la corda AB e la distanza EF adottiamo Pitagora e calcoliamo il raggio, si ha che

$r = \sqrt{(\dfrac{AB}{2})^2 + FO^2}$ => $r = \sqrt{(\dfrac{120}{2})^2 + 45^2}$ => $r = \sqrt{60^2 + 45^2}$ => $r = \sqrt{3600 + 2025}$ =>

$r = \sqrt{5625}$ => $r = 75$ *(raggio della circonferenza)*

Osservazione: i triangoli ACB et DAC non sono uguali ma simili in quanto hanno lati opposti uguali e i cateti minori si sovrappongono perché perpendicolari tra loro.

14

E' dato un angolo alla circonferenza di vertice V. Su di un suo lato si fissano i segmenti adiacenti $VB = 3$ cm., e $BA = 17$ cm. e sull'altro i segmenti adiacenti $VC = 2$ cm e $CD = 28$ cm. Calcolare la lunghezza dei punti AD.

Provare che i punti A, V, B formano un triangolo rettangolo. [AD = 36,06]

Dati: VB = cm. 3; Ba = cm. 17; VC = cm. 2; CD = cm. 28

Risoluzione:

Poniamo per ipotesi che il lato AD sia il diametro della circonferenza circoscritta e il vertice V l'angolo alla circonferenza. Se questo è vero l'angolo alla circonferenza è sicuramente rettangolo ossia 90°, (vedi figura).

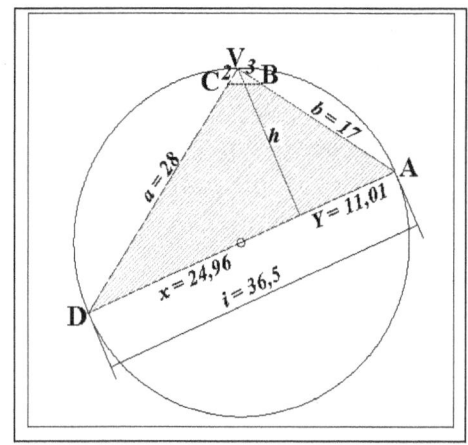

Il triangolo DVA è rettangolo con i lati VD = (2 + 28) =>

VD = cm. 30 (lato del triangolo)

Il lato VA = (3 + 17) => *VA = cm. 20 (lato del triangolo)*

Dal teorema di Pitagora si ha che $AD = \sqrt{VA^2 + VD^2}$ => $AD = \sqrt{20^2 + 30^2}$ =>

$AD = \sqrt{400 + 900^2}$ => $AD = \sqrt{1300}$ => *AD = cm. 36,06 (ipotenusa del triangolo)*

Per asserire se il triangolo è rettangolo o meno nel vertice V dobbiamo verificare alcune peculiarità dei triangoli rettangoli e delle circonferenze circoscritte:

Condizioni:

E' rettangolo se e solo se l'altezza è il prodotto dei lati diviso l'ipotenusa (i), si ha che

$h = \dfrac{a \bullet b}{1}$ => $h = \dfrac{20 \bullet 30}{36,05}$ => $h = 16,64$ *(altezza del triangolo).*

E' rettangolo se e solo se il raggio r inscritto è calcolabile con $r = \dfrac{a + b - i}{2}$ =>

$r = \dfrac{30 + 20 - 36,5}{2}$ => r = 6,75 (raggio inscritto, dato da verificare con la costruzione).

E rettangolo se e solo se l'altezza è media proporzionale tra le proiezioni dei cateti

sull'ipotenusa, quindi con Pitagora si ha che $x = \sqrt{CD^2 - h^2}$ => $x = \sqrt{30^2 - 16,64^2}$ =>

$x = \sqrt{900 - 277}$ => $x = \sqrt{623}$ =>

x = 24,9615 (proiezione del lato a sull'ipotenusa)

$y = \sqrt{AV^2 - h^2}$ => $y = \sqrt{20^2 - 16,64^2}$ =>

$y = \sqrt{400 - 277}$ => $y = \sqrt{123}$ =>

y = 11,01 (proiezione del lato b sull'ipotenusa)

1^ Verifica: $16,64 = \sqrt{x \bullet y}$ => $16,64 = \sqrt{24,9615 \bullet 11,01}$ => $16,44 = \sqrt{276,82767}$ =>

16,44 = 16,64 (verifica effettuata, l'altezza con Pitagora coincide con Euclide)

2^ Verifica: Il raggio della circonferenza circoscritta al rettangolo è dato dalla formula

$R = \dfrac{a \bullet b \bullet c}{4 \bullet A}$ da cui $R = \dfrac{30 \bullet 20 \bullet 36,5}{4 \bullet \dfrac{i \bullet h}{2}}$ => $R = \dfrac{21900}{\dfrac{36,5 \bullet 16,64}{2}}$ $R = \dfrac{21900}{1214,72}$ =>

$R = 18,02$ per cui $2R = 36,04$ (verifica effettuata con Pitagora e cerchi circoscritti)

Nota: il risultato si discosta leggermente per gli arrotondamenti effettuati duranti i calcoli svolti, ma confermiamo, senza indugio che il triangolo è rettangolo.

15

Un triangolo isoscele *ABC* è inscritto in un cerchio il cui raggio è dm 41 ; l'altezza del triangolo relativa alla base BC è 25/41 del diametro. Calcolare le misure dei lati e l'area del triangolo. **[80; 10√41; 2000]**

Dati: **r = 41;**   *h = 25/41 del diametro (2r)*

Risoluzione:

Calcoliamo subito che il diametro è $d = 2r\,2$ => d = (diametro = dm. 82)

Poiché l'altezza è una porzione del diametro abbiamo che $h = \dfrac{25}{41} \bullet 2r$ => $h = \dfrac{25}{41} \bullet 2 \bullet 41$ =>

$h = 50$ *(altezza del triangolo con base AD)*

Dalla figura si rileva che

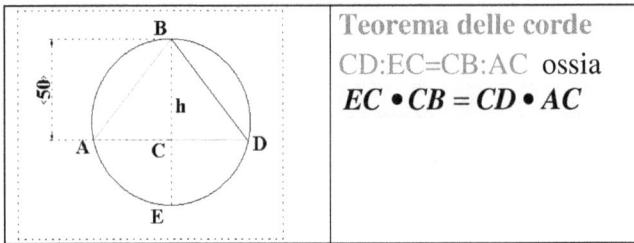

Teorema delle corde
CD:EC=CB:AC ossia
$$EC \bullet CB = CD \bullet AC$$

Il segmento CE è la differenza del diametro e raggio per cui CE= 82 - 50 =>
CE = dm. 32 (segmento)

Dal teorema delle secanti si deduce che $BC \bullet CE = AC \bullet CD$ ossia $50 \bullet 32 = CD \bullet AC$ ma *CD e AC* sono uguali, quindi si ha che $50 \bullet 32 = CD \bullet CD$ => $50 \bullet 32 = CD^2$ => $1600 = CD^2$ =>
$CD = \sqrt{1600}$ da cui *CD = dm. 40 (semi base del triangolo)*

La base è il doppio, cioè $AD = 2 \bullet 40$ => *AD = dm.80 (base del triangolo)*.

Il lato del triangolo è calcolabile con il teorema di Pitagora: $l = \sqrt{h^2 + (\dfrac{AD}{2})^2}$ =>

$l = \sqrt{50^2 + (40)^2}$ => $l = \sqrt{4100}$ => $l = \sqrt{10^2 \bullet 41}$ => $l = 10\sqrt{41}$ (lato del triangolo)

L'area del triangolo è $A = \dfrac{b \bullet h}{2}$ => $A = \dfrac{80 \bullet 50}{2}$ => A = 2000 (area del triangolo).

Fine Capitolo 3

CAPITOLO 4

CERCHI INSCRITTI E CIRCOSCRITTI

1 Il perimetro del triangolo equilatero, circoscritto ad una circonferenza, è lungo $27a\sqrt{3}$.

Calcolare **il** valore del raggio della circonferenza inscritta e quello del perimetro dell'esagono regolare circoscritto alla stessa circonferenza, nonché l'area delle due figure.

$$[R = 9a; r = \frac{9}{2}a; At = \frac{243}{4}a^2\sqrt{3}; Ae = \frac{243}{2}a^2\sqrt{3}$$

Dati: $P = 27a\sqrt{3};$

Risoluzione:

Noto il perimetro del triangolo equilatero (lati uguali) calcoliamo che il lato è $l = \dfrac{P}{3}$ ossia

$$l = \frac{27a\sqrt{3}}{3} \Rightarrow l = 9a\sqrt{3} \text{ (lato del triangolo)}$$

Il lato del triangolo equilatero circoscritto da una circonferenza detto R è dato dalla nota

formula $l = R\sqrt{3}$ (vedi formulario solo per i triangoli equilateri) per cui deduciamo da essa che

$R = \dfrac{l}{\sqrt{3}}$ inserendo l si ha che $R = \dfrac{9a\sqrt{3}}{\sqrt{3}} \Rightarrow$

R = 9a (raggio della circonferenza circoscritta al triangolo equilatero) vedi figura

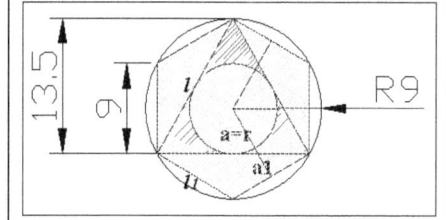

Formule utili usate
$l = R\sqrt{3}$; $R = \dfrac{l}{\sqrt{3}}$, $h = \dfrac{l\sqrt{3}}{2}$;
$At = \dfrac{P \bullet a}{2}$ ossia $At = p \bullet a$; $Ae = \dfrac{3l^2\sqrt{3}}{2}$

Essendo i lati tutti uguali, la base del triangolo equilatero è $l/2$ per cui adottando Pitagora si

ricava che $h = \sqrt{l^2 - (\frac{l}{2})^2} \Rightarrow h = \sqrt{l^2 - \frac{l^2}{4}} \Rightarrow h = \sqrt{\frac{4l^2 - l^2}{4}} \Rightarrow h = \sqrt{\frac{3l^2}{4}} \Rightarrow h = \frac{l\sqrt{3}}{2}$ sostituendo il

valore del lato si ha $h = \dfrac{9a\sqrt{3} \bullet \sqrt{3}}{2} \Rightarrow h = \dfrac{9a \bullet 3}{2} \Rightarrow h = \dfrac{27a}{2} \Rightarrow h = 13,5a$ (altezza del

triangolo equilatero).

L'apotema "a" della circonferenza inscritta nel triangolo equilatero si ricava dalla nota formula

$a = \dfrac{R}{2}$ inserendo i valori si ha $a = \dfrac{9a}{2}$ => (apotema triangolo equilatero).

Poiché l'apotema del triangolo equilatero è anche il raggio "r" si ha che $r = \dfrac{9a}{2}$

L'area del triangolo equilatero è dato da $At = \dfrac{P \bullet a}{2}$ => $At = \dfrac{27a\sqrt{3} \bullet \frac{9a}{2}}{2}$ =>

$At = \dfrac{243a^2\sqrt{3}}{4}$ (area del triangolo equilatero)

Per l'esagono regolare dobbiamo asserire che il lato è uguale al raggio della sua circonferenza circoscritta per cui avremo che $l_1 = R$ ossia $l_1 = 9a$ (lato dell'esagono), quindi $R = 9a$ *(raggio circoscritto al triangolo)*

Il perimetro è calcolabile P = 9ax6 ossia P = 54a (perimetro dell'esagono)

L'apotema dell'esagono che la indicheremo con a_1 è data da $a_1 = \dfrac{R\sqrt{3}}{2}$ sostituendo i valori noti

si ha che $a_1 = \dfrac{9a\sqrt{3}}{2}$ (apotema dell'esagono)

L'area dell'esagono che chiameremo con A_{es} è data dalla formula nota $A_{es} = \dfrac{3l^2\sqrt{3}}{2}$ => dove $l =$

$R = 9a$ si ha che $A_{es} = \dfrac{3 \bullet (9a)^2\sqrt{3}}{2}$ => $A_{es} = \dfrac{3 \bullet 81a^2\sqrt{3}}{2}$ =>

$A_{es} = \dfrac{243a^2\sqrt{3}}{2}$ (area dell'esagono)

2 Calcolare la lunghezza del lato del decagono regolare inscritto nella circonferenza, che è

inscritta nell'esagono regolare, il **cui** perimetro è lungo
metri 4 √3 (√5 + 1).   [2]

Dati: P = 4 √3 (√5 + 1)

Risoluzione:

Noto il perimetro dell'esagono regolare (lati uguali) calcoliamo che il lato è $l = \dfrac{P}{6}$ ossia

$l = \dfrac{4\sqrt{3}(\sqrt{5}+1)}{6}$ => $l = \dfrac{2}{3}\sqrt{3}(\sqrt{5}+1)$ => m. 3,74 (lato dell'esagono) **(vedi figura)**

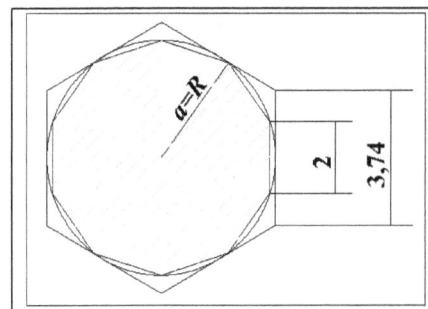

Si osservi che il raggio della circonferenza circoscritta all'esagono "R" è uguale all'apotema dell'esagono, per cui calcoliamo l'apotema dell'esagono.

Noto il lato dell'esagono e il numero fisso 0,866 si ha che $a = l \bullet 0,866$ =>

$$a = \frac{2}{3}\sqrt{3}(\sqrt{5}+1) \bullet 0,866 \implies a = m.\ 3,234$$

.a = R (apotema dell'esagono, ossia il raggio R circoscritto al decagono)

Noto il raggio R circoscritto al decagono, dalla nota formula $l = \frac{R}{2}(\sqrt{5}-1)$ (vedi formulario)

calcoliamo che $l = \dfrac{\frac{2}{3}\sqrt{3}(\sqrt{5}+1) \bullet 0,866}{2}(\sqrt{5}-1) \implies l = \dfrac{\frac{2}{3}\sqrt{3}(\sqrt{5}+1)(\sqrt{5}-1) \bullet 0,866}{2} \implies$

$l = \dfrac{\frac{2}{3}\sqrt{3}(\sqrt{5}^2 - 1^2) \bullet 0,866}{2} \implies l = \dfrac{\frac{2}{3}\sqrt{3}(4) \bullet 0,866}{2} \implies l = \dfrac{\frac{8}{3}\sqrt{3} \bullet 0,866}{2} \implies$

$$l = \frac{8}{3} \bullet \frac{1}{2}\sqrt{3} \bullet 0,866 \implies l = \frac{4}{3}\sqrt{3} \bullet 0,866 \implies$$

$l = m.2$ (lato del decagono)

3 La differenza fra il perimetro del quadrato e quello del triangolo equilatero, inscritti in una circonferenza, è uguale a m 27. Calcolare la lunghezza del raggio della circonferenza.

[R 101,52/$\sqrt{3}$ ossia R = 58,61]

Dati: *perimetro quadrato - perimetro triangolo eq. = 27*

Risoluzione:

Guardando attentamente la figura si nota che il diametro della circonferenza circoscritta al quadrato e al triangolo è esattamente il diametro del quadrato $d = l\sqrt{2}$ e il relativo raggio R è la metà, ossia $R = \dfrac{(l\sqrt{2})}{2}$

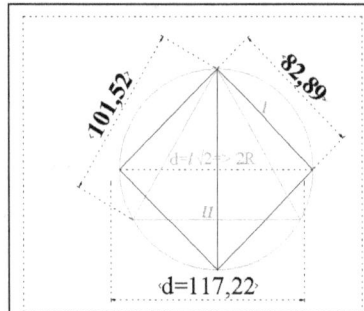

Formule utili adoperate:

$$R = \frac{(l\sqrt{2})}{2} \; ; \; l1 = R\sqrt{3}$$

$$R = \frac{l1}{\sqrt{3}}$$

Prendendo in esame il triangolo equilatero, il cui lato è detto l_1, dalla nota formula del lato (vedi manuale $l_1 = R\sqrt{3}$ sostituiamo in essa il valore del raggio R, ossia $l_1 = \dfrac{(l\sqrt{2})}{2}\sqrt{3}$ =>

$l = \dfrac{(l\sqrt{2} \bullet \sqrt{3})}{2}$ => $l_1 = \dfrac{l\sqrt{6}}{2}$ (lato in funzione di l).

La condizione del problema è che la differenza dei perimetri sia 27, ossia:

$3l_1 + 27 = 4l$; sostituendo il valore di l_1 si ha che $3\dfrac{l\sqrt{6}}{2} + 27 = 4l$ => $3l\sqrt{6} + 54 = 8l$ =>

$3l\sqrt{6} - 8l = -54$ => $l(3\sqrt{6} - 8) = -54$ => $l = \dfrac{-54}{3\sqrt{6} - 8}$ => $\boldsymbol{l = m.82,89}$ *(lato del quadrato)*

Sostituendo il lato del quadrato in $l_1 = \dfrac{l\sqrt{6}}{2}$ avremo $l_1 = \dfrac{82,89\sqrt{6}}{2}$ =>

$l_1 = m.101,52$ *(lato del triangolo equilatero)*

Noto l_1 calcoliamo il raggio R che corrisponde a $R = \dfrac{l_1}{\sqrt{3}}$ => $R = \dfrac{101,52}{\sqrt{3}}$ =>

$R = m. 58,61$ *(raggio della circonferenza circoscritta al quadrato e triangolo)*

Per controllare l'esattezza facciamo una verifica delle condizioni poste da problema dato.
Verifica:

4l - 3l = 27 => ossia 4*82,89 - 3*101,52 = 27 => 27 =27 => Verifica esatta

4 La somma dei perimetri dei due triangoli equilateri, l'uno inscritto e l'altro circoscritto ad

una circonferenza, è uguale a m. 243. Calcolare il valore del lato di ciascuno dei triangoli.
[27; 54]

Dati: perimetro di due triangoli equilateri = m. 243

Risoluzione:

Precisiamo subito che il raggio "R" della circonferenza circoscritta è il doppio di quella la
figura inscritta "r", di conseguenza anche i lati sono uno il doppio dell'altro,
(vedi figura.)

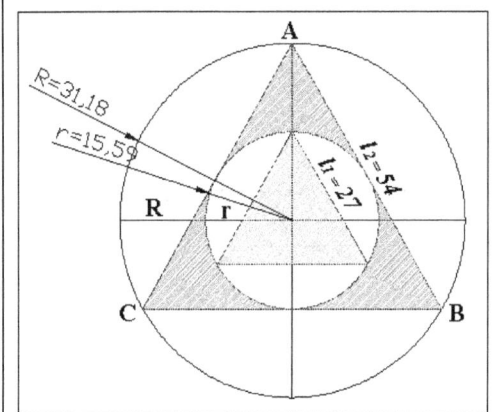

Formule utili e importanti:

$$R = l / \sqrt{3}; \quad l = R\sqrt{3};$$

Il formulario ci fornisce la formula per calcolare il raggio R circoscritto ai triangoli equilateri
ossia $l = R\sqrt{3}$ ed $l_1 = 2R\sqrt{3}$ come sopra specificato, si ha che.

Poiché la somma dei perimetri dei due triangoli è m. 243 si la seguente uguaglianza:

$3 \bullet l + 3 \bullet l_1 = 243$ esplicitiamo l'equazione tutto in funzione di *l*, si ha

$$R\sqrt{3} + 3 \bullet 2R\sqrt{3} = 243 \Rightarrow R\sqrt{3} + 6R\sqrt{3} = 243 \Rightarrow 7R\sqrt{3} = 243 \Rightarrow R = \frac{243}{7\sqrt{3}}$$

R = m. 15,59 (raggio circonferenza circoscritta al triangolo equilatero minore).

R₁ = 2R ossia $R_1 = 2 \bullet 15,59 \Rightarrow$

R₁ = 31,18 (raggio circonferenza circoscritta al triangolo equilatero maggiore).

Verifichiamo i lati dei triangoli rettangoli.

$l = R\sqrt{3} \Rightarrow l = 15,59\sqrt{3} \Rightarrow$ *l = m. 27 (lato del triangolo equilatero piccolo).*

$l_1 = R_1\sqrt{3} \Rightarrow l_1 = 31,18\sqrt{3} \Rightarrow$ *l₁ = m. 54 (lato del triangolo equilatero grande).*

5   I lati di un triangolo sono m $10\sqrt{3}$; m $l2\sqrt{3}$; m $15\sqrt{3}$. Calcolare le tre altezze **e il** raggio

del cerchio inscritto. **[h1 = 20,7;   h2 = 17,26;   h3 = 13,8;   r = 5,59;   R = 13,08]**

Dati: lati del triangolo $m.10\sqrt{3};...m.12\sqrt{3};.....m.15\sqrt{3}$

Risoluzione:

Noto i lati del triangolo calcoliamo il perimetro, si ha $P = l_1 + l_2 + l_3$

$P = 10\sqrt{3} + 12\sqrt{3} + 15\sqrt{3}$ => $P = 30\sqrt{3}$ *(perimetro del triangolo)*

il semi perimetro è $P = \dfrac{30\sqrt{3}}{2}$ =>   *p = 15√3 =>*   *(semi perimetro del triangolo)*

Il raggio delle circonferenze inscritte è dato dal rapporto Area su perimetro, $r = \dfrac{A}{p}$

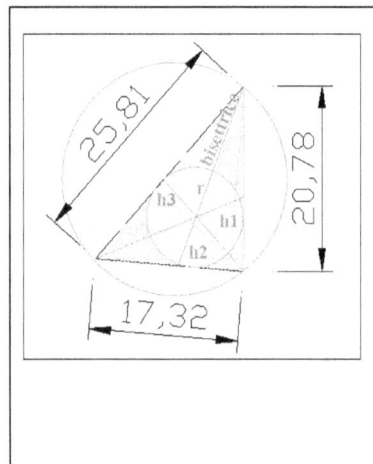

Formule importanti e utili:

$A = \sqrt{p(p-a)(p-b)(p-c)}$ (Erone)

$r = \dfrac{A}{p}$ (raggio circonferenza inscritta)

$R = \dfrac{a \bullet b \bullet c}{4 \bullet A}$ (raggio circonf. circoscritta)

Centro circ. inscr => centro bisettrici.

Centro circ. circ. => centro assi.

L'area del triangolo, nel caso si conoscano solo i lati è calcolabile con la formula di Erone, si ha che

$A = \sqrt{p(p-a)(p-b)(p-c)}$ dove a,b,c, sono i lati e p è il semi perimetro

$A = \sqrt{32,04(32,04 - 10\sqrt{3})(32,04 - 12\sqrt{3})(32,04 - 15\sqrt{3})}$ =>

$A = \sqrt{32,04(14,72)(11,26)(6,059)}$ => $A = \sqrt{32163}$ =>

A = mq. 179,34 (area del triangolo)

Calcoliamo il raggio "r" della circonferenza inscritta: $r = \dfrac{A}{p}$ dove p è il semi perimetro,

$r = \dfrac{179{,}34}{32{,}04}$ => r = m. 5,59 (raggio della circonferenza inscritta)

Il raggio della circonferenza circoscritta è dato dalla formula $R = \dfrac{a \bullet b \bullet c}{4 \bullet A}$ =>

$R = \dfrac{10\sqrt{3}a \bullet 12\sqrt{3} \bullet 15\sqrt{3}}{4 \bullet 179{,}34}$ => R = m. 13,08 (raggio della circonferenza circoscritta)

Poiché l'area del triangolo è $A = \dfrac{b \bullet h}{2}$ si ha che $h = \dfrac{2A}{b}$, si ha quindi:

$h_1 = \dfrac{2 \bullet 179{,}34}{10\sqrt{3}}$ => h_1 = m. 20,7 (altezza)

$h_2 = \dfrac{2 \bullet 179{,}34}{12\sqrt{3}}$ => h_2 = m. 17,26 (altezza)

$h_3 = \dfrac{2 \bullet 179{,}34}{15\sqrt{3}}$ => h_3 = m. 13,8 (altezza)

6 In un triangolo un lato misura dm $14\sqrt{5}$ ed è diviso dall'altezza ad essa relativa in parti

che stanno fra di loro come 3:4. Conoscendo l'area del triangolo che è dmq. 140, calcolare la

misura del raggio del cerchio circoscritto. **[3√14]** ossia

[r = 4,13; R = 11,03]

Dati: lato *dm 14 √5; rapporto di un lato 3/4*
Risoluzione:

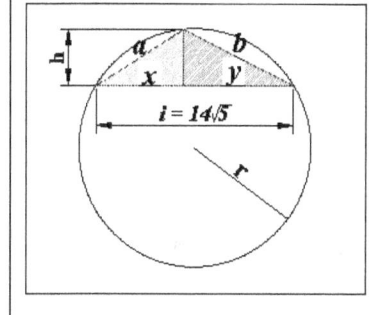

	Formule utili importanti:
	$R = \dfrac{a \bullet b \bullet c}{4A}$; (raggio circoscritto)
	$r = \dfrac{A}{p}$; (raggio inscritto)Centro circ. inscr
	=> centro bisettrici.
	Centro circ. circ. => centro assi.

Poiché l'altezza taglia la base in due parti proporzionali distinte x, e y che sono le relative

proiezioni dei lati e stanno nel rapporto 3:4 significa che la base del triangolo è composta da 7

parti per cui calcoliamo che

$$x = \frac{l \cdot 3}{7} \implies x = \frac{14,5\sqrt{5} \cdot 3}{7} \implies x = \frac{93,92}{7} \implies x = dm.\ 13,42 \ (segmento\ della\ base)$$

$$y = \frac{l \cdot 4}{7} \implies x = \frac{14,5\sqrt{5} \cdot 4}{7} \implies x = \frac{125,22}{7} \implies x = dm.\ 17,89 \ (segmento\ della\ base)$$

Noto l'area del triangolo calcoliamo l'altezza del triangolo dalla consueta formula $A = \frac{b \cdot h}{2}$ da

cui $h = \frac{2 \cdot A}{b}$ ossia $h = \frac{2 \cdot 140}{b} \implies h = \frac{2 \cdot 140}{14\sqrt{5}} \implies$

$h = 8,94 \ (altezza\ del\ triangolo)$.

Dal teorema di Pitagora calcoliamo i lati del triangolo a e b come in figura, si ha

$$a = \sqrt{h^2 + x^2} \implies b = \sqrt{8,94^2 + 13,42^2} \implies l1 = dm.16,7 \ (lato\ del\ triangolo)$$

$$b = \sqrt{h^2 + y^2} \implies b = \sqrt{8,94^2 + 17,89^2} \implies l2 = dm.20 \ (lato\ del\ triangolo)$$

Calcoliamo il perimetro del triangolo: $P = a + b + i \implies P = 16,7 + 20 + 31,30 \implies$

P = dm. 67,73 (perimetro) p = dm. 33,865 (semi perimetro)

Noto l'area calcoliamo il raggio inscritto dato dalla nota formula $r = \frac{A}{p}$ dove p è il semi

perimetro si ha $r = \frac{140}{33,865} \implies$ r = dm. 4,13 (raggio inscritto al triangolo)

Il raggio circoscritto al triangolo si calcola con la nota formula $R = \frac{a \cdot b \cdot c}{4A} \implies$

$$R = \frac{16,94 \cdot 20 \cdot 31,03}{4 \cdot 140} \implies R = \frac{10604.44}{560} \implies R = dm.\ 18,67 \ (raggio\ circonf.\ circoscritta)$$

7 In un triangolo i lati sono proporzionali ai numeri 10, 17, 21. Conoscendo un lato dm. 60

e il raggio del cerchio inscritto che è lungo dm 21, calcolare i lati e l'area del triangolo
[60; 102; 126; 3024]

Dati: proporzione dei alti 10,17,21; lato dm. 60; r = dm.21

Risoluzione:

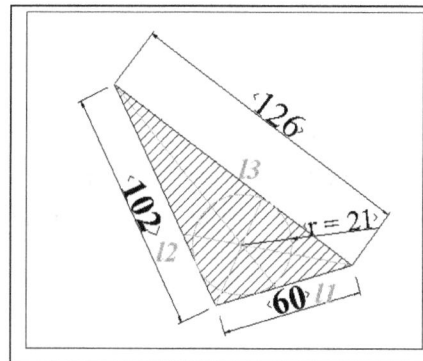

Formule utili e importanti:

$$A = \frac{P \bullet a}{2} \; ; \quad \text{dove a = apotema)}$$

a = r (apotema = raggio inscritto)

Dai rapporti dei lati si ha che $\dfrac{l_1}{10} : \dfrac{l_2}{17} : \dfrac{l_3}{21}$ prendendo una coppia dei rapporti si ricava che

$$l_1 = \frac{10 l_2}{17} ; \quad l_2 = \frac{17 l_1}{10} ; \quad l_3 = \frac{21 l_1}{10} .$$

Poiché un lato misura 60 chiamiamo tale lato l_1, quindi sostituiamo questo valore nella prima

espressione sopra, cioè $60 = \dfrac{10 l_2}{17}$ => $60 \bullet 17 = 10 l_2$ => $l_2 = \dfrac{1020}{10}$ =>

$l_2 = dm.102$ (lato)

sostituiamo l2 nella terza equazione, si ha si ha $l_3 = \dfrac{21 \bullet 60}{10}$ => $10 \bullet l_3 = 1260$ => $l_3 = \dfrac{1260}{10}$

=> $l_3 = dm.126$ *(lato)*

I lati sono i seguenti $l_1 = 60; l2 = 102; l_3 = dm. 126$.

Calcoliamo il perimetro del triangolo: si ah P = 60 +102 + 126 =>
P = dm. 288 (perimetro).

Calcoliamo l'area del triangolo con la nota formula $A = \dfrac{P \bullet a}{2}$ => dove a = apotema che nel

nostro caso è il raggio della circonferenza inscritta = 21, quindi si ha che $A = \dfrac{288 \bullet 21}{2}$ =>

$A = \dfrac{6048}{2}$ => A = dmq. 3024 (area de triangolo) **Verificato**

8

Il triangolo isoscele *ABC* è inscritto in un cerchio di centro O e di raggio $3,5k\sqrt{3}$.

Conoscendo che il lato *AB* è $\dfrac{5}{6}$ della base *BC*. *C*alcolare la misura del perimetro del triangolo e

la distanza tra il centro del cerchio dato e quello del cerchio inscritto nel triangolo isoscele.

[R=3,5$\sqrt{3}$k; $P = \frac{160k\sqrt{3}}{9}$; OO' = 1,2]

Dati: $AB = \dfrac{5}{6} BC$; $\quad R = 5k\sqrt{3}$

Risoluzione:

la lettura attenta della traccia ci induce a disegnare la seguente figura per mettere in risalto: i raggi delle due circonferenze (R e r), nonché l'altezza del triangolo inscritto e la differenza del centro della circonferenza circoscritta e del triangolo. Vedisi figura

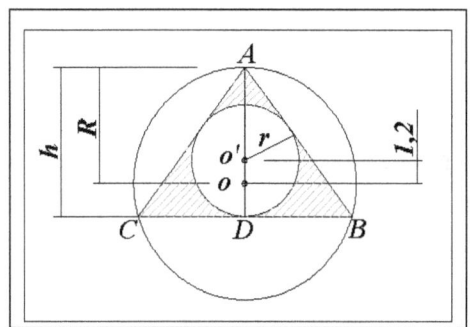

➤ Dal teorema di Pitagora si ricava l'altezza $h = \sqrt{(AB)^2 - \left(\dfrac{BC}{2}\right)^2}$ poiché è noto $AB = \dfrac{5}{6} BC$

abbiamo che $h = \sqrt{\left(\dfrac{5}{6} BC\right)^2 - \left(\dfrac{BC}{2}\right)^2}$ => $h = \sqrt{\dfrac{25}{36} BC^2 - \dfrac{BC^2}{4}}$ =>

$h = \sqrt{\dfrac{25 BC^2 - 9 BC^2}{36}}$ => $h = \sqrt{\dfrac{16 BC^2}{36}}$ => $h = \sqrt{\dfrac{4^2 BC^2}{6^2}}$ => $h = \dfrac{4}{6} BC$ ossia

$h = \dfrac{2}{3} BC$ (condizione dell'altezza con la base)

➤ Teorema: Poiché il raggio di una circonferenza circoscritta al triangolo isoscele è data da

$R = \dfrac{l^2}{2h}$ basti sostituire il valore di R per avere l'uguaglianza $5k\sqrt{3} = \dfrac{l^2}{2h}$ sostituendo il

valore di l si ha che $5k\sqrt{3} = \dfrac{BC^2}{2\dfrac{2}{3} BC}$ => $5k\sqrt{3} = \dfrac{3 BC^2}{4 BC}$ => $20k\sqrt{3} = 3 BC$ =>

$BC = \dfrac{20k\sqrt{3}}{3}$ $BC = 11{,}547k$ (base del triangolo)

$h = \dfrac{2}{3} \bullet \dfrac{20k\sqrt{3}}{3}$ => $h = \dfrac{40k\sqrt{3}}{9}$ => $h = 7{,}698\,k$ (altezza del triangolo)

➤ Ricaviamo il lato del triangolo AB che corrisponde ai 5/6 della base di BC, si ha:

$AB = \dfrac{5}{6} BC$ => $AB = \dfrac{5}{6} \bullet \dfrac{20k\sqrt{3}}{3}$ => $AB = \dfrac{100k\sqrt{3}}{18}$ => $AB = \dfrac{50k\sqrt{3}}{9}$

$AB = 9{,}62k$ (lato del triangolo)

Il perimetro è dato dalla somma dei lati:

$$AB + AB + BC => P = 2(\frac{50k\sqrt{3}}{9}) + \frac{20k\sqrt{3}}{3} => P = \frac{100k\sqrt{3}}{9} + \frac{20k\sqrt{3}}{3} =>$$

$$P = \frac{100k\sqrt{3} + 60k\sqrt{3}}{9} => P = \frac{160k\sqrt{3}}{9} \quad P = 30,79 \text{ (perimetro del triangolo)}$$

➤ L'area del triangolo inscritto $A = \frac{BC \bullet h}{2} => A = \frac{\frac{20k\sqrt{3}}{3} \bullet \frac{40k\sqrt{3}}{9}}{2} => A = \frac{800k(\sqrt{3})^2}{\frac{27}{2}}$

$$=> A = \frac{2400k}{\frac{27}{2}} => A = \frac{2400k^2}{2 \bullet 27} => A = \frac{2400k^2}{54} => A = \frac{2400k^2}{54} => \boxed{A = 44,44k^2}$$

(area del triangolo isoscele)

➤ Calcoliamo il raggio "r" della circonferenza inscritta nel triangolo, si ha che

$$r = \frac{2A}{P}, \text{ si ha } r = \frac{2 \bullet 44,44k^2}{\frac{160\sqrt{3}k}{9}} => r = \frac{88,88k^2 \bullet 9}{160\sqrt{3}k} => r = \frac{800k}{160\sqrt{3}k} =>$$

$$r = \frac{5k^2}{\sqrt{3}k} \text{ razionalizzando si ha } r = \frac{5k^2 \bullet \sqrt{3}}{\sqrt{3} \bullet \sqrt{3}k} => r = \frac{5k^2 \bullet \sqrt{3}}{3} =>$$

r = 2,8867 (raggio inscritto nel triangolo isoscele)

➤ Per calcolare la distanza OO' dobbiamo calcolare prima la distanza OD e poi fare la differenza tra il raggio r inscritto con OD, quindi si ha che

$$\overline{OD} = h - R => \overline{OD} = \frac{40k\sqrt{3}}{9} - 3,5\sqrt{3}k => \overline{OD} = \frac{40k\sqrt{3} - 31,5\sqrt{3}k}{9} => \overline{OD} = \frac{8,5\sqrt{3}k}{9} =>$$

OD = 1,64k (segmento)

$$\overline{OO'} = r - OD => \overline{OO'} = \frac{5k\sqrt{3}}{3} - \frac{8,5k\sqrt{3}}{9} => \overline{OO'} = \frac{15k\sqrt{3} - 8,5\sqrt{3}k}{9} =>$$

$$\overline{OO'} = \frac{6,5k\sqrt{3}}{9} => \boxed{\overline{OO'} = 1,2} \text{ (distanza tra i due raggi: inscritto e circoscritto)}$$

➤ Calcoliamo la distanza $\overline{OO'} = R - OA => \overline{OO'} = 5k\sqrt{3} - 4k\sqrt{3} => \overline{OO'} = k\sqrt{3}$ (segmento)

Il parametro "k" che compare nella traccia serve per calcolare figure simili al variare di K da 1 a infinito. Fissato k di un certo valore, esempio k = 10 basti inserirlo in tutte le formule ottenute si otterrà il rispettivo valore. Si avrà:

$$R = 3,5k\sqrt{3} => R = 3,5 \bullet 10\sqrt{3} => \quad R = 60$$

$$AB = \frac{50k\sqrt{3}}{9} => AB = \frac{50 \bullet 10k\sqrt{3}}{9} => AB = 96,7$$

$$BC = \frac{20}{3}k\sqrt{3} => BC = \frac{20}{3} \bullet 10\sqrt{3} => BC = 115,47$$

$$H = \tfrac{40}{9}k\sqrt{3} \implies \quad H = \tfrac{40}{9} \cdot 10\sqrt{3} \quad H = 76,48$$

$$r = \tfrac{5}{3}k\sqrt{3} \implies r = \tfrac{5}{3} \cdot 10\sqrt{3} \implies \quad r = 9,62$$

$$\overline{OO'} = \frac{6,5k\sqrt{3}}{9} \implies \overline{OO'} = \frac{6,5 \cdot 10\sqrt{3}}{9} \implies \boxed{\overline{OO} = 12}$$

Questi valori sono sufficienti per disegnare un'altra figura simile a quella sopra indicata. Come potrà notare ogni valore si è moltiplicato per k = 10, così dicasi nel caso di altre figura al variare di k.

9

Date le basi e l'altezza h di un triangolo isoscele, si determinino i raggi del cerchio inscritto e circoscritto al triangolo. **[dimostrare le formule]**

Dati: nessuno (solo le formule)

Risoluzione:

Noto i lati che in questo caso chiameremo a, b, c e l'altezza h si ha che $P = a + b + c$; mentre il semi perimetro è $\dfrac{P}{2} \implies \dfrac{a+b+c}{2}$.

L'area è data dalla formula $A = \dfrac{b \cdot h}{2}$ oppure con la formula di Erome

$$A = \sqrt{p(p-a)(p-b)(p-c)} \quad \textit{(area con Erone)}$$

Considerando la formula di Erone affermiamo che il raggio "r" inscritto nel triangolo isoscele ha centro all'incrocio delle bisettrici ed è tangente con il lato c, calcolabile con la formula

$r = \dfrac{A}{p}$ dove p è il semi perimetro *(raggio circonferenza inscritta)* oppure

$$r = \frac{\sqrt{p(p-a)(p-b)(p-c)}}{p} \quad \text{(raggio della circonferenza inscritta)}$$

Il raggio "R" circoscritto al triangolo isoscele ha centro all'incrocio degli assi (perpendicolari sulla mezzeria dei rispettivi lati) e calcolabile con la formula

$R = \dfrac{l^2}{2 \cdot h}$ (solo per triangoli isosceli altrimenti per tutti i triangoli è

$$R = \frac{a \bullet b \bullet c}{4 \bullet A}$$ (raggio della circonferenza circoscritta).

Un esempio pratico può essere quello in figura in cui il lato di un triangolo isoscele ha dimensioni 86; la base 100 e l'altezza h = 70

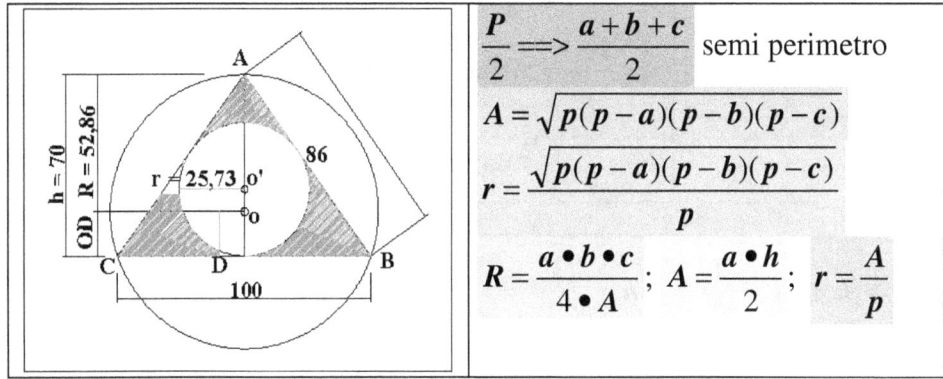

$$\frac{P}{2} ==> \frac{a+b+c}{2} \text{ semi perimetro}$$

$$A = \sqrt{p(p-a)(p-b)(p-c)}$$

$$r = \frac{\sqrt{p(p-a)(p-b)(p-c)}}{p}$$

$$R = \frac{a \bullet b \bullet c}{4 \bullet A} \; ; \; A = \frac{a \bullet h}{2} \; ; \; r = \frac{A}{p}$$

Verifichiamo le formule sopra accennate. Poiché il triangolo dato è isoscele applichiamo la formula seguente (attenzione! solo per i triangoli isosceli), si ha

$$R = \frac{l^2}{2 \bullet h} => R = \frac{86^2}{2 \bullet 70} => R = \frac{7396}{140} => R = \text{circa } 52,83 \text{ (raggio circoscritto)}$$

L'area è data dalla formula $A = \frac{b \bullet h}{2} => A = \frac{100 \bullet 70}{2} => A = 3500 \text{ (area)}$

Calcoliamo il raggio "r" della circonferenza inscritta nel triangolo, si ha che

$r = \frac{A}{P}$, dove p è il semi perimetro, si ha che $r = \frac{3500}{\frac{86+86+100}{2}} => r = \frac{3500}{136} =>$

r = 25,73 (raggio inscritto nel triangolo isoscele)

➤ Per calcolare la distanza OO' dobbiamo calcolare prima la distanza OD e poi fare la differenza tra il raggio r inscritto con OD, quindi si ha che

$\overline{OD} = h - R => \overline{OD} = 70 - 52,86 => OD = 17,14 \text{ (segmento)}$

$\overline{OO'} = r - OD => \overline{OO'} = 25,73 - 17,14 =>$

$\overline{OO'} = 8,59$ *(distanza tra i due raggi: inscritto e circoscritto)*

10 Dato il lato di un triangolo equilatero, determinare il raggio *r* del cerchio inscritto ; e dato il raggio r del cerchio inscritto in un triangolo equilatero determinarne il lato.

[solo le formule di dimostrazione]

Risoluzione:

Calcoliamo per prima l'altezza h del triangolo equilatero (vedi figura)

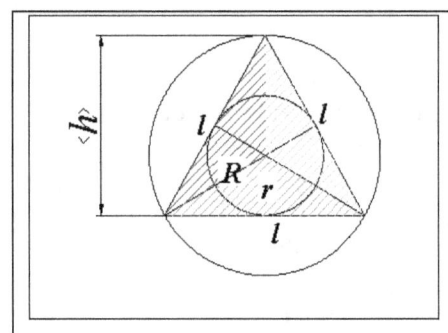

Formule utili solo per il triangolo equil.

$h = \dfrac{l}{2}\sqrt{3}$; $A = \dfrac{l^2\sqrt{3}}{4}$; (area tutta)

$A1 = \dfrac{l^2\sqrt{3}}{12}$; (area triangolo rosso = 1/3)

$r = \dfrac{l\sqrt{3}}{6}$; raggio inscritto

$R = \sqrt{\dfrac{l^2}{3}}$; raggio circoscritto

che $h = \sqrt{l^2 - (\dfrac{l}{2})^2}$ => $h = \sqrt{l^2 - \dfrac{l^2}{4}}$ => $h = \sqrt{\dfrac{3l^2}{4}}$ => $h = \dfrac{l}{2}\sqrt{3}$ (solo per il triangolo equil.)

Calcoliamo l'area del triangolo equilatero $A = \dfrac{l \cdot h}{2}$ => $A = \dfrac{l \cdot \dfrac{l}{2}\sqrt{3}}{2}$ => $A = \dfrac{l^2}{2}\sqrt{3} \cdot \dfrac{1}{2}$ =>

$A = \dfrac{l^2\sqrt{3}}{4}$ => (solo per il triangolo equilatero)

Calcoliamo il raggio inscritto "r" al triangolo equilatero. Guardando attentamente la figura si nota che il triangolo equilatero è composto da 3 triangoli uguali la cui area di ciascuno di essi è 1/3 dell'area "A", quindi chiamiamo tale area con la lettera A1, si ha $A_1 = \dfrac{A}{3}$ => sostituiamo il

valore dell'area calcolato precedentemente, si ha che => $A_1 = \dfrac{l^2\sqrt{3}}{4} : 3$ =>

$A_1 = \dfrac{l^2\sqrt{3}}{12}$ (area di uno dei 3 triangoli alle basi del triangolo equilatero)

Poiché l'area A1 del triangolino è dato da $A_1 = \dfrac{l \cdot r}{2}$ => avremo l'uguaglianza seguente:

$\dfrac{l^2\sqrt{3}}{12} = \dfrac{l \cdot r}{2}$ => $2l^2\sqrt{3} = 12l \cdot r$ => $r = \dfrac{2l^2\sqrt{3}}{12l}$ => semplificando numeratore e denominatore

si ha che $r = \dfrac{l\sqrt{3}}{6}$ (raggio inscritto; solo per il triangolo equilatero)

Calcoliamo il raggio "R" circoscritto al triangolo equilatero con il teorema di Pitagora si ha che

$R = \sqrt{(\dfrac{l}{2})^2 + r^2}$ sostituendo il valore di r si ha $R = \sqrt{\dfrac{l^2}{4} + (\dfrac{l\sqrt{3}}{6})^2}$ => $R = \sqrt{\dfrac{l^2}{4} + \dfrac{3l^2}{36}}$ =>

$R = \sqrt{\dfrac{9l^2 + 3l^2}{36}}$ => $R = \sqrt{\dfrac{12l^2}{36}}$ => $R = \sqrt{\dfrac{l^2}{3}}$ (raggio circoscritto; solo per il triang. Equil.)

11 Un triangolo isoscele inscritto in un cerchio ha l'area 768/25a^2 e il lato è i 4/5del

diametro. Determinare la misura del perimetro e il rapporto tra le aree dei due cerchi
circoscritto e inscritto nel triangolo.   [33,2a; 28,02]

Osservando attentamente la figura si rileva che $CD = \frac{4}{5} \bullet AB$ dove AB = 2R si ha che

$CD = \frac{4}{5} \bullet 2R \Rightarrow CD = \frac{8}{5} \bullet R$ (vedi figura).

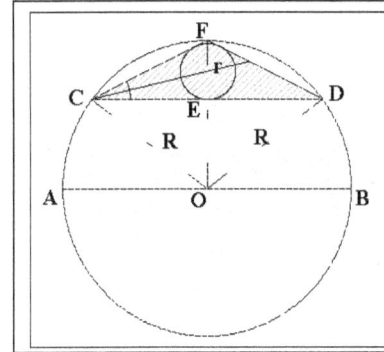

	Formule importanti e utili:
	$r = \dfrac{2A}{P}$ P = (perimetro intero) oppure
	$r = \dfrac{A}{p}$ p = (semi perimetro)

Dal teorema di Pitagora calcoliamo il segmento OE, si ha che $OE = \sqrt{R^2 - (\frac{CD}{2})^2} \Rightarrow OE = \sqrt{R^2 - (\frac{\frac{8R}{5}}{2})^2}$

$\Rightarrow OE = \sqrt{R^2 - (\frac{8R}{10})^2} \Rightarrow OE = \sqrt{R^2 - (\frac{4R}{5})^2} \Rightarrow$

$OE = \sqrt{R^2 - \frac{16}{25}R^2} \Rightarrow OE = \sqrt{\frac{25R^2 - 16R^2}{25}} \Rightarrow OE = \sqrt{\frac{9R^2}{25}} \Rightarrow OE = \frac{3}{5}R$

Calcoliamo l'altezza h, si ha che $h = R - OE \Rightarrow h = R - \frac{3}{5}R \Rightarrow h = \frac{5R - 3R}{5} \Rightarrow$

$h = \frac{2}{5}R$ *(altezza del triangolo)*

Noto l'area del triangolo $A = \frac{b \bullet h}{2}$ inseriamo i valori dell'aria, di $h = \frac{2}{5}R$ e di $CD = \frac{8}{5} \bullet R$

per avere che $\frac{768}{25} = \frac{\frac{8}{5}R \bullet \frac{2}{5}R}{2} \Rightarrow$ da risolvere in $\frac{786}{25} = \frac{16R^2}{50} \Rightarrow 2 \bullet 586 = 16R^2 \Rightarrow$

$1572 = 16R^2 \Rightarrow R^2 = \frac{1572}{16} \Rightarrow R = \sqrt{\frac{1572}{16}} \Rightarrow$

R = 9,9 (raggio della circonferenza circoscritta)

Calcoliamo il diametro, si ha che d = 2R => $d = 2 \cdot 9,9$ =>

d = 19,8 (diametro del cerchio circoscritto al triangolo isoscele)

Calcoliamo la base del triangolo CD, si ha che $\boldsymbol{CD = \dfrac{4}{5}d}$ => $CD = \dfrac{4}{5}19,8$ =>

CD = 15,84 (base del triangolo)

Calcoliamo l'altezza h del triangolo, si ha $h = \dfrac{2}{5}R$ => $h = \dfrac{2}{5} \cdot 9,9$ =>

h = 3,96 (altezza del triangolo)

Facciamo una verifica dei dati ottenuti se ci danno l'area assegnata di 768/25 => 30,72.

$$A = \frac{CD \cdot h}{2} \Rightarrow A = \frac{15,84 \cdot 3,96}{2} \Rightarrow A = \text{circa } 31,36.. \text{ (verifica effettuata)}$$

Calcoliamo i lati obliqui del triangolo col teorema di Pitagora, si ha che

$$l = \sqrt{(\tfrac{CD}{2})^2 + EF^2} \Rightarrow l = \sqrt{(\tfrac{15,84}{2})^2 + 3,96^2} \Rightarrow l = \sqrt{62,73 + 15,68} \Rightarrow$$

$l = \sqrt{78,4}$ => *l = 8,85 (lato del triangolo)*

Calcoliamo il perimetro del triangolo, si ha che $P = 2l + CD$ => $P = 2 \cdot 8,85 + 15,84$

P = 33,54 (perimetro del triangolo)

Calcoliamo l'area del cerchio circoscritto, si ha che $A = \pi \cdot R^2$ => $A = \pi \cdot 9,9^2$ =>

A = 307,75 (area del cerchio circoscritto al triangolo)

Calcoliamo il raggio della circonferenza inscritta nel triangolo, si ha che $\boldsymbol{r = \dfrac{A}{p}}$ dove p è il semi

perimetro, si ha che $\boldsymbol{r = \dfrac{2A}{P}}$ => $r = \dfrac{2 \cdot 30,75}{33,54}$ =>

r = 1,83 (raggio inscritto nel triangolo)

Calcoliamo l'area della circonferenza inscritta $A = \pi \cdot r^2$ => $A = \pi \cdot 1,83^2$ =>

A = 10,52 (are della circonferenza inscritta nel triangolo)

Calcoliamo il rapporto tra le aere delle due circonferenze, si ha che $\boldsymbol{rapporto = \dfrac{A1}{A2}}$ ossia

$rapporto = \dfrac{307,75}{10,52}$ => *rapporto = 29,25 (rapporto aree cerchi).*

12 Un triangolo isoscele è inscritto in un cerchio di raggio 9a-√3, sapendo che la sua

altezza è i 5/6 del diametro, calcolare:

    1) **i lati del** triangolo;

    2) il rapporto fra l'area del triangolo e quella dell'esagono regolare inscritto nello stesso

       cerchio ;

3) il perimetro del triangolo che si ottiene conducendo nei vertici del triangolo dato le tangenti al cerchio. [*l = 13,27; l1 = 7,3; A=(137,37a²/65,62a²); P = 37,37*]

Dati: R = 9a - √3;   h = 5/6 del diametro

Risoluzione:

Consideriamo che il parametro a sia 1

Poiché R = (9a-√3) il suo diametro è due volte, per cui d = 2R ossia $d = 2(9a\sqrt{3})$

$d = 18a - 2\sqrt{3}$ => d = 14,5358a (diametro del cerchio)

Poiché il raggio circoscritto è d/2 si ha che R = 14,54/2 =>

R = 7,2679a (raggio circoscritto al triangolo isoscele)

Inseriamo il diametro nel valore dell'altezza, si ha che $h = \frac{5}{6}d$ => $h = \frac{5}{6}(18a - 2\sqrt{3})$

$h = 15a - \frac{5}{3}\sqrt{3})$ => h= 12,1132a (altezza del triangolo isoscele) **vedi figura**

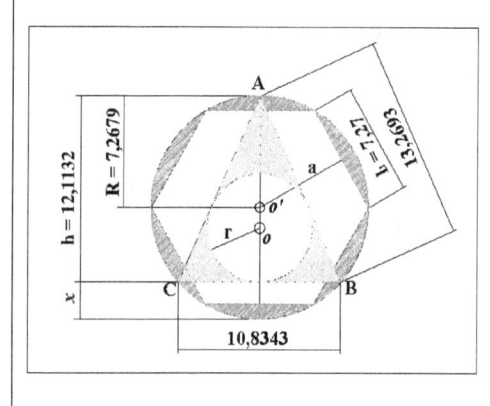

Formule importanti e utile:

$(\frac{b}{2})^2 = h \bullet \frac{1}{6}h$ **teorema corde incrociate**

$A = \frac{3R^2 \bullet \sqrt{3}}{2}$ **(solo esagono inscritto)**

$a = \frac{R\sqrt{3}}{2}$ **(solo esagono inscritto)**

$r = \frac{2 \bullet A}{P}$ **(solo per i triangoli in genere)**

Se l'altezza è i 5/6 del diametro si ha che $h = \frac{5}{6} \bullet d$ ossia $h = \frac{72,679a}{6}$ =>

$h = 12,1131a$ (altezza del triangolo isoscele)

Se il diametro è 6 parti il segmento x (vedi figura) corrisponde a 1/6 del diametro ossia

$x = \frac{1}{6} \bullet d$ si ha che $x = \frac{14,5358a}{6}$ =>

$x = 2,42260189a$ (segmento d - h).

Poiché il triangolo è isoscele l'altezza divide la base in due parti uguali, solo in questo caso applicheremo il teorema delle corde (prodotto corde incrociate), possiamo calcolare la base del

triangolo isoscele considerando corda il diametro composto da $d = h + \frac{1}{6}h$ e la metà base del triangolo isoscele   composta da $\frac{b}{2}$.

Dal teorema delle corde incrociate abbiamo la condizione che $h : \frac{b}{2} = \frac{b}{2} : x$ inseriamo i valori

noti si ha **che** asserisce che $12{,}1132a : \frac{b}{2} = \frac{b}{2} : 2.4227a$ =>

$(\frac{CB}{2})^2 = 12{,}1132a \bullet 2{,}4227a$ => si ha $\frac{CB^2}{4} = 29{,}3458a^2$ => $CB^2 = 29{,}3458a^2 \bullet 4$ =>

$CB = \sqrt{117{,}3834a^2}$ => *CB = 10,8343a (base del triangolo isoscele)*

Calcoliamo il lato del triangolo isoscele con il Teorema di Pitagora, si ha che $l = \sqrt{h^2 + (\frac{b}{2})^2}$ =>

$l = \sqrt{(12{,}1132a)^2 + (\frac{10{,}8343a}{2})^2}$ => $l = \sqrt{146{,}7296a^2 + 29{,}3455a^2}$ => $l = \sqrt{176{,}0751a^2}$ =>

l = 13,2693a (lato del triangolo isoscele). Il perimetro del triangolo isoscele è dato da ($P = l + l$
+ b) => 13,2693a+13,2693a + 10,8343a =>
P = 37,37296a (perimetro del triangolo isoscele).

L'area del triangolo è data da $A = \frac{b \bullet h}{2}$ => $A = \frac{10{,}8343a \bullet 12{,}1132a}{2}$ => $A = \frac{131{,}26a^2}{2}$ =>

A₁ = 65,6190a² (area del triangolo isoscele)
L'area dell'esagono è dato dalla nota formula quando l'esagono è circoscritto da una

circonferenza, per cui si ha che $A = \frac{3R^2 \bullet \sqrt{3}}{2}$ => $A = \frac{3 \bullet (7{,}2679a)^2 \bullet \sqrt{3}}{2}$ =>

A₂ = 137,2365 a² (area dell'esagono)
Il rapporto delle aree è A_1 / A_2 =>
137,2365 a²/65,6190 a² = 2,09 (rapporto aree esagono triangolo)
L'apotema dell'esagono è funzione del raggio circoscritto comune al triangolo, quindi si ha che

$a = \frac{R\sqrt{3}}{2}$ => $a = \frac{7{,}2679a\sqrt{3}}{2}$ => $a = \frac{12{,}5884a}{2}$ =>

a = 6,2942a (apotema dell'esagono)
Noto l'apotema dell'esagono che divide il lato in due parti, si applichi il teorema di Pitagora per

calcolare la metà del lato, si ha che $\frac{l_1}{2} = \sqrt{R^2 - a^2}$ => $\frac{l_1}{2} = \sqrt{(7{,}2679a)^2 - (6{,}2942a)^2}$

=> $\frac{l_1}{2} = \sqrt{52{,}8224a^2 - 39{,}62a^2}$ => $\frac{l_1}{2} = \sqrt{13{,}2054a^2}$ $\frac{l_1}{2} = 3{,}6339a$ (metà lato esagono)

Il lato è 2 volte , cioè *l = 7,2679a (lato dell'esagono).*

La circonferenza inscritta "r" nel triangolo isoscele è data dalla formula $r = \frac{2 \bullet A}{P}$ =>

$r = \frac{2 \bullet 65{,}6190a^2}{37{,}37296a}$ =>

r = 3,5116a (raggio della circonferenza inscritta nel triangolo isoscele)

13

In un triangolo isoscele è inscritto in una circonferenza il cui raggio è lungo cm 27,2. La base del triangolo è 6/5 del lato. Trovare la distanza fra il centro della circonferenza inscritta e quello della circonferenza circoscritta. (OO' = 5,44)

Dati: R = 27,2; BC = 6/5 del lato
Risoluzione:

Disegniamo la figura Prolungando l'altezza h del triangolo fino ad intersecare la circonferenza si ottiene un altro triangolo ACM inscritto nella semi circonferenza (tratteggiato colore rosso).

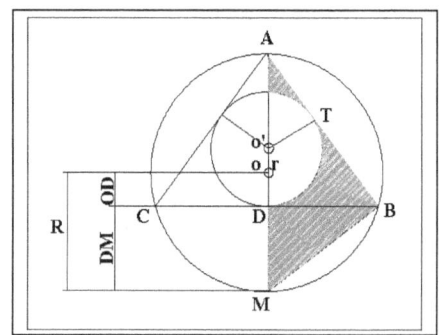

➤ Poiché è noto già che ogni triangolo inscritto nella semicirconferenza ha la somma degli angoli interni di 180° e l'angolo opposto alla base è rettangolo possiamo adoperare i principi della similitudine ovvero Euclide.

➤ Poiché la base è $BC = \frac{6}{5}AC$ la semi base del triangolo isoscele è 1/2 BC per cui si ha che

$DC = (\frac{6}{5}AC):2$ => $DC = \frac{3}{5}AC$ **(semi base del triangolo isoscele).**

➤ Dal teorema di Pitagora ricaviamo l'altezza del triangolo isoscele $H = \sqrt{AC^2 - DC^2}$

=> $H = \sqrt{(AC)^2 - (\frac{3}{5}AC)^2}$ => $H = \sqrt{AC^2 - \frac{9}{25}AC^2}$ => $H = \frac{\sqrt{5AC^2 - 9AC^2}}{25}$ =>

$H = \sqrt{\frac{4}{25}AC^2}$ => $H = \frac{4}{5}AC$ (altezza del triangolo isoscele)

Il segmento DM è calcolabile con il secondo teorema di Euclide:

➤ Teorema: l'altezza di ogni triangolo rettangolo è medio proporzionale tra le proiezioni dei cateti sull'ipotenusa. Indicando con (h) l'altezza del triangolo inscritto nella semi circonferenza indicato con tratteggio di colore rosso, ossia semi base DC abbiamo che

$(DC)^2 = H \bullet DM$ => $(\frac{3}{5}AC)^2 = \frac{4}{5}AC \bullet DM$ => $\frac{9}{25}AC^2 = \frac{4}{5}AC \bullet DM$ =>

$45AC^2 = 100AC \bullet DM$ => $DM = \frac{45AC^2}{100AC}$ => $DM = \frac{9}{20}AC$

➤ Osservando attentamente la figura si nota che H = 2R - DM sostituendo i relativi valori abbiamo l'equazione $\frac{4}{5}AC = 2 \bullet 27,2 - \frac{9}{20}AC$ => $\frac{4}{5}AC = 2 \bullet 27,2 - \frac{9}{20}AC$ =>

$\frac{16AC + 9AC}{20}AC = 54,4$ => $AC = \frac{54,4 \bullet 20}{25}$ => AC = cm. 43,52 (lato del triangolo isoscele)

> Poiché $DM = \frac{9}{20}AC$ si ha che $DM = \frac{9}{20}43{,}52$ => DM = cm. 19,584 (segmento base/circonf.)

> Poiché l'altezza è $H = \frac{4}{5}AC$ => $H = \frac{4}{5} \bullet 43{,}52$ => $H = cm.34{,}816$ (altezza triangolo isoscele)

> Poiché la base è $BC\frac{6}{5}AC$ => $BC = \frac{6}{5} \bullet 43{,}52$ => $BC = cm.52{,}224$ (base del triangolo isoscele)

> Per calcolare il raggio r della circonferenza inscritta nel triangolo isoscele si applica la formula di una circonferenza inscritta in un triangolo $r = \frac{2A}{P}$ dove p è il perimetro e A è l'area del triangolo circoscritto, per cui calcoliamo per prima l'area: $A = \frac{BC \bullet H}{2}$ => $A = \frac{52{,}224 \bullet 34{,}816}{2}$ => A = cmq. 909,115392.

Calcoliamo il perimetro: P = AC + AC + BC => 43,52 + 43,52 + 52,224 => P = cm. 139,264

Calcoliamo il raggio r della circonferenza inscritta nel triangolo isoscele:

> $r = \frac{2A}{P}$ => $r = \frac{2 \bullet 909{,}115392}{139{,}264}$ =>

$r = cm.13{,}056$ (raggio della circonferenza inscritta)

Per calcolare la distanza dei due centri delle circonferenze dobbiamo tenere conto dei segmenti OD e DM, del raggio R ed infine del raggio r (osservare la figura), si ha che $OD = R - DM$ per cui $OD = 27{,}2 - 19{,}584$ =>

OD = cm. 7,616 (segmento)

> Il segmento OO' è dato da OO' = r - OD => 13,056 - 7,616 =>
OO' = cm. 5,44 (segmento)

> La circonferenza è tangente nel punto T e il triangolo AO'T è rettangolo, per cui dal teorema di Pitagora calcoliamo la distanza del punto T dal punto A; si ha:

$AT = \sqrt{(AO')^2 - r^2}$ **dove (AO' = R-OO')**, si ha $AT = \sqrt{(R - OO')^2 - r^2}$ inseriamo i valori, si ha che $AT = \sqrt{(27{,}2 - 5{,}44)^2 - 13{,}056^2}$ => $AT = \sqrt{473{,}4976 - 170{,}459}$ =>

$AT = \sqrt{303{,}038464}$

AT = cm. 17,408 (punto di tangenza della circonferenza).

14

Un triangolo isoscele con la base sul diametro è inscritto in un cerchio di area $2390a^2$ ha i lati uguali a $l = d/\sqrt2$ del diametro. Determinare la misura del perimetro e il rapporto delle aree del triangolo e del cerchio inscritto.

[P=133,17; A=761,35

Dati: area cerchio $2390a^2$; $l = d/\sqrt2$
Risoluzione:

Noto l'area del cerchio $A_c = \pi \bullet R^2$ calcoliamo il raggio della circonferenza circoscritta, si ha

che $R = \sqrt{\dfrac{A_c}{\pi}}$ => $R = \sqrt{\dfrac{2390}{\pi}}$ => $R = 27,59$ *(raggio circonferenza circoscritta)*

Il diametro della circonferenza è dato da, $d = 2R$ => $d = 2 \bullet 27,59$ =>
$d = 55,18$ *(diametro o base del triangolo).*

Calcoliamo che il lato è dato da $l = \dfrac{d}{\sqrt{2}}$ => $l = \dfrac{2R}{\sqrt{2}}$ =>

$l = \dfrac{2 \bullet 27,59}{\sqrt{2}}$ => $l = 39$ *(lato del triangolo)*

Calcoliamo il perimetro del triangolo, si ha $P = 39 + 39 + 55,18\,P$ =>
$P = 133,18$ (perimetro)

Poiché il triangolo ha la base sul diametro la sua altezza è il raggio R circoscritto al triangolo (vedi figura), per cui $h = R$ => $27,59$ *(altezza del triangolo)*

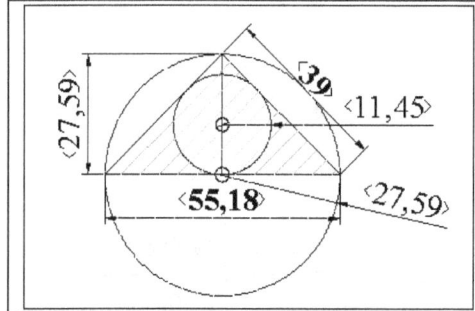	Formule importanti e utile: $r = \dfrac{A}{p}$ **(raggio inscritto)** $R = \sqrt{\dfrac{A}{\pi}}$ $R \bullet R = R \bullet h$ **(teorema delle corde)**

Calcoliamo l'area del triangolo isoscele che è $A = \dfrac{2R \bullet R}{2}$ => $A = R^2$ => $A = 27,59^2$ => A

$= 761$ *(area del triangolo)*

Calcoliamo il raggio "r" inscritto al triangolo con la nota formula valida per tutti i triangoli,

$r = \dfrac{A}{p}$ => $r = \dfrac{A}{p}$ => do ve p è il semi perimetro, si ha $r = \dfrac{761}{\dfrac{133,18}{2}}$ =>

$r = \dfrac{2 \bullet 761}{133,18}$ => $r = 11,45$ *(raggio inscritto nel triangolo isoscele)*

Calcoliamo l'area del cerchio inscritto, si ha $A = \pi \bullet r^2$ => $A = \pi \bullet 11,45^2$ =>
$A = 411,66$ (area della circonferenza inscritta)

Il rapporto tra le aree triangolo e circonferenza interna è $rapporto = \dfrac{A\,triangolo}{area\,cerchio}$ =>

$\dfrac{761}{412}$ => $1,85$ *(rapporto area triangolo e cerchio interno)*

15

In un triangolo isoscele di area dm² 1297,92 la base misura dm 62,4. Calcolare a che distanza dal vertice il cerchio inscritto tocca i lati uguali.   **Risultato [20,8]**

Dati: A = 1297,92 dm²   BC = 62,4 dm

Risoluzione:

la lettura attenta della traccia ci induce a disegnare la seguente figura per mettere in risalto i punti di intersezione della circonferenza inscritta nel triangolo dato.

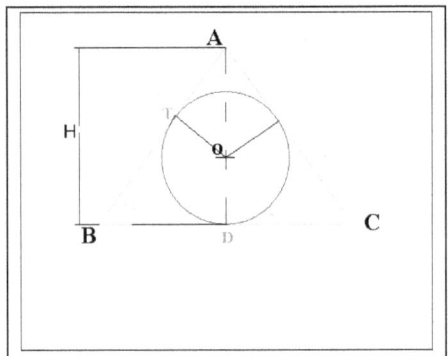

➢ Noto l'area e la base si ricava l'altezza del triangolo: $h = \dfrac{2A}{BC}$ => $h = \dfrac{2 \bullet 1297,92}{62,4}$ =>

   H = 41,6 dm.   (altezza del triangolo)

➢ Dal teorema di Pitagora si ricava il lato del triangolo; si ha $\sqrt{(BD)^2 + h^2}$ =>

   $\sqrt{(\dfrac{62,4}{2})^2 + 41,6^2}$ => AB = 52 dm.

➢ Si ricava il perimetro del triangolo, si ha P = 2AB+BC => 2x52+62,4 => P = 166,4

➢ Poiché il raggio "r" della circonferenza inscritta nel triangolo è dato da $r = \dfrac{A}{p}$ con p =

   semi perimetro, ricaviamo che $r = \dfrac{1297,92}{\dfrac{166,4}{2}}$ => $r = \dfrac{1297,92}{332,8}$ =>

   r = 15,6 dm

➢ Si ricava OA = H - r => 41,6 - 15,6 => OA = 26

➢ Dal teorema di Pitagora si ha che $TA = \sqrt{(OA)^2 + r^2}$ => $TA = \sqrt{(26)^2 + 15,6^2}$ =>

TA = 20,8 (segmento)

16
In un triangolo isoscele il segmento compreso fra il vertice e il punto di tangenza

del cerchio inscritto misura m 9,6 e il raggio del cerchio inscritto dm 72. Calcolare l'area e la misura del perimetro del triangolo. **Ris.**   **[276,48 ; 76,8]**

Dati: AT = 9,6;   r = 72

Risoluzione:

Dalla figura si rileva che il triangolo 0TA colorato in giallo è rettangolo, quindi in base al teorema di Pitagora calcoliamo l'ipotenusa OA.

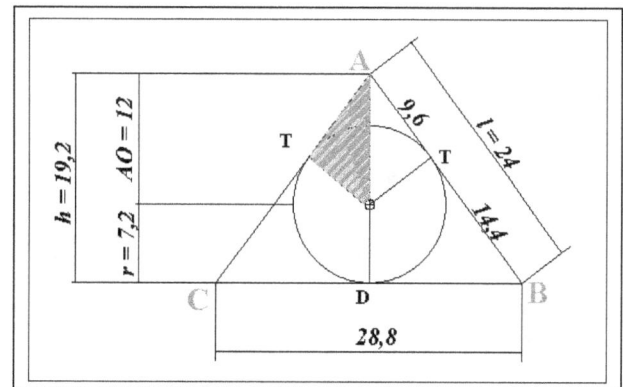

> $OA = \sqrt{TA^2 + r^2}$ => **(trasformiamo dm. 72 in m. 7,2)**,
>
> $OA = \sqrt{m.9,6^2 + m.7,2^2}$ => $OA = \sqrt{m.93,16 + m.51,84}$ => $OA = \sqrt{m.144}$
>
> *0A = 12 m. (segmento)*
> Noto r si calcoli l'altezza h; si ha che $h = OA + r$ => $h = m.12 + m.7,2$
> *h = 19,2 m. (segmento)*
> Teorema: I triangoli rettangoli TA0 et BAD sono simili perché hanno l'angolo TA0 uguale e due lati in comune per cui si ha la proposizione seguente:
> *AB : H = A0 : AT* inseriamo i valori numerici, si ha che
>
> *AB : m. 19,2 = m. 120 : 96*; da cui si ricava che $AB = \dfrac{19,2 \bullet 12}{9,6}$ =>
>
> AB = 24 m. (lato maggiore del triangolo)
> Dal teorema di Pitagora ricaviamo la metà base BD, quindi si ha che
> $BD = \sqrt{AB^2 - h^2}$ => $BD = \sqrt{24^2 - 19,2^2}$ =>
> BD = 14,4 m. (semi base del triangolo
> La base è il doppio di BD, quindi $BC = 2 \bullet BD$ => $BC = 2 \bullet 14,4$ =>
> BC = 28,8 m. (base del triangolo)
> Noto i lati del triangolo si calcoli il perimetro. Considerando che due lati sono uguali si ha che P = AB + 2AC => 2 x m.24+m. 28,8 => P = 76,8 m. (perimetro del triangolo)
> Teorema: L'area del triangolo è data dalla formula $A = \dfrac{P \bullet r}{2}$ => $A = \dfrac{76,8 \bullet 7,2}{2}$ =>
>
> A = 276,48 m² (area del triangolo)

17

Un triangolo equilatero è circoscritto ad un cerchio avente il raggio uguale a 27a

$\sqrt{3}$. Determinare l'area di questo triangolo e il rapporto fra essa e l'area del quadrato circoscritto allo stesso cerchio.   **[A = 28352a² ; l= 81a; rapporto 1,35]**

Dati: $R = 27a\sqrt{3}$

Risoluzione:

Teorema: Dalla figura si rileva che le bisettrici del triangolo equilatero convergono nel centro del cerchio circoscritto ad esso per cui possiamo calcolare immediatamente l'altezza del triangolo.

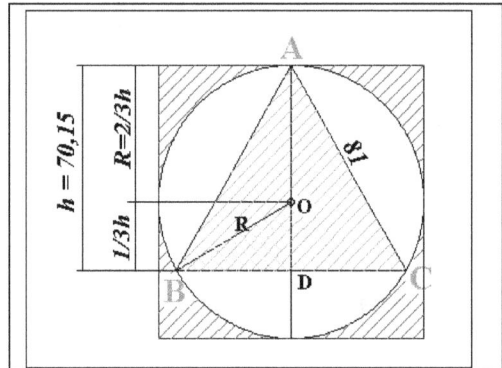

Dal teorema di Pitagora si ricava che $h = \sqrt{l^2 - (\frac{l}{2})^2}$ => $h = \sqrt{l^2 - \frac{l^2}{4}}$ => $h = \sqrt{\frac{3l^2}{4}}$ =>

$h = \frac{l}{2}\sqrt{3}$ (altezza del triangolo)

Teorema: è noto che il baricentro di un triangolo qualsiasi si trova sulla mediana, ad 1/3 dal lato e a 2/3 dal vertice, quindi il triangolo equilatero è un caso perpendicolare in cui l'altezza è anche mediana per cui il segmento OD è 1/3 dell'altezza e di conseguenza il segmento OA è 2/3 dal vertice A, avremo che

$OA = \frac{2}{3}h$ => $OA = \frac{2}{3} \cdot \frac{l\sqrt{3}}{2}$ => $OA = \frac{l\sqrt{3}}{3}$ mentre

$OD = \frac{1}{3}h$ => $OD = \frac{1}{3} \cdot \frac{l\sqrt{3}}{2}$ => $OD = \frac{l\sqrt{3}}{6}$

Poiché è noto il raggio $R = 27a\sqrt{3}$ possiamo calcolare la metà della base BC considerando il triangolo colorato rosso e verde (vedi figura).

Dal teorema di Pitagora si ha che $(\frac{l}{2})^2 = R^2 - OD^2$ dove OD è noto, si ha che

$\frac{l^2}{4} = (27a\sqrt{3})^2 - (\frac{l\sqrt{3}}{6})^2$ => $\frac{l^2}{4} = 2187a^2 - \frac{3l^2}{36}$ => $\frac{l^2}{4} = 2187a^2 - \frac{3l^2}{12}$ =>

$3l^2 = 26244a^2 - l^2$ => $4l^2 = 26244a^2$ => $l^2 = \frac{26244a^2}{4}$ => $l = \sqrt{6561}$ =>

l = 81a (lato del triangolo equilatero)

Sappiamo che $OD = \frac{l\sqrt{3}}{6}$ sostituiamo il lato si ha che $OD = \frac{81\sqrt{3}}{6}$ =>

OD = 23,38a (segmento)

Calcoliamo l'altezza del triangolo dalla formula sopra calcolata si ha che $h = \frac{l}{2}\sqrt{3}$ =>

$h = \frac{81}{2}\sqrt{3}$ => *h = 70,148a (altezza del triangolo)*

Il perimetro è dato da 3xl => 3x81a => **P = 243a**

Teorema: L'area A_t del triangolo è data $A_t = \frac{b \bullet h}{2}$ => $A_t = \frac{81 \bullet 70}{2}$ =>

A_t = 2835a² (area del triangolo)

L'area A_q del quadrato di colore blu (vedi disegno) circoscritto alla circonferenza è

$A_q = (2R)^2$ => $A_q = (2 \bullet 46,76)^2$ =

$A_q = 2094,45a^2$ *(area del quadrato circoscritto al raggio)*

Il rapporto delle due aree è dato da $\frac{A_t}{A_q} = \frac{2837a^2}{2094,452a^2}$ => $\frac{A_t}{A_q} = 1,35356$ (rapporto).

Osservazioni: Per disegnare un qualsiasi triangolo si deve tenere conto del parametro "a", coefficiente che sceglieremo di volta in volta che desideriamo costruire una figura ingrandita o ridotta.

18

il rapporto tra l'altezza di un triangolo isoscele e il diametro del suo cerchio

circoscritto è ¾. Sapendo che la misura del suo lato è 14/3a√3, qual è la dimensione del perimetro, dell'area e del raggio del triangolo circoscritto?
Dimostrare che tipo di rettangolo stiamo trattando? e verificare che il rapporto AD/diametro

sia corretto.   **[14a√3; 49/3a²√3]**

Dati: $AB = \frac{14}{3}a\sqrt{3}$; $\frac{h}{diametro} = \frac{3}{4}$

Risoluzione:

Disegniamo la figura del congetturato triangolo sfruttando il prolungamento dell'altezza sulla circonferenza e congiungendo la stessa con il vertice B per sfruttare alcuni principi della similitudine perché *il triangolo ABM è rettangolo perché inscritto in una semi circonferenza,* inoltre il segmento DM è facilmente calcolabile in quanto è la differenza del diametro meno

l'altezza h del triangolo in esame., si ha che DM = 2R-h da cui $DM = 2R - \frac{3}{2}R$ =>

$DM = \frac{4R - 3R}{2}$ => $DM = \frac{R}{2}$ **ossia** *DM = 1* **(parte (vedi figura)**

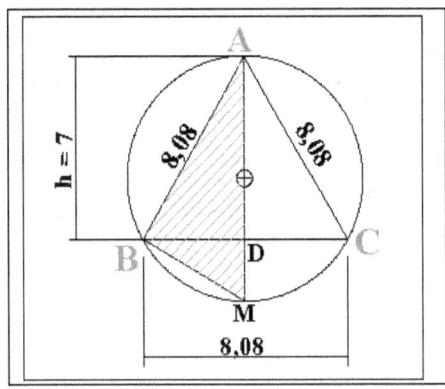

Come abbiamo accennato sopra il triangolo ABM è rettangolo la sua altezza BD che divide il lato AM in due parti DM =1 et h = 3. Dal teorema di Euclide BD è medio proporzionale tra le proiezioni dei lati per cui si ha che $BD^2 = 1 \bullet 3$ =>

$BD = \sqrt{3}$ *(parti del segmento BD)*

Calcoliamo quante parti è composto il lato AB adottando il teorema di Pitagora, si ha che

$AB = \sqrt{h^2 + BD^2}$ => $AB = \sqrt{3^2 + \sqrt{3}^2}$ => $AB = \sqrt{9+3}$ => $AB = \sqrt{12}$ =>

AB = 3,4641 (parti del lato del triangolo).

Noto il lato AB possiamo calcolare dal suo valore quanto vale una parte unitaria, si ha che

$1 = \dfrac{AB}{3,4641}$ => $\dfrac{\frac{14}{3}\sqrt{3}}{3.4641}$ da cui *1 = 2,333.. (valore di una parte unitaria)*

Calcoliamo le parti di h, DM e di 2R :

$h = 3 \bullet 2,333$ => *h = 7*

$DM = 1 \bullet 2,333$ => *DM = 2,333....*

$2R = 4 \bullet 2,333$ => *2R = 9,333......*

Calcoliamo la semi base con il teorema di Pitagora, si ha che $BD = \sqrt{l^2 - h^2}$ =>

$BD = \sqrt{(\dfrac{14\sqrt{3}}{3})^2 - 7^2}$ => $BD = \sqrt{65,3333 - 49}$ => $BD = \sqrt{16,3333}$ =>

BD = 4,04 (semi base del triangolo)

La base è il doppio ossia *BC = 4,08 (base del rettangolo)*

Verifica: *3:4 = 7:9,33 => 3 • 9,33 = 4 • 7 => 28 = 28 (verifica corretta)*

Poiché la verifica è corretta e i valori della base del triangolo sono uguali al valore del lato possiamo dimostrare che il triangolo non è isoscele, ma equilatero.

19

Una circonferenza di centro O e raggio r risulta nell'interno di un triangolo B'A'C'

ed è tangente alla sua base. Questo triangolo B'A'C' è circoscritto da una circonferenza di area 256 π che a sua volta questa circonferenza è circoscritta da un altro triangolo isoscele BAC il cui lato AB è i 9/7 dell'altezza. La distanza del punto di tangenza di questa circonferenza con il triangolo fino al vertice A misura cm. 20 Calcolare tutti i dati possibili e Dimostrare che tipo di triangoli sono.

$$[R = 16; \quad h = 41,61; \quad AB = 53,5]$$

Dati: AB = 9/7 h; Vertice A punto di tangente circonferenza = 20

Risoluzione:

Il problema è leggermente difficoltoso ma leggendo attentamente la traccia dobbiamo prima disegnare la figura completa per comprendere meglio ogni passaggio da compiere. A sinistra risulta la figura con i valori della traccia data e a destra i valori calcolati. (vedisi figure).

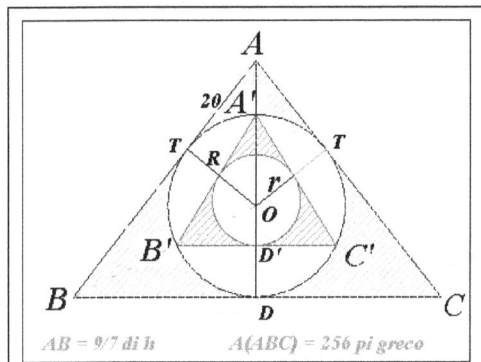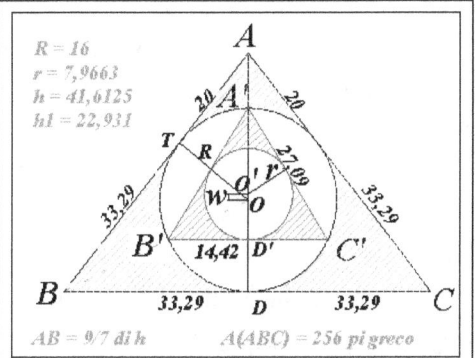

➤ Noto l'area della circonferenza maggiore (il raggio lo indicheremo con la lettera R) poniamo la seguente uguaglianza:

$$256\pi = \pi R^2 \Rightarrow \text{dalla quale } R^2 = \frac{256\pi}{\pi} \Rightarrow R^2 = 256 \Rightarrow R^2 = \sqrt{256} \Rightarrow$$

R = cm. 16 (raggio della circonferenza maggiore)

➤ La retta che congiunge il punto di tangenza sul lato AB con la circonferenza maggiore forma i triangoli ATO e OTB simili perché retti in T, per cui dal teorema di Pitagora si calcoli il segmento AO, noto il raggio R = 16 e il segmento AT = 20, si ha che ha che

$$AO = \sqrt{AT^2 + R^2} \Rightarrow AO = \sqrt{20^2 + 16^2} \Rightarrow AO = \sqrt{400 + 256} \Rightarrow AO = \sqrt{656} \Rightarrow AO = \text{cm. } 25,6125 \text{ (segmento)}$$

➤ Noto AO ed R calcoliamo l'altezza del triangolo ABC, si ha che h = AO + R ossia h = 25,61 + 16 ⇒ h = cm. 41,6125 (altezza triangolo maggiore)

➤ Noto l'altezza del triangolo maggiore si ricava il lato AB, tenendo conto che

$$AB = \frac{9}{7}h \Rightarrow AB = \frac{9}{7} \bullet 41,6125 \Rightarrow$$

AB = cm. 53,29 (lati del triangolo maggiore)

➤ Calcoliamo la metà del lato BC (colore verde) con il teorema di Pitagora, si ha che

$$\frac{BC}{2} = \sqrt{(AB)^2 - h^2} \Rightarrow \frac{BC}{2} = \sqrt{(53,29)^2 - 41,6125^2} \Rightarrow \frac{BC}{2} = \sqrt{2839,8241 - 1731,6} \Rightarrow$$

$$\frac{BC}{2} = \sqrt{1108,2239} \Rightarrow$$

$$\frac{BC}{2} = 33,29 \quad \text{(semi base del triangolo maggiore)}$$

$$BC = 2 \bullet \frac{BC}{2} \Rightarrow BC = 2 \bullet 33,29 \Rightarrow$$

BC = cm. 66,58 (base del triangolo maggiore)

➤ Calcoliamo il lato AC con il teorema di Pitagora, si ha che

$$AC = \sqrt{(CD')^2 + h^2} \Rightarrow AC = \sqrt{(33,29)^2 + 41,6125^2} \Rightarrow AC = \sqrt{1108,2241 + 1731,6} \Rightarrow$$

$$AC = \sqrt{2839,8241} \Rightarrow$$

AC = cm. 53,29 (lato del triangolo maggiore)

Poiché il lato AC risulta uguale al lato AB si asserisce che il triangolo maggiore ABC è isoscele.

➤ Calcoliamo le distanze dei punti di tangenza della circonferenza maggiore coi vertici del triangolo ABC. Poiché i punti di tangenza T sono uguali a 20, si ha che

BT = CT => AB - AT => 53,29 - 20 => BT = cm. 33,29 (distanza sul lato AB)

CT = AC - AT => 53,29 - 20 => CT = cm. 33,29 (distanza sul lato AC)

Si ricordi che le distanze BT e CT sono uguali perché rispettano il teorema delle tangenti di un punto A esterno alla circonferenza.

➤ Osservando attentamente la figura ci risultano noti due elementi: il raggio OT e la

distanza BT per cui dal teorema di Pitagora si ha che $BO = \sqrt{(OT)^2 + (BT)^2}$ ma OT è il

raggio R per cui si ha $BO = \sqrt{(R)^2 + (BT)^2} \Rightarrow BO = \sqrt{16^2 + 33,29^2} \Rightarrow$

$BO = \sqrt{1364,2241} \Rightarrow$ BO = cm. 36,935 (segmento)

➤ Osserviamo bene la figura: i triangoli BOD e B'OD' sono simili, quindi dalla similitudine dei triangoli calcoliamo il segmento D'O , si ha la seguente proporzione

$R : BO = D'O : R$ sostituiamo i valori noti in essa si ha. $16 : 36,9354 = D'O : 16 \Rightarrow$

$$D'O \bullet 36,9354 = 16^2 \Rightarrow D'O = \frac{256}{36,9354} \Rightarrow$$

D'O = 6,931 (segmento)

Poiché il triangolo OB'D' è rettangolo calcoliamo la semi base B'D' del triangolo A'B'C'

colorato in rosso. Con il teorema di Pitagora calcoliamo che $B'D' = \sqrt{R^2 - D'O^2} \Rightarrow$

$B'D' = \sqrt{16^2 - 6,931^2} \Rightarrow B'D' = \sqrt{256 - 48,04} \Rightarrow B'D' = \sqrt{256 - 48,04} \Rightarrow$

B'D' = 14,42 (semi base del triangolo A'B'C').

La base B'C' è due volte ossia $B'D' = 2 \bullet 14,42 \Rightarrow$

B'C' = 28,84 (base del triangolo A'B'C').

➢ Calcoliamo l'altezza del triangolo A'B'C' che chiameremo con h_1, si ha che
  $h_1 = 2R - DD'$ (vedi figura), ma DD' = R - D'O per cui
  $h_1 = 2 \bullet 16 - (16 - 6,931)$ => $h_1 = 32 - 16 + 6,931$ =>

  $h_1 = 22,931$ *(altezza del triangolo A'B'C')*

➢ Calcoliamo il lato del triangolo A'B'C' con Pitagora, si ha che $A'B' = \sqrt{(B'D')^2 + (Dh_1)^2}$

  => $A'B' = \sqrt{14,42^2 + 22,931^2}$ => $A'B' = \sqrt{733,7672}$ =>
  A'B' = 27,088 (lato del triangolo A'B'C').

➢ Calcoliamo il perimetro del triangolo A'B'C', si ha $P = 2 \bullet 27,088 + 28,84$ =>
  P = 83,01627 (perimetro del triangolo A'B'C').

  Il semi perimetro è P/2 = 41,5081

➢ Calcoliamo l'area del triangolo A'B'C' che chiameremo A', si ha che $A' = \dfrac{28,84 \bullet 22,931}{2}$

  => *A' = 330,665 (area del triangolo A'B'C')*

➢ Per calcolare il raggio "r" della circonferenza piccola, inscritta nel triangolo A'B'C' di colore rosso, dobbiamo far riferimento alla formula del raggio inscritto nei triangoli perché il raggio è uguale all'apotema. Noto $A = p \bullet r$ dove p è il semi perimetro si ha

  che $r = \dfrac{A'}{p}$ ossia $r = \dfrac{330,665}{41,5081}$ =>

  r = 7,966 (raggio del triangolo piccolo colore rosso).

➢ Calcoliamo la differenza dei centri raggi delle due circonferenze indicate con la lettera "w" nel disegno finale, si ha che $w = r - D'O$ => $w = 7,9663 - 6,931$ =>

  W = 1,0353 (distanza dei centro raggi delle due circonferenze)

20

Una semi circonferenza di centro di raggio $r = 7a\sqrt{3}$ è intersecata da una corda parallela al diametro della circonferenza nei punti P e Q. Un punto M giacente sul prolungamento del diametro della semi circonferenza dista da Q 28/3 $a\sqrt{3}$ e dalla semi circonferenza 14/3 $a\sqrt{3}$. Calcolare l'area della semi circonferenza e l'area del trapezio che forma il punto M con la mezzeria della corda e il punto PQ. Inoltre calcolare il perimetro del trapezio.

$$[\frac{147a^2\pi}{2};.....\frac{1154a^2\sqrt{3}}{15}]$$

Dati: $\quad MQ = \frac{28a\sqrt{3}}{3}; \quad OQ = 7a\sqrt{3}; \quad BM = 14a\sqrt{3}$

Risoluzione:

La lettura attenta della traccia ci impone la costruzione della seguente figura:

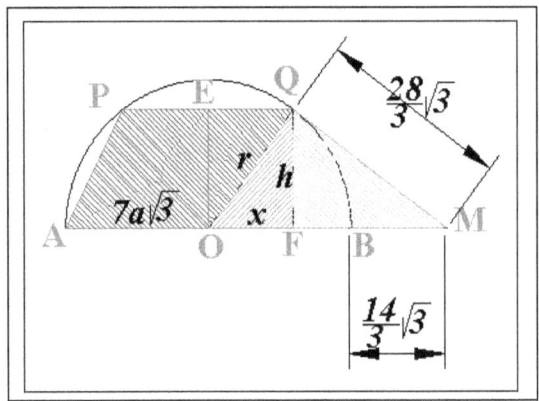

➢ Ricaviamo prima la base del triangolo rettangolo MO, da cui $MO = r + BM \Rightarrow$

$$MO = 7a\sqrt{3} + \frac{14}{3}a\sqrt{3} \quad MO = \frac{21a\sqrt{3} + 14a\sqrt{3}}{3} \Rightarrow$$

$$MO = \frac{35a\sqrt{3}}{3} \Rightarrow \text{(base del triangolo rettangolo OQM)}$$

➢ Osservando la figura l'altezza h è comune ai triangoli colore rosso e colore verde quindi adottando Pitagora l'altezza del trapezio è calcolabile in due modi possibili: ponendo come incognita $OF = x$ avremo un sistema del genere.

$$\begin{cases} h^2 = r^2 - x^2 \\ h^2 = (MQ)^2 - (FM)^2 \end{cases} \quad \text{dove } FM = OM \cdot x \text{ si ha}$$

$$\begin{cases} h^2 = r^2 - x^2 \\ h^2 = (MQ)^2 - (OM - x)^2 \end{cases}$$ dal sistema si ha la seguente equazione generale

$r^2 - x^2 = (MQ)^2 - (OM - x)^2$ che va risolta in $r^2 - x^2 - (MQ)^2 + (OM - x)^2 = 0 \Rightarrow$ inseriamo i valori noti, si ha

$$(7a\sqrt{3})^2 - x^2 - (\frac{28}{3}a\sqrt{3})^2 + (\frac{35}{3}a\sqrt{3} - x)^2 = 0 \Rightarrow$$

$$147a^2 - x^2 - \frac{784}{3}a^2 + \frac{1225}{3}a^2 + x^2 - \frac{70a^2\sqrt{3}}{3} \bullet x = 0 \text{ Semplificando si ha}$$

$$147a^2 - \frac{784}{3}a^2 + \frac{1225}{3}a^2 - \frac{70a^2\sqrt{3}}{3} \bullet x = 0 \Rightarrow 441a^2 - 784a^2 + 1225a^2 - 70a^2\sqrt{3}x = 0$$

$\Rightarrow$

$$70a^2\sqrt{3}x = 441a^2 - 784a^2 + 1225a^2 \Rightarrow 70a^2\sqrt{3}x = 882a^2 \Rightarrow$$

$$x = \frac{882}{70\sqrt{3}} \Rightarrow \text{razionalizzando radice di 3 si ha } x = \frac{882 \bullet \sqrt{3}}{70\sqrt{3} \bullet \sqrt{3}} \text{ ossia } x = \frac{882 \bullet \sqrt{3}}{70 \bullet (\sqrt{3})^2} \Rightarrow$$

$$x = \frac{882 \bullet \sqrt{3}}{70 \bullet 3} \Rightarrow x = \frac{882 \bullet \sqrt{3}}{210} \text{ poiché il M.C.D. è 42, dividiamo numeratore e}$$

denominatore per 42 si ha che

$$x = \frac{21\sqrt{3}}{5} \Rightarrow x = 7,2746 \text{ (metà corda)}$$

➢ La base minore del trapezio (la corda) è data dal doppio prodotto di **x**, si ha

$$PQ = \frac{21\sqrt{3}}{5} \bullet 2 \Rightarrow PQ = \frac{42\sqrt{3}}{5} \quad PQ = 14,549 \text{ (minore del trapezio, ossia corda)}$$

➢ Calcoliamo la base maggiore del trapezio, si ha $AM = 2r + BM \Rightarrow$

$$AM = 2 \bullet 7a\sqrt{3}r + \frac{14}{3}\sqrt{3} \Rightarrow AM = \frac{42a\sqrt{3} + 14\sqrt{3}}{3} \Rightarrow$$

$$AM = \frac{56a\sqrt{3}}{3} \Rightarrow AM = 32,3316 \text{ (base maggiore del trapezio)}$$

Calcoliamo l'altezza del trapezio con Pitagora, si ha che $h = \sqrt{r_2 - x^2} \Rightarrow$

$$h = \sqrt{(7a\sqrt{3})^2 - (\frac{21\sqrt{3}}{5})^2} \Rightarrow h = \sqrt{147a^2 - \frac{1323}{25}} \Rightarrow h = \sqrt{\frac{3675a^2 - 1323}{25}} \Rightarrow$$

$$h = \sqrt{\frac{2352a^2}{25}} \Rightarrow h = 9,699a \text{ (altezza del trapezio)}$$

Calcoliamo l'area della semi circonferenza che indicheremo con Ac, si ha $A_c = \frac{r^2\pi}{2} \Rightarrow$

$$A_c = \frac{(7a\sqrt{3})^2\pi}{2} \Rightarrow A_c = \frac{49a^2 \bullet 3\pi}{2} \Rightarrow A_c = \frac{147a^2\pi}{2} \Rightarrow$$

$A_c = 230,79a^2$ (area della semi circonferenza)

Calcoliamo l'area del trapezio OMQE che chiameremo con At, si ha che

$$A_t = \frac{(x+OM)}{2} \bullet h \implies A_t = \frac{(\frac{21\sqrt{3}}{5} + \frac{35a\sqrt{3}}{3})}{2} \bullet 9,699a \implies A_t = \frac{\frac{(63\sqrt{3}+175a\sqrt{3})}{15}}{2} \bullet 9,699a \implies$$

$$A_t = \frac{238\sqrt{3}a}{30} \bullet 9,699a \implies$$

$$A_t = \frac{119\sqrt{3}a}{15} \bullet 9,699a \implies A_t = \frac{1154\sqrt{3}a^2}{15} \quad A_t = 133,27a^2 \text{ (area del trapezio OMQE)}$$

Calcoliamo anche l'area del trapezio APEO che chiameremo A_{t1}, si ha

$$A_{t1} = \frac{(x+r)}{2} \bullet h \implies A_t = \frac{(\frac{21}{5}\sqrt{3} + 7a\sqrt{3})}{2} \bullet 9,699a \implies A_{t1} = \frac{\frac{(21\sqrt{3}+35a\sqrt{3})}{5}}{2} \bullet 9,699a \implies$$

$$A_{t1} = \frac{\frac{56a\sqrt{3})}{5}}{2} \bullet 9,699a \implies A_{t1} = \frac{56a\sqrt{3}}{10} \bullet 9,699a \implies A_{t1} = 5,6a\sqrt{3} \bullet 9,699a \implies$$

$$A_t = 94,08a^2 \text{ (area del trapezio APEO)}$$

21

Un triangolo isoscele AVB è intersecato ad una altezza h dalla sua base da una retta passante per i punti D e C tale da formare un triangolo sormontato alla retta e un trapezio di area $448a^2\sqrt{3}$. Questo trapezio a sua volta e circoscritto da una circonferenza. Il punto di tangenza P della circonferenza con il lato maggiore "CB" del trapezio è $\dfrac{PB}{CP}=3$. Calcolare l'area delle tre figure piane triangolo DVC sormontato dalla retta DC, triangolo AVB e cerchio inscritto nel trapezio. $[56a\sqrt{3};\ 504\sqrt{3};\ 504\pi a^2]$

Dati: Area del trapezio inscritto $A = 448a^2\sqrt{3}$ e rapporto $\dfrac{PB}{CP}=3$

Risoluzione:

La lettura attenta della traccia ci impone la costruzione della seguente figura:

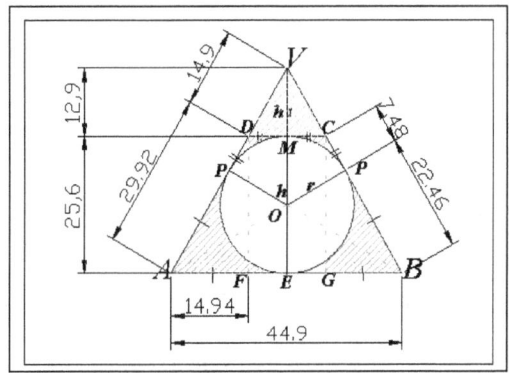

Dal teorema delle tangenti di un punto esterno alla circonferenza si rileva che i triangoli ODM; OCM hanno le relative basi uguali come risultano da due lineette contrassegnate. Anche i triangoli OPB e OEB sono uguali perché i lati PB = BE sono uguali, contrassegnati da una lineetta.

Poiché CP = CM affermiamo che *CD = 2 CP.*

poiché $\dfrac{PB}{CP}=3$ di conseguenza   **PB= 3CP** .

➤ Osservando la figura i triangoli COP e BOP sono uguali perché P = 90° (teorema delle tangenti) e lati in comune.

 Dalla similitudine dei triangoli impostiamo la seguente proporzione:

 CP : r = r : BP per cui sostituiamo il valore di BP   = 3CP e risolviamo,

  CP : r = r : 3CP ossia $r^2 = CP \bullet 3CP$ => $r = \sqrt{3CP^2}$ => $r = \sqrt{3}CP$ (raggio)

➤ Poiché l'altezza del trapezio è 2r (indichiamo l'altezza con h) si ha che $h = 2\sqrt{3}CP$
 (altezza trapezio)

➤ Calcoliamo la semi base BE del trapezio. Che BP = 3CP si ha che anche BE = 3CP per cui *BE = BP = 3CP (semi base del trapezio).*

- ➢ Calcoliamo la base AB del trapezio, si ha che AB = 2volte BE, quindi

  AB = 6CP (base del trapezio)

- ➢ Noto l'area del trapezio e tutti gli elementi in funzione di CP calcoliamo tale incognita

  sapendo che l'area del trapezio (A_t) è data dalla formula $A_t = \dfrac{(B+b)h}{2}$

  Noto l'area del trapezio si ha la seguente uguaglianza: $448a^2\sqrt{3} = \dfrac{(B+b)h}{2}$ =>

  Inserendo i valori noti si ha che

  $$448a^2\sqrt{3} = \frac{(6CP + 2CP) \bullet 2\sqrt{3}CP}{2} \Rightarrow 896a^2\sqrt{3} = 8CP \bullet 2\sqrt{3}CP \Rightarrow$$

  $$896a^2\sqrt{3} = 16\sqrt{3}CP^2 \Rightarrow CP^2 = \frac{896a^2\sqrt{3}}{16\sqrt{3}} \Rightarrow CP^2 = \frac{896a^2}{16} \quad CP = \sqrt{56a^2} \Rightarrow$$

  $$CP = \sqrt{2^2 \bullet 14a^2} \Rightarrow \boxed{CP = 2a\sqrt{14}} \quad CP = 7,4833 \text{ (segmento)}$$

- ➢ Calcoliamo la base maggiore del trapezio, si ha che

- ➢ $DC = 2 \bullet 2a\sqrt{14} \, DC \Rightarrow DC = 4a\sqrt{14} \Rightarrow$

  DC = 14,9666295 (base minore del trapezio)

- ➢ Calcoliamo la base maggiore del trapezio AB, si ha che AB = 2 BE ossia $AB = 6 \bullet 3CP$

  da cui $AB = 6 \bullet 2a\sqrt{14} \Rightarrow AB = 12a\sqrt{14} \Rightarrow$

  AB = 44,89988864 (base maggiore del trapezio).

  Calcoliamo il raggio della circonferenza, si ha che $r = \sqrt{3}CP$ da cui

  $r = \sqrt{3} \bullet 7,4833 \Rightarrow r = 12,9614558$ *(raggio della circonferenza)*

- ➢ Calcoliamo l'altezza h del trapezio, si ha che h = 2r => $h = 2 \bullet \sqrt{3}CP \Rightarrow$

  $h = 2\sqrt{3}CP$ e poiché $h = 2\sqrt{3} \bullet 2a\sqrt{14} \, CP \Rightarrow h = 4a\sqrt{3} \bullet \sqrt{14} \Rightarrow h = 4\sqrt{42} \Rightarrow$

  h = 25,9229 (altezza del trapezio)

- ➢ Calcoliamo il segmento AF = BG sulla base del trapezio, si ha che $AF = \dfrac{AB - DC}{2} \Rightarrow$

  $$AF = \frac{12a\sqrt{14} - 4a\sqrt{14}}{2} \Rightarrow AF = \frac{8a\sqrt{14}}{2} \Rightarrow AF = BG = 4a\sqrt{14} \Rightarrow AF = BG =$$

  14,9666 (segmento sulla base m.)

- ➢ Calcoliamo i lati del trapezio, si ha che AD = CB => $\sqrt{h^2 + AG} \Rightarrow$

  $$\sqrt{(4a\sqrt{3}\sqrt{14})^2 + (a\sqrt{14})^2} \Rightarrow = \sqrt{(16 \bullet 3 \bullet 14a^2) + (a^2\sqrt{14})} \Rightarrow \sqrt{896a^2} \Rightarrow \sqrt{8^2 \bullet 14a^2}$$

  => AD = CB => $8a\sqrt{14}$ => AD = CB = 29,933 (lati del trapezio)

- ➢ Calcoliamo la distanza dalla base minore al vertice V (chiameremo h_1) considerando la similitudine risulta che i triangoli AFD e DMV sono simili, ricaviamo la seguente proporzione:

AF : DF = DC/2 : h_1, si ha che $h_1 = \dfrac{DF \bullet \dfrac{DC}{2}}{AF}$ => $h_1 = \dfrac{DF \bullet DC}{2AF}$ => inseriamo

i valori, $h_1 = \dfrac{4a\sqrt{3} \bullet \sqrt{14} \bullet 4a\sqrt{14}}{2 \bullet 4\sqrt{14}}$ => $h_1 = 2a\sqrt{3} \bullet \sqrt{14}$ =>

$h_1 = 2a\sqrt{42}$ => $h_1 = 12{,}961481$ *(altezza triangolo sulla base minore)*

- Calcoliamo l'altezza del triangolo grande HV che chiameremo h_2, si ha che

  $h_2 = h + h1$ => $h_2 = 4a\sqrt{42} + 2a\sqrt{42}$ => $h_2 = 6a\sqrt{42}$ =>

  $h_2 = 6a\sqrt{42}$ => *h2 = 38,82* **(altezza triangolo)**

- Calcoliamo i lati del triangolo grande AV=VB, con il teorema di Pitagora, si ha che

  $VB = \sqrt{BE^2 + h2^2}$ => dove BE = 3 volte CP ossia $BE = 3 \bullet 2a\sqrt{14}$ si ha che

  $VB = \sqrt{(6a\sqrt{14})^2 + (6a\sqrt{3}\sqrt{14})^2}$ => $VB = \sqrt{36a14^2 + 36 \bullet 3 \bullet 14a^2}$ =>

  $VB = \sqrt{1512a^2 + 504a^2}$ => $VB = \sqrt{2016a^2}$ =>

  $VB = \sqrt{4^2 \bullet 2 \bullet 3 \bullet 7a^2}$ => $VB = 12a\sqrt{14}$ =>

  VB = 44,89988 **(lati del triangolo grande)**

- Calcoliamo il perimetro P del triangolo maggiore, si ha P = 2VB + AB =>

  $P = 2 \bullet 12a\sqrt{14} + 12a\sqrt{14}$ => $P = 36a\sqrt{14}$ =>

  P =134,70 (perimetro del triangolo)

- Calcoliamo le aree: del triangolo ABC (*A_1*) e del triangolo DVC sulla base minore del

  trapezio *(A_2*) si ha, che $A_1 = \dfrac{AB \bullet h2}{2}$ => $A_1 = \dfrac{12a\sqrt{14} \bullet 6a\sqrt{3}\sqrt{14}}{2}$ => $A_1 = \dfrac{72a^2 \bullet 14\sqrt{3}}{2}$

  => $A_1 = \dfrac{72a^2 \bullet 14\sqrt{3}}{2}$ =>

  $A_1 = 504\sqrt{3}a^2$ => 872,9536 a^2 **(area del triangolo grande AVB)**

  $A_2 = \dfrac{AB \bullet h1}{2}$ => $A_2 = \dfrac{4a\sqrt{14} \bullet 2a\sqrt{3}\sqrt{14}}{2}$ => $A_2 = \dfrac{8 \bullet 14a^2\sqrt{3}}{2}$ =>

  $A_2 = 56a^2\sqrt{3}$ **(area del triangolo DVC sormontato dalla base minore)**

- Calcoliamo l'area del cerchio che indicheremo con *(A_3)*, si ha $A_3 = \pi r^2$ => $A_3 = \pi(\dfrac{AB}{2})^2$

  => $A_3 = \pi(\dfrac{12a\sqrt{14}}{2})^2$ => $A_3 = \pi(6a\sqrt{14})^2$ => $A_3 = \pi \bullet 36 \bullet 14a^2$ =>

  $A_3 = 504\pi a^2$ **(area del cerchio inscritto nel trapezio)**.

22 Un trapezio rettangolo la le seguenti misure: l'altezza AD $a\sqrt{6}$; la base minore

DC = $a\sqrt{3}$; la base maggiore AB = $4\sqrt{3}$. Inoltre una retta di dimensioni uguale al lato obliquo del trapezio congiunge il punto A ed interseca il lato obliquo e il prolungamento della base minore del trapezio nei rispettivi punti P e Q. Il punto P genera un triangolo isoscele con la base AB del trapezio.
Determinare l'area del triangolo e l'area del trapezio.

$$[\, A_{1t} = \frac{15}{2}a^2\sqrt{2}\,; \quad A_1 = \frac{a^2\sqrt{18}}{3}\,; \quad A_1 = 4a^2\sqrt{2}\,]$$

Dati: AD = $a\sqrt{6}$;   DC = $a\sqrt{3}$;   AB = $4a\sqrt{3}$;

Risoluzione:

Costruiamo approssimativamente la figura ed evidenziamo il triangolo isoscele con la sua altezza h_1 e i punti di intersezione P e Q. Notiamo che CB = AQ come dalla traccia assegnata

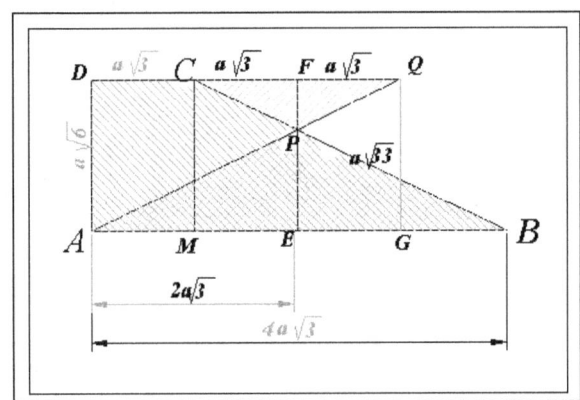

➤ Se consideriamo il triangolo MCB, dal teorema di Pitagora calcoliamo la sua ipotenusa $CB = \sqrt{BM^2 - CM^2}$. Considerando i valori noti consideriamo che essi sono equivalenti a: $BM = AB - DC$ e che $CM = AD = a\sqrt{6}$ sostituendoli nella formula abbiamo $BC = \sqrt{(AB - DC)^2 + AD^2}$ sostituiamo i valori noti $BC = \sqrt{(4\sqrt{3} - a\sqrt{3})^2 + (a\sqrt{6})^2}$ =>
$BC = \sqrt{(3a\sqrt{3})^2 + (a\sqrt{6})^2}$ => $BC = \sqrt{27a^2 + 6a^2}$ => $BC = \sqrt{33a^2}$ =>

$BC = a\sqrt{33}$ (lato obliquo del trapezio)

Poiché **AQ = BC** si confermi che

$AQ = a\sqrt{33}$ (lato obliquo del triangolo ADQ)

Calcoliamo la semi base maggiore del trapezio, si ha che BE = AB/2 ossia

$BE = \dfrac{4a\sqrt{3}}{2}$ => $BE = 2a\sqrt{3}$ *(semi base maggiore del trapezio o triangolo))*

BE = AE perché il triangolo è equilatero, come dalla specifica della traccia,

quindi $AE = 2a\sqrt{3}$ *(semi base maggiore del trapezio o triangolo)*

Calcoliamo la semi base del triangolo isoscele CPQ che è uguale a EM, si ha che

$EM = AE - DC$ => $EM = 2a\sqrt{3} - a\sqrt{3}$ =>

$EM = a\sqrt{3}$ (segmento)

$CF = a\sqrt{3}$ (semi base del triangolo isoscele CPQ)

Calcoliamo il segmento BM, si ha che $BM = BE + CF$ =>

$BM = 2a\sqrt{3} + a\sqrt{3}$ => $BM = 3a\sqrt{3}$ *(segmento).*

Se consideriamo il triangolo BCM esso contiene in un altro triangolo BEP la cui altezza può essere calcolata dalla similitudine dei due triangoli perché sono simili in quanto hanno i lati in comune per cui poniamo la seguente proporzione:

$CM : BM = EP : BE$ inseriamo i valori noti si ha che

$a\sqrt{6} : 3a\sqrt{3} = EP : 2a\sqrt{3}$ => $EP = \dfrac{a\sqrt{6} \bullet 2a\sqrt{3}}{3a\sqrt{3}}$ =>

$EP = \dfrac{2a\sqrt{6}}{3}$ *(altezza del triangolo isoscele ABP)*

Calcoliamo l'altezza del triangolo isoscele CPQ colorato in verde), si ha che

$FP = AD - EP$ => $FP = a\sqrt{6} - \dfrac{2a\sqrt{6}}{3}$ => $3FP = 3a\sqrt{6} - 2a\sqrt{6})$ =>

$3FP = a\sqrt{6}$ => $FP = \dfrac{a\sqrt{6}}{3}$ *(altezza del triangolo piccolo colorato in verde)*

> Calcoliamo le aree delle figure piane indicando $FP = h_1$ *altezza del triangolo isoscele piccolo CPQ; $EP = h_2$ altezza triangolo isoscele grande ABP; h3 = altezza del trapezio.*

$A_1 = \dfrac{CQ \bullet h_1}{2}$ => $A_1 = \dfrac{2 \bullet CF \bullet h_1}{2}$ => $A_1 = \dfrac{2 \bullet a\sqrt{3} \bullet \dfrac{a\sqrt{6}}{3}}{2}$ => $A_1 = \dfrac{\dfrac{2a^2\sqrt{18}}{3}}{2}$ =>

$A_1 = \dfrac{2}{3}a^2\sqrt{18} \bullet \dfrac{1}{2}$ => $A_1 = \dfrac{1}{3}a^2\sqrt{18}$ *(area del triangolo piccolo colore verde)*

$A_2 = \dfrac{AB \bullet h_2}{2}$ => $A_2 = \dfrac{4a\sqrt{3} \bullet \dfrac{2}{3}a\sqrt{6}}{2}$ => $A_2 = \dfrac{\dfrac{8}{3}a^2\sqrt{18}}{2}$ => $A_2 = \dfrac{8}{3}a^2\sqrt{18} \bullet \dfrac{1}{2}$ =>

$A_2 = \dfrac{4}{3}a^2\sqrt{18}$ => $A_2 = \dfrac{4}{3}a^2\sqrt{2 \bullet 3^2}$ => $A_2 = \dfrac{4}{3} \bullet 3a^2\sqrt{2}$

$A_2 = 4a^2\sqrt{2}$ => (area del triangolo isoscele APB) risultato esatto)

$$A_3 = \frac{(AB + DC) \bullet h_3}{2} \implies A_3 = \frac{(4a\sqrt{3} + a\sqrt{3}) \bullet a\sqrt{6}}{2} \implies A_3 = \frac{(5a\sqrt{3}) \bullet a\sqrt{6}}{2} \implies$$

$$A_3 = \frac{5}{2}a^2\sqrt{18} \implies A_3 = \frac{5}{2}a^2\sqrt{2 \bullet 3^2} \implies A_3 = \frac{5}{2} \bullet 3a^2\sqrt{2}$$

$$A_3 = \frac{15}{2}a^2\sqrt{2} \quad \text{(area del trapezio)}$$

Per calcolare l'area del poligono ADCPA che chiameremo A_4 si fa la differenza dell'area del trapezio con quella del triangolo isoscele, si ha che

$$A_4 = A_3 - A_2 \implies A_4 = \frac{15}{2}a^2\sqrt{2} - 4a^2\sqrt{2} \implies A_4 = \frac{15a^2\sqrt{2} - 8a^2\sqrt{2}}{2}$$

$$A_4 = \frac{7a^2\sqrt{2}}{2} \implies \text{(area del poligono ADCPA) risultato esatto}$$

Per calcolare l'area dell'intera figura che chiameremo A_{totale} si farà la somma di tutte le aree, si ha che $A_{totale} = A_1 + A_3 \implies A_{totale} = \frac{a^2\sqrt{18}}{3} + \frac{15}{2}a^2\sqrt{2} \implies A_{totale} = \frac{2a^2\sqrt{18} + 45a^2\sqrt{2}}{6} \implies$

$$A_{totale} = \frac{47a^2\sqrt{18} + a^2\sqrt{2}}{6} \quad \text{(area totale)}$$

23.
Un esagono regolare ha il perimetro di 36 cm. Quanto misura il raggio della circonferenza circoscritta? Quanto misura il raggio della circonferenza iscritta e l'area?

$[R = 6cm;.....A = .93,6;.......(r = 3\sqrt{3})cm,]$

Dati : esagono regolare 2p = 36 cm.

Risultato:

Noto il perimetro dell'esagono si ha che il lato è dato da P/6 dove P è il perimetro. Si ha che $l = \dfrac{P}{6} => l = \dfrac{36}{6} => l = 6$ *(lato dell'esagono)*

Teorema: un esagono regolare circoscritto da un cerchio ha sempre il lato è uguale al suo raggio R della circonferenza circoscritta.

R = l, per cui

R = 6 cm. (raggio della circonferenza circoscritta).

Considerando che il diametro della circonferenza circoscritta è *2R* si ha che $d = 2 \bullet 6 =>$ *d =12 cm. (diametro della circonferenza circoscritta)* vedi figura.

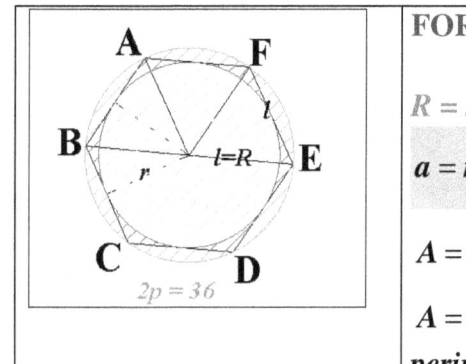

FORMULE APPLICATE

R = l (solo per l'esagono)

$a = r = \dfrac{l}{2}\sqrt{3}$ *(solo per l'esagono)*

$A = \dfrac{P \bullet a}{2}$ *oppure*

$A = r \bullet p$ *(dove p = semi perimetro)*

Poiché l'esagono circoscritto è scomponibile in sei triangoli equilateri, noto il lato possiamo calcolare l'altezza.

Si osservi che l'altezza è anche l'apotema "a" dell'esagono, quindi calcoliamo che

$h = \sqrt{l^2 - (\dfrac{l}{2})^2} => h = \sqrt{6^2 - (\dfrac{6}{2})^2} => h = \sqrt{36 - \dfrac{36}{4}} => h = \sqrt{3^3} =>$

$h = 3\sqrt{3}$ *(altezza del triangolino dell'esagono)*

$a = 3\sqrt{3}$ *(apotema dell'esagono circoscritto)*

Si noti che il numero $3 = \dfrac{l}{2}$, quindi la formula dell'altezza diventa $h = \dfrac{l}{2}\sqrt{3}$ cioè la

nota formula riportata ai casi dei triangoli equilateri.

Teorema: Possiamo affermare che in un esagono regolare il raggio della circonferenza inscritta è dato dalla nota formula dell'altezza del triangolo equilatero $h = \dfrac{l}{2}\sqrt{3}$

La circonferenza inscritta nell'esagono è tangente alla mezzeria del lato dell'esagono e il suo raggio è esattamente l'apotema dell'esagono, per cui abbiamo che

$$a = r = \frac{l}{2}\sqrt{3} \Rightarrow r = \frac{6}{2}\sqrt{3} \Rightarrow r = 3\sqrt{3}$$

r = 5,2 cm. (apotema dell'esagono o raggio della circonferenza inscritta)

Calcoliamo l'area dell'esagono, si ha che $A = \dfrac{P \bullet a}{2} \Rightarrow A = \dfrac{36 \bullet 5,2}{2} \Rightarrow A = 93,6$ *(area)*

24.

Un rettangolo ABCD ha le due dimensioni di 8 cm e 6 cm. Quanto misura il raggio della circonferenza circoscritta al rettangolo? $[\boldsymbol{r = 5cm}]$

Dati : base = 8 cm.; altezza = 6 cm.
Risultato:

Calcoliamo la diagonale del rettangolo con il teorema di Pitagora (vedi figura), si ha che

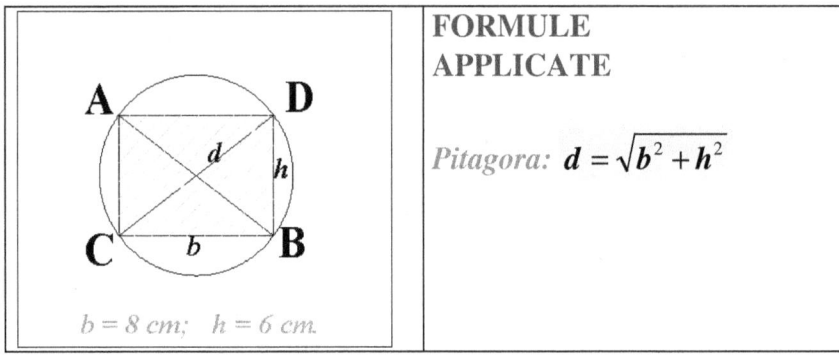

FORMULE APPLICATE

Pitagora: $\boldsymbol{d = \sqrt{b^2 + h^2}}$

b = 8 cm; h = 6 cm.

$$\boldsymbol{d = \sqrt{b^2 + h^2}} \Rightarrow \boldsymbol{d = \sqrt{8^2 + 6^2}} \Rightarrow \boldsymbol{d = \sqrt{64 + 36}} \Rightarrow \boldsymbol{d = \sqrt{100}} \Rightarrow$$

d = 10 cm. (diagonale del rettangolo).

Si può affermare che il raggio della circonferenza circoscritta è 1/2 della diagonale del rettangolo, per cui si ha che R = 10/2 ossia

R = 5 cm. (raggio della circonferenza circoscritta al rettangolo).

25.

Un pentagono regolare ha il perimetro di 36 cm e un'area di 61,92 cm2.

Quanto misura il raggio della circonferenza inscritta?

$[r = 3,44cm....l = 7,2cm]$

Dati : 2p = 36 cmq. A = 61,92 cm.

Risultato:

Noto il perimetro del pentagono si ha che il lato è dato da P/5 dove P è il perimetro. Si ha

che $l = \dfrac{36}{5} => 7,2\ cm$ *(lato del pentagono)* **vedi figura**

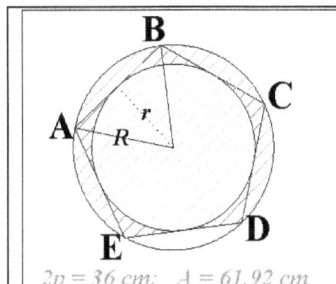

B **C** **D** **E** **A** r R *2p = 36 cm; A = 61,92 cm*	**FORMULE APPLICATE** *Pitagora:* $d = \sqrt{b^2 + h^2}$ $r = a = \dfrac{A}{p}$ **(apotema del trapezio; p = P/2)**

Noto il perimetro si calcoli il semi perimetro, $p = \dfrac{P}{2}$ **ossia** *36/2 = 18 cm (semi*

perimetro)

Noto l'area e il semi perimetro possiamo calcolare l'apotema dell'esagono, si ha che

$r = a = \dfrac{A}{p} => r = a = \dfrac{61,92}{18} => a = 3,44$ *(apotema per pentagono)*

Possiamo affermare che in un pentagono regolare l'apotema è uguale al raggio "r"
inscritto, quindi *r = a = 3,44 cm. (raggio o apotema della circonferenza inscritta al*
pentagono).

26. Un trapezio rettangolo è circoscritto ad una circonferenza di raggio 6 cm.

Sapendo che il lato obliquo del trapezio rettangolo misura 18 cm, calcolatene il perimetro e l'area. $[P = 60cm....A = 180cm^2]$

Dati : circonferenza circoscritta al trapezio r = 6 cm; lato obliquo $l = 18$ cm.

Risultato:

Possiamo affermare che l'altezza del trapezio è il doppio del raggio "r" inscritto nel trapezio, quindi $h = 2r$ (Vedi figura.)

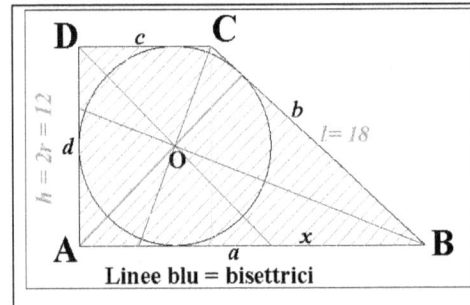

FORMULE APPLICATE

(a + c) = (d + b)=>condizione di circoscrittibilità

Pitagora: $d = \sqrt{b^2 + h^2}$

$x = \sqrt{b^2 - h^2}$

$a = \dfrac{A}{p}$ (apotema del trapezio; p = /2)

L'altezza del trapezio è $h = 2 \bullet r$ => $h = 2 \bullet 6$ => ossia
$h = 12$ *(altezza del trapezio)*

Teorema: Poiché è noto che un quadrilatero (nel nostro caso il trapezio) può circoscrive una circonferenza solo e solo se soddisfa la condizione che i lati opposti siano uguali, si ha quindi che (d + b) = (a+c) ossia semi perimetro "p", quindi avremo che p = 12 + 18 => $p = 30$ *(semi perimetro)*
Il perimetro è P = 2p => P = 2(a+b) => $P = 2 \bullet 30$ =>
$P = 60$ cm *(perimetro del trapezio)*
Calcoliamo la proiezione del lato obliquo BC che chiameremo *"x"*, si ha che

$x = \sqrt{b^2 - h^2}$ => $x = \sqrt{18^2 - 12^2}$ => $x = \sqrt{324 - 144}$ =>

$x = \sqrt{180}$ => $x = 13,42$ cm. *(segmento sulla base maggiore del trapezio)*
Calcoliamo la base minore *"c"*, si ha che $c = 30 - AB$ dove (**AB = c + x**) abbiamo che
$c = 30 - c - 13,42$ => $2c = 30 - 13,42$ => $2c = 16,58$ da cui
$c = 8,29$ *(base minore del trapezio)*
Calcoliamo *"a"*, si ha che $a = 30 - 28,29$ =>
$a = 21,71$ cm. *(base maggiore del trapezio)*

Calcoliamo l'area del trapezio, si ha che $A = \dfrac{(a+c)}{2} \bullet h$ => $A = \dfrac{(21,71 + 8,29)}{2} \bullet 12$ =>

$A = 180$ cm² *(area del trapezio).*

27.

Un trapezio rettangolo è circoscritto ad una circonferenza di raggio 1 cm.

Sapendo che il lato obliquo del trapezio rettangolo misura 2,6 cm, calcolatene il perimetro e l'area.
$$[P = 9,2 cm .... A = 4,6 cm^2]$$

Dati : circonferenza circoscritta al trapezio $r = 1\ cm$; **lato obliquo** $l = 2,6\ cm$.

Risultato:

Possiamo affermare che l'altezza del trapezio è il doppio del raggio "r" il quale trapezio circoscrive, quindi se h = 2r **Vedi figura.**

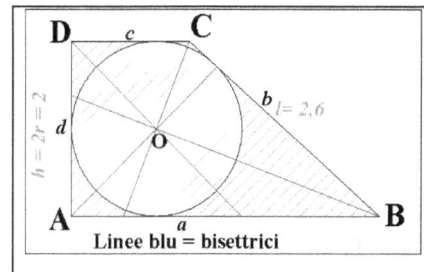

D — c — C
b / l = 2,6
h = 2r = 2
d
O
A
a
Linee blu = bisettrici
B

FORMULE APPLICATE

Pitagora: $d = \sqrt{b^2 + h^2}$

$x = \sqrt{b^2 - h^2}$

$a = \dfrac{A}{p}$ **(apotema del trapezio; p = P/2)**

Teorema: Poiché è noto che un quadrilatero (nel nostro caso il trapezio) può circoscrive una circonferenza solo e solo se soddisfa la condizione che i lati opposti siano uguali, si ha quindi che (d + b) = (a+c) ossia semi perimetro "p", quindi avremo che p = 2 + 2,6 => *p = 4,6 (semi perimetro)*

Il perimetro è P = 2p => P = 2(a+b) => P = 2 • 4,6 =>

P = 9,2 cm (perimetro del trapezio)

Calcoliamo la proiezione del lato obliquo BC che chiameremo "x", si ha che

$$x = \sqrt{b^2 - h^2} \Rightarrow x = \sqrt{2,6^2 - 2^2} \Rightarrow x = \sqrt{6,76 - 4} \Rightarrow x = \sqrt{2,76} \Rightarrow$$

x = 1,66 cm. (segmento sulla base maggiore del trapezio)

Calcoliamo la base minore "c", si ha che c = 4,6 − AB dove (**AB = c + x**) abbiamo che

c = 4,6 − c − 1,66 => 2c = 4,6 − 1,66 => 2c = 2,94 da cui

c = 1,47 (base minore del trapezio)

Calcoliamo "a", si ha che a = c + x => a = 1,47 + 1,66

a = 3,13 cm. (base maggiore del trapezio)

Calcoliamo l'area del trapezio, si ha che $A = \dfrac{(a+c)}{2} \bullet h \Rightarrow A = \dfrac{(3,13 + 1,66)}{2} \bullet 2 \Rightarrow$

A = 4,79 cm² (area del trapezio).

28.

Un quadrilatero ha tre dei suoi lati che misurano rispettivamente 50 cm, 44 cm e 30 cm. Quanto deve misurare il quarto lato perché il poligono sia circoscrivibile ad una circonferenza?   [$d = 36cm$.]

Dati : quadrilatero 50 cm.; 44 cm.; 30 cm.
Risultato:

Poiché è noto che un quadrilatero può circoscrive una circonferenza solo e solo se soddisfa la condizione che i lati opposti siano uguali. **Vedi figura**

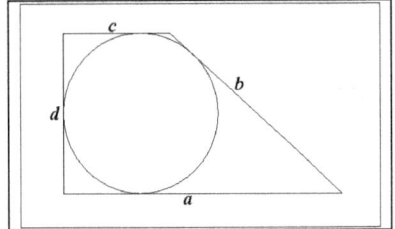

Se denominiamo i lati del quadrilatero con le lettere ordinate a = 50; b = 44; c = 30 si ha la condizione che (a+c) = (b+d) => 50 + 30 = 44 + d da cui ricaviamo che d = 50 + 30 - 44 => d = 80 - 44 =>
d = 36 cm. (lato del quadrilatero cercato)

29.

Un rombo, con le diagonali di 144 cm e 60 cm ha una circonferenza inscritta. Calcolate il raggio della circonferenza inscritta.

$$[r = 27,69cm...A = 4320cm^2]$$

Dati : quadrilatero d1 = 144 cm.; d2 = 60 cm.
Risultato:

Per calcolare il lato del rombo si applichi il teorema di Pitagora, si ha che

$$l = \sqrt{(\frac{d1}{2})^2 + (\frac{d2}{2})^2} => l = \sqrt{(\frac{144}{2})^2 + (\frac{60}{2})^2} => l = \sqrt{(72)^2 + (30)^2} => l = \sqrt{5184 + 900}$$

$$=> l = \sqrt{6084} =>$$

l = 78 cm. (lato del rombo)   Vedi figura

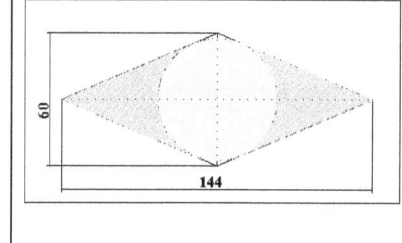

FORMULE APPLICATE

Pitagora: $l = \sqrt{di^2 + d2^2}$

$A = \dfrac{(d1 \bullet d2)}{2}$

$r = \dfrac{A}{p}$ **(dove p = semi perimetro)**

Calcoliamo l'area del rombo, si ha che $A = \dfrac{(d1 \bullet d2)}{2} => A = \dfrac{(144 \bullet 60)}{2} =>$

$$A = 72 \bullet 60 =>$$

A = 4320 cm² (area del rombo)

Calcoliamo il perimetro del rombo, si ha che P = l x 4 => P = 78 x 4 =>
p = 312 cm (perimetro)

Calcoliamo il raggio inscritto nel rombo, si ha che $r = \dfrac{A}{p} => r = \dfrac{4320}{156} =>$

r = 27,69 cm (raggio inscritto nel rombo

30.

In una circonferenza di diametro 34 cm è inserito un trapezio isoscele con la base maggiore coincidente con il diametro del cerchio e con la base minore di 16 cm. Calcolate l'area e il perimetro del trapezio. [$P = 84,98 cm.... A = 375 cm^2$.]

Dati : diametro circonferenza = 34 cm.;   b2= 16 cm.

Risultato:

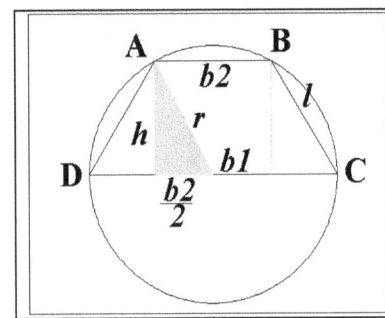

FORMULE APPLICATE
Pitagora: $h = \sqrt{r^2 - (\frac{b2}{2})^2}$
Pitagora: $l = \sqrt{h^2 + (\frac{b1 - b2}{2})^2}$

Il raggio della circonferenza è d/2 ossia r = 34/2 => *r = 17 cm. (raggio della circonferenza)*

Calcoliamo l'altezza del trapezio con Pitagora, si ha che $h = \sqrt{r^2 - (\frac{b2}{2})^2}$ =>

$h = \sqrt{17^2 - (\frac{16}{2})^2}$ =>

$h = \sqrt{289 - 64}$ => $h = \sqrt{289 - 64}$ => $h = \sqrt{225}$ =>

h = 15 cm (altezza del trapezio) (vedi figura)

Poiché d = b$_1$ calcoliamo l'area del trapezio, si ha che $A = \frac{(b1 + b2)}{2} \bullet h$ =>

$A = \frac{(34 + 16)}{2} \bullet 15$;

A = 375 cm² (area del trapezio).

Calcoliamo il lato del trapezio con Pitagora, si ha $l = \sqrt{h^2 + (\frac{b_1 - b_2}{2})^2}$ =>

$l = \sqrt{15^2 + (\frac{34 - 16}{2})^2}$ => $l = \sqrt{225 + 81}$ => $l = \sqrt{306}$ =

l = 17,49 (lato del trapezio)

Calcoliamo il perimetro del trapezio, si ha che $P = b_1 + b_2 + (2 \bullet l)$

=> $P = 34 + 16 + (2 \bullet 17,49)$ => $P = 5034,98$ =>

P = 84,98 cm (perimetro del trapezio)

31.

In un trapezio isoscele circoscritto ad una circonferenza, il lato obliquo misura cm. 39 e le due basi sono una i 9/4 dell'altra. Calcolare la misura delle basi, il perimetro e il raggio inscritto e l'area.   **[r = cm.18; P = cm. 153; basi = cm. 24 e 54]**

Dati : lato obliquo cm. 39; base 9/4 dell'altra

Risultato:

Poniamo la lettera x alla base minore DC = x di conseguenza abbiamo che $NC = \frac{1}{2}x$ (vedi figura).

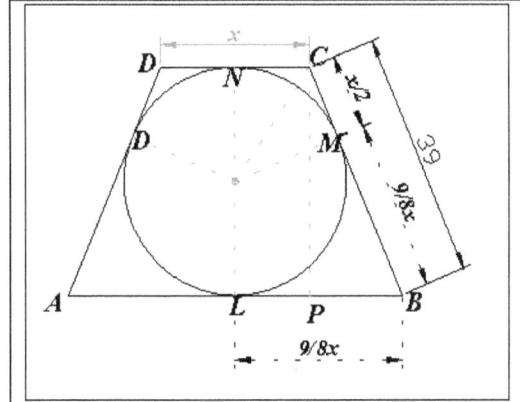

I triangoli **ONC** e **OMC** sono triangoli congruenti perché segmenti tangenti alla circonferenza, quindi $CM = CN = \frac{1}{2}x$, analogamente per i triangoli **OLB** e **OMB** sono triangoli congruenti.

Se $x = \frac{4}{9}AB$ allora $9x = 4 \bullet AB$ da cui $AB = \frac{9x}{4}$.

Calcoliamo MB = LB che corrisponde a metà di AB, quindi si ha che $MB = LB = \frac{AB}{2}$

Inseriamo i valori si ha $MB = LB = \frac{\frac{9}{4}x}{2}$ => $MB = LB = \frac{9}{8}x$

Poiché il lato è la somma di $l = \frac{x}{2} + MB$ si ha l'uguaglianza seguente: $l = \frac{x}{2} + \frac{9}{8}x$ =>

$8l = 4x + 9x$ => $8l = 13x$ => $l = \frac{13x}{8}$ inseriamo il valore di l si ha $39 = \frac{13x}{8}$ =>

$312 = 13x$ => $x = \frac{312}{13}$ => $x = cm. 24$ *(base minore del trapezio)*

Calcoliamo:

$AB = \frac{9}{4}x$ => $AB = \frac{9}{4} \bullet 24$ => $AB = cm. 54$ *(base maggiore del trapezio)*

Calcoliamo il segmento EB, si ha $EB = \frac{AB - DC}{2}$ => $EB = \frac{54 - 24}{2}$ =>

$EB = cm.15$ (segmento)

Dal teorema di Pitagora calcoliamo l'altezza del trapezio, si ha che

$CE = \sqrt{l^2 - EB^2}$ ossia $CE = \sqrt{39^2 - 15^2}$ => $CE = \sqrt{1521 - 225}$ => $CE = \sqrt{1296}$ => $CE = h$ = cm. 36 *(altezza del triangolo)*

Poiché l'altezza del triangolo è 2r si ha che $r = \dfrac{h}{2}$ => $r = \dfrac{36}{2}$ => $r = 18$ *(raggio)*

Calcoliamo il perimetro, si ha che $P = h + x + AB + l$ => $P = 36 + 24 + 54 + 39$ => $P = cm. 153$ *(perimetro del trapezio)*

Calcoliamo l'area, si ha che $A = \dfrac{x + AB}{2} h$ => $A = \dfrac{24 + 54}{2} \bullet 18$ => $A = 78 \bullet 9$ => $A = 702$ *cmq. (area del trapezio).*

32.

Un esagono regolare ha il perimetro di 36,6 cm. Quanto misura il raggio della circonferenza circoscritta? Quanto misura il raggio della circonferenza iscritta?
$[r = 6,1cm.....R = cm..5,28cm]$

Dati : perimetro P = 36,6
Risultato:

Calcoliamo il lato dell'esagono, noto il perimetro, si ha che $l = \dfrac{P}{6}$ => $l = \dfrac{36,6}{6}$;

$l = 36,6/6$ => $l = 6,1$ cm *(lato dell'esagono)*
Il diametro della circonferenza circoscritta è uguale a *2 l* oppure 2R per cui $d = 2 \bullet l$ => $d = 2 \bullet 6,1$

$d = 12,2$ cm *(diametro della circonferenza circoscritta nell'esagono)*

Calcoliamo il raggio "r" della circonferenza inscritta nell'esagono, si ha $r = \dfrac{l\sqrt{3}}{2}$ =>

$r = \dfrac{6,1 \bullet \sqrt{3}}{2}$ => $r = \dfrac{6,1 \bullet \sqrt{3}}{2}$ =>

$r = 5,28$ cm *(raggio della circonferenza inscritta nell'esagono)*

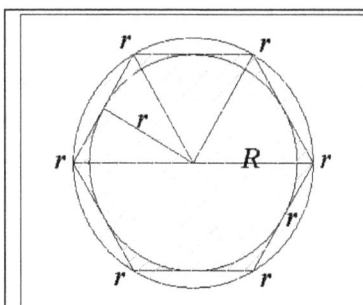

| **FORMULE APPLICATE** |
| *Pitagora:* $l = \sqrt{di^2 + d2^2}$ |
| $A = \dfrac{(d1 \bullet d2)}{2}$ |
| $r = \dfrac{A}{p}$ (dove p = semi perimetro) |

33.
Un rettangolo ha il perimetro 28 cm e una dimensione è i 3/4 dell'altra.

Quanto misura il diametro della circonferenza circoscritta al rettangolo?   [$d = 10cm$.]

Dati : perimetro = 28 cm.; l = 3/4 dell'altro
Risultato:

Noto un lato 3/4 dell'altro si deduce subito che l'altro lato è 4/4 per cui la somma dei due

lati è $b + h = \dfrac{3}{4} + \dfrac{4}{4}$ => $b+h=\dfrac{7}{4}$ *(somma corrispondente al semi perimetro del rettang.)*

vedi figura

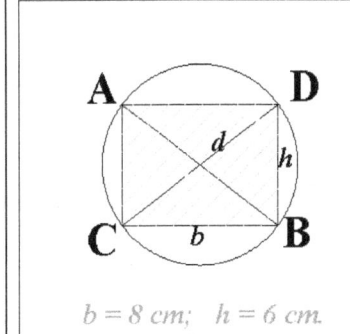

b = 8 cm; h = 6 cm.

FORMULE APPLICATE
Pitagora: $d = \sqrt{h^2 + b^2}$
$b+h=\dfrac{7}{4}$ (quota frazionaria)
$h = \dfrac{14}{7} \bullet 3$ **(altezza)**
$b = \dfrac{14}{7} \bullet 4$ **(base)**

Poiché il semi perimetro è 28/2 ossia *p = 14 cm*. Si deduce che
14 cm. = (b + h) = 7/4.
Dividiamo il semi perimetro 14 per 7 parti e prendiamone 3 parti e 4 parti, si ha che:

$h = \dfrac{14}{7} \bullet 3$ => $h = \dfrac{42}{7}$ => *h = 6 cm (altezza del rettangolo)*

$b = \dfrac{14}{7} \bullet 4$ => $b = \dfrac{56}{7}$ => *h = 8 cm (base del rettangolo)*

Calcoliamo il diametro della circonferenza, ossia la diagonale del rettangolo, con

Pitagora, si ha che $d = \sqrt{h^2 + b^2}$ => $d = \sqrt{6^2 + 8^2}$ => $d = \sqrt{36 + 64}$ => $d = \sqrt{100}$ =>
d = 10 cm (diametro del cerchio circoscritto al rettangolo)

34
In un trapezio rettangolo circoscritto ad un cerchio di raggio m. 24 il lato obliquo

è diviso dal punto di tangenza in due parti il cui rapporto è 16/9. Calcolare il perimetro e
l'area del trapezio.   [196: 2352]

Dati: r = 24;   divisione del lato obliquo che chiameremo $\dfrac{CP}{PB} = \dfrac{16}{9}$

Risoluzione:

Dalla lettura attenta del disegno si nota che il lato CB è tangente alla circonferenza per cui congiungendo i punti OC ed OB si ottengono angoli uguali dovuti al teorema delle tangenti

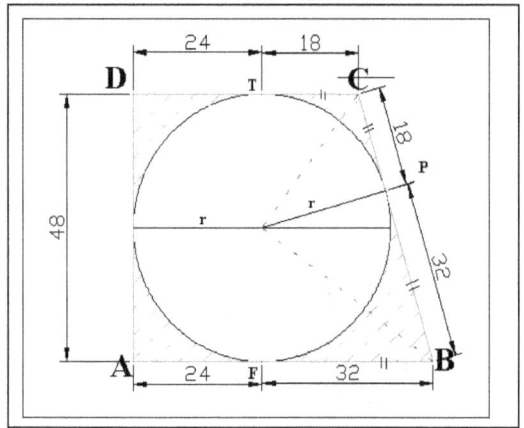

- ➤ **Teorema:** dal teorema delle tangenti si ottiene la seguente proporzione:

  $CP : OP = OP : PB$. Poiché OP è il raggio uguale a 24 mettiamo tutto in funzione di CP

  calcolando CB dal rapporto CP e PB che ci fornisce $PB = \dfrac{9PC}{16}$, inserendo i valori nella

  proporzione si ha $CP : 24 = 24 : \dfrac{9CP}{16}$ => $24^2 = CP \dfrac{9CP}{16}$ => $16 \bullet 24^2 = 9CP^2$ =>

  $CP^2 = \dfrac{16 \bullet 24^2}{9}$ => $CP^2 = 1024$ => $CP = \sqrt{1024}$ => CP = m. 32

- ➤ Poiché $PB = \dfrac{9PC}{16}$ sostituiamo il valore CP, si ha $PB = \dfrac{9 \bullet 32}{16}$ => PB = m. 18

- ➤ Calcoliamo i lati del trapezio:

  AF = r => AF = m. 24 (metà lato minore del trapezio)

  AD = 2r => AD = m. 48 (altezza del trapezio)

  DC = DT + TC => 24 + 18 => DC = m. 42 (base minore del trapezio)

  AB = AF + FB => AB = 24 + 32 => AB = 56 (base maggiore del trapezio)

  CB = CP + PB => CB = 32+ 18 => CB = m. 50 (lato obliquo del trapezio)

- ➤ Calcoliamo il perimetro del trapezio. P = AD +DC +CB +BA => P = 48 +42 + 50 + 56
  => P = cm. 196 (perimetro del quadrilatero)

- ➤ Calcoliamo l'area del trapezio. $A = \dfrac{(AB + DC) \bullet AD}{2}$ => $A = \dfrac{(56 + 42) \bullet 48}{2}$ =>

  A = cmq. 2352 (area del quadrilatero)

35

Determinare le misure dei lati di un trapezio isoscele di perimetro $P = m.\ 200$ circoscritto a un cerchio di raggio $r = m.\ 20$

Dati: $P = m.\ 200$; $r = m.\ 20$

Risoluzione:

La risoluzione dei problemi del genere verte nella risoluzione di un sistema con una o due incognite composto da due equazioni delle quali una sarà una somma e l'altra un prodotto, quindi cerchiamo le equazioni specificate.

Nella relazione trap.2 abbiamo affermato che il semi perimetro è il doppio del lato obliquo

$p = 2l$ ed a sua volta *dalla relazione trap.1* il lato è 2 volte la somma delle basi $l = (\dfrac{b+b'}{2})$,

per cui inseriamo la relazione 1 nella 2, si ha che $p = 2 \bullet (\dfrac{b}{2} + \dfrac{b'}{2}) =>$

$p = (b + b')$ *(prima equazione cercata)*

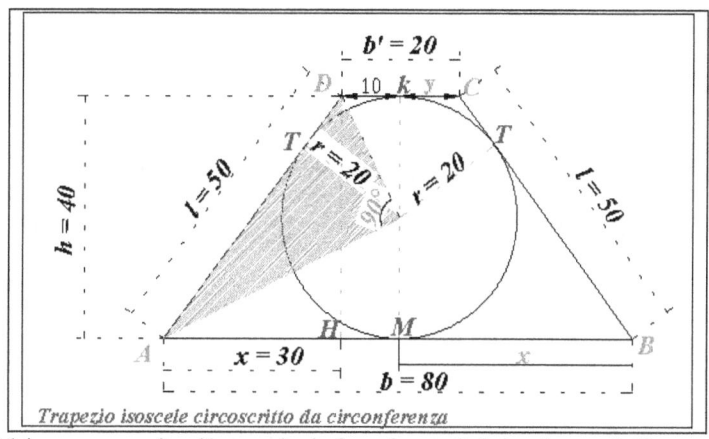

Trapezio isoscele circoscritto da circonferenza

Nella relazione 4 abbiamo asserito il raggio è funzione del prodotto delle e che corrisponde a

$b \bullet b' = 4r^2$ *(seconda relazione cercata)*

Il perimetro è noto; il raggio è noto, quindi risolvere il sistema calcolando una delle due incognite la base maggiore o la base minore.

Detto ciò il sistema da impostare ha due equazioni sopra ricavate.

$$\begin{cases} b + b' = \dfrac{P}{2} \\ b \bullet b' = 4r^2 \end{cases} \text{dalla}$$

Dalla seconda equazione del sistema si ha che $b = \dfrac{4r^2}{b'}$ che portata nella prima equazione si ha

$\dfrac{4r^2}{b'} + b' = \dfrac{P}{2} => 8r^2 + 2b' \bullet b' = b'P => 8r^2 + 2b'^2 - b'P = 0 => 2b'^2 - b'P + 8r^2 = 0 =>$

equazione di secondo grado che si risolve in $\dfrac{-b \pm \sqrt{b^2 - 4ac}}{2a} => b'_{1,2} = \dfrac{P \pm \sqrt{P^2 - 4 \bullet 2 \bullet 8 \bullet r^2}}{2 \bullet 2}$

=>

$$b'_{1/2} = \frac{P \pm \sqrt{P^2 - 64r^2}}{4}$$ formula valida per tutti i casi in cui è noto: perimetro e raggio

Giunti all'equazione risolutiva di secondo grado inseriamo il raggio m. 20 e il perimetro m.200 per calcolare la base minore del trapezio isoscele, si ha

$$b'_{1,2} = \frac{200 \pm \sqrt{200^2 - 64 \bullet 20^2}}{4} \Rightarrow b'_{1,2} = \frac{200 \pm \sqrt{40000 - 25600}}{4} \Rightarrow b'_{1,2} = \frac{200 \pm \sqrt{14400}}{4} \Rightarrow$$

$$b'_{1,2} = \frac{200 \pm 120}{4} \Rightarrow \begin{cases} b'_1 = \dfrac{200 + 120}{4} \\ b'_2 = \dfrac{200 - 120}{4} \end{cases} \Rightarrow \begin{cases} b'_1 = m.80 \\ b'_2 = m.20 \end{cases} \text{(basi del trapezio isoscele)}$$

Poiché il sistema è simmetrico le soluzioni sono invertibili, cioè la base maggiore (b) è m. 80 e la base minore (b') è m. 20.
Calcoliamo i lati obliqui del trapezio isoscele tenendo conto la prima relazione dove

$$l = (\frac{b}{2} + \frac{b'}{2}) \text{ da cui } \quad l = (\frac{80}{2} + \frac{20}{2}) \Rightarrow l = 40 + 10 \Rightarrow l = m.\ 50 \text{ (lato obliquo)}$$

36 Determinare le misure dei lati di un trapezio isoscele di area $k\,r^2$ circoscritto a un cerchio di raggio r. Dopo la dimostrazione calcolare le incognite ponendo $k = 10$.

Dati: $k = r^2$; $k = 10$
  Risoluzione:

La risoluzione dei problemi del genere verte nella risoluzione di un sistema con una o due incognite composto da due equazioni delle quali una sarà una somma e l'altra un prodotto, quindi cerchiamo le equazioni specificate.
Considerando l'area in funzione del semi perimetro, cioè $A = p \bullet r$ si ha che $p \bullet r = k \bullet r^2$ da

cui ricaviamo che $p = \dfrac{k \bullet r^2}{r}$ semplificando si ha

$p = k \bullet r$. Il semi perimetro è anche dato dalla prima equazione del sistema del problema

precedente, cioè $b + b' = \dfrac{P}{2}$ quindi sostituiamo in essa $p = k \bullet r$, si ha che $b + b' = \dfrac{kr}{2}$ *(prima*

equazione cercata)
La seconda equazione può essere la relazione $4\,(b' \bullet b') = 4r^2$ che abbiamo usata nel sistema precedente,
$(b' \bullet b') = 4r^2$ *(seconda equazione cercata)*

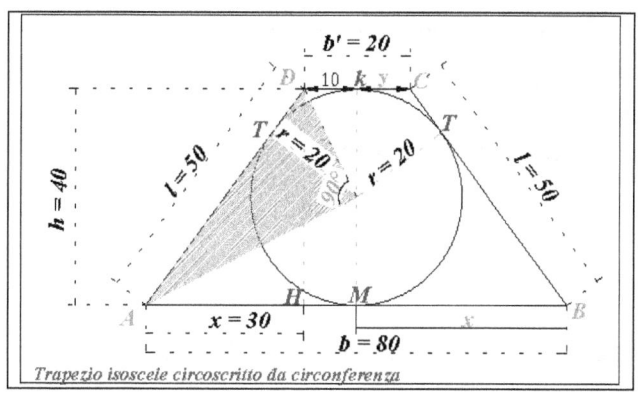

Trapezio isoscele circoscritto da circonferenza

Si ha il seguente sistema

$$\begin{cases} b + b' = \dfrac{kr}{2} \\ b \bullet b' = 4r^2 \end{cases}$$ dalla seconda equazione del sistema si ha che $b = \dfrac{4r^2}{b'}$ che portata nella

prima equazione si ha $\dfrac{4r^2}{b'} + b' = \dfrac{kr}{2}$ => $8r^2 + 2(b' \bullet b') = krb'$ => $8r^2 + 2b'^2 - krb' = 0$ =>

$2b'^2 - krb' + 8r^2 = 0$ => equazione di secondo grado che si risolve in

$\dfrac{-b \pm \sqrt{b^2 - 4ac}}{2a}$ => $b'_{1,2} = \dfrac{kr \pm \sqrt{(kr)^2 - 4 \bullet 2 \bullet 8 \bullet r^2}}{2 \bullet 2}$ => $b'_{1,2} = \dfrac{kr \pm \sqrt{k^2r^2 - 16r^2}}{4}$ => mettere in

evidenza r^2, si ha $b'_{1,2} = \dfrac{kr \pm \sqrt{r^2(k^2 - 64)}}{4}$ portiamo fuori r^2, si ha $b'_{1,2} = \dfrac{kr \pm r\sqrt{(k^2 - 64)}}{4}$

mettere in evidenza "r", si ha $b'_{1,2} = \dfrac{k \pm \sqrt{(k^2 - 64)}}{4} \bullet r$ => $\begin{cases} b'_1 = \dfrac{k + \sqrt{k^2 - 64}}{4} \bullet r \\ b'_2 = \dfrac{k - \sqrt{k^2 - 64}}{4} \bullet r \end{cases}$ *(formula per*

calcolare la base minore del trapezio isoscele)

In questa formula possiamo inserire valori di **r** oppure di **k** a piacere per ottenere la base minore in funzione di **r** o di **k**.
Esempio inseriamo il valore di **k = 10** nelle soluzioni e calcoliamo il raggio, si ha

$b'_{1,2} = \dfrac{10 \pm \sqrt{10^2 - 64}}{4} \bullet r$ => $b'_{1,2} = \dfrac{10 \pm \sqrt{100 - 64}}{4} \bullet r$ => $b'_{1,2} = \dfrac{10 \pm \sqrt{36}}{4} \bullet r$ =>

$b'_{1,2} = \dfrac{10 \pm 6}{4} \bullet r$ => $\begin{cases} b'_1 = \dfrac{10 + 6}{4} \bullet r \\ b'_2 = \dfrac{10 - 6}{4} \bullet r \end{cases}$ => $\begin{cases} b'_1 = 4r \\ b'_2 = r \end{cases}$ *(basi del trapezio isoscele)*

Poiché il sistema è simmetrico le soluzioni sono invertibili, cioè la base maggiore (b) è m.4r e la base minore(b') è m. r. Se poniamo r = m. 20 avremo:
$b'_1 = 4 \bullet 20$ => $b'_1 = m.80$ *(base maggiore del trapezio isoscele)*
$b'_2 = 1 \bullet 20$ => $b'_1 = m.20$ *(base minore del trapezio isoscele)*

Calcoliamo i lati obliqui del trapezio isoscele tenendo conto la prima relazione dove

$l = (\dfrac{b}{2} + \dfrac{b'}{2})$ **da cui** $\quad l = (\dfrac{80}{2} + \dfrac{20}{2}) \Rightarrow l = 40 + 10 \Rightarrow$ *l = m. 50 (lato obliquo)*

Il perimetro è 4 volte il lato, relazione 2, quindi p = 4*50 => *P = m. 200 (perimetro)*

L'area è p • r ossia A = 100 • 20 $\quad$ *A = mq. 2000 (area del trapezio)*

37 Determinare le misure dei lati di un trapezio isoscele di area A circoscritto a un cerchio di raggio r. Dopo la dimostrazione imporre A = 2000 e poi r = 20.

Dati: $\quad$ A = 200; $\quad$ r = 20

Risoluzione:

La risoluzione dei problemi del genere verte nella risoluzione di un sistema con una o due incognite composto da due equazioni delle quali una sarà una somma e l'altra un prodotto, quindi cerchiamo le equazioni specificate.

Considerando l'area in funzione del semi perimetro, cioè A = p • r si ha che

$p = \dfrac{A}{r}$ Il semi perimetro è anche dato dalla equazione del sistema del problema precedente,

cioè $b + b' = \dfrac{P}{2}$ quindi sostituiamo in essa $p = \dfrac{A}{r}$, si ha che

$b + b' = \dfrac{A}{r}$ *(prima equazione cercata)*

La seconda equazione può essere la relazione 4 $(b' \bullet b') = 4r^2$ che abbiamo usato nel sistema dei problemi precedenti, si ha che

$(b' \bullet b') = 4r^2$ *(seconda equazione cercata)*

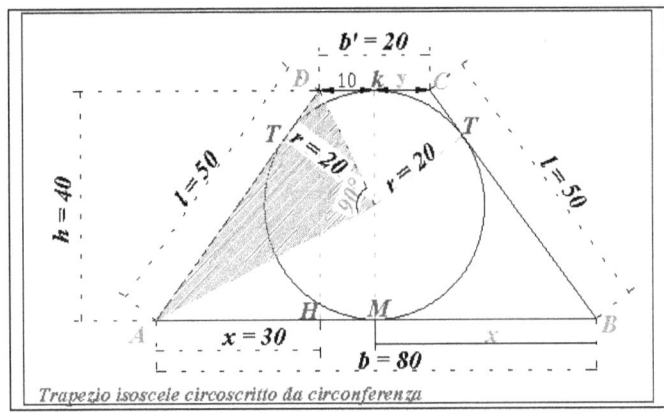

Trapezio isoscele circoscritto da circonferenza

Si ha il seguente sistema

$\begin{cases} b + b' = \dfrac{A}{r} \\ b \bullet b' = 4r^2 \end{cases}$ dalla seconda equazione del sistema si ha che $b = \dfrac{4r^2}{b'}$ che portata nella prima

equazione si ha $\dfrac{4r^2}{b'} + b' = \dfrac{A}{r} \Rightarrow 4r^3 + r(b' \bullet b') = Ab' \Rightarrow 4r^3 + rb'^2 - Ab' = 0 \Rightarrow$

$rb'^2 - Ab' + 4r^3 = 0$ => equazione di secondo grado che si risolve in

$$\frac{-b \pm \sqrt{b^2 - 4ac}}{2a} \Rightarrow b'_{1,2} = \frac{A \pm \sqrt{A^2 - 4 \bullet r \bullet 4 \bullet r^2}}{2 \bullet r} \Rightarrow b'_{1,2} = \frac{A \pm \sqrt{A^2 - 16r^4}}{2 \bullet r} \Rightarrow$$

$$\begin{cases} b'_1 = \dfrac{A + \sqrt{A^2 - 16r^4}}{2r} \\ b'_2 = \dfrac{A - \sqrt{A^2 - 16r^4}}{2r} \end{cases} \textit{formula per tutti i casi di trapezi isoscele}$$

In questa formula possiamo inserire valori dell'area o del raggio a piacere per calcolare la base minore.

Esempio $A = m.2000$ per ottenere la base minore del trapezio. Si ha

$$b'_{1,2} = \frac{2000 \pm \sqrt{2000^2 - 16 \bullet r^4}}{2 \bullet r} \Rightarrow b'_{1,2} = \frac{2000 \pm \sqrt{4000000 - 16r^4}}{2r}$$

$$b'_{1,2} = \frac{2000 \pm \sqrt{16(25000 - r^4)}}{2r} \Rightarrow b'_{1,2} = \frac{2000 \pm 4\sqrt{25000 - r4}}{2r} \Rightarrow b'_{1,2} = \frac{1000 \pm 2\sqrt{25000 - r^4}}{r}$$

$$\begin{cases} b'_1 = \dfrac{1000 + 2\sqrt{250000 - r^2}}{r} \\ b'_2 = \dfrac{1000 - 2\sqrt{250000 - r^2}}{r} \end{cases} \Rightarrow \textit{formula per tutti i casi di trapezi isoscele}$$

Esempio poniamo $r = m.20$ e calcoliamo la base minore

$$b'_{,21} = \frac{1000 \pm 2\sqrt{250000 - 20^4}}{20} \Rightarrow \text{semplifichiamo, si ha}$$

$$b'_{1,2} = \frac{500 \pm \sqrt{250000 - 16000}}{10} \Rightarrow b'_{1,2} = \frac{500 \pm \sqrt{90000}}{10} \Rightarrow b'_{1,2} = \frac{500 \pm 300}{10} \Rightarrow$$

$$\begin{cases} b'_1 = 80 \\ b'_2 = 20 \end{cases} \text{(basi del trapezio isoscele)}$$

Poiché il sistema è simmetrico le soluzioni sono invertibili, cioè la base maggiore (b) è m.80 e la base minore(b') è m.20 => *(basi del trapezio isoscele)*

Calcoliamo i lati obliqui del trapezio isoscele, dalla relazione 1, $l = (\frac{b}{2} + \frac{b'}{2})$, si ha

$$l = (\frac{80}{2} + \frac{20}{2}) \Rightarrow l = 40 + 10 \Rightarrow l = m.\ 50\ \textit{(lato obliquo)}$$

Il perimetro è calcolabile con la relazione 2 $p = 2l$ ossia P = 4 volte il lato, quindi

$p = 4 \bullet 50 \Rightarrow P = m.\ 200\ \textit{(perimetro)}$

L'area è $A = p \bullet r \Rightarrow A = 100 \bullet 20$ $A = mq.\ 2000\ \textit{(area del trapezio)}\ \textit{verifica Ok.}$

38 Determinare le misure dei lati di un trapezio scaleno di perimetro P = m. 216

circoscritto a un cerchio di raggio r = m. 20 avente CK m.8

Dati: P = m. 216; r = m. 20; CK = m. 8

Risoluzione:

La risoluzione dei problemi del genere verte nella risoluzione di un sistema con una o due incognite composto da due equazioni delle quali una sarà una somma e l'altra un prodotto, quindi cerchiamo le equazioni specificate.

Nella relazione trap.2 abbiamo affermato che il semi perimetro è il doppio del lato obliquo

$p = 2l$ ed a sua volta *dalla relazione trap.1* il lato è 2 volte la somma delle basi $l = (\dfrac{b+b'}{2})$,

per cui inseriamo la relazione 1 nella 2, si ha che $p = 2 \bullet (\dfrac{b}{2} + \dfrac{b'}{2}) =>$

$p = (b + b')$ *(prima equazione cercata)*

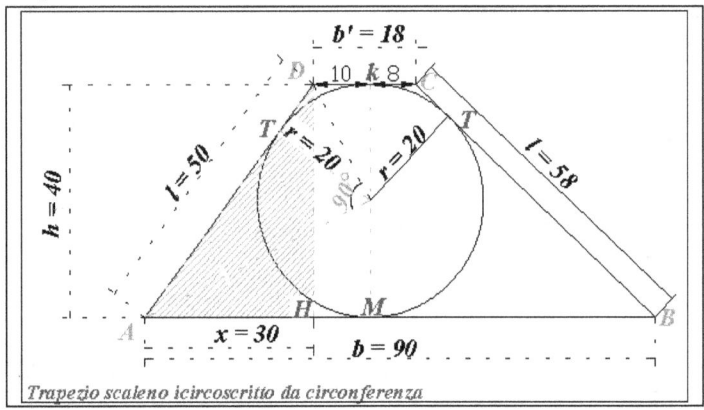

Trapezio scaleno icircoscritto da circonferenza

Nella relazione 4 abbiamo asserito il raggio è funzione del prodotto delle e che corrisponde a

$b \bullet b' = 4r^2$ *(seconda relazione cercata)*

Detto ciò il sistema da impostare ha due equazioni sopra ricavate.

$\begin{cases} b + b' = \dfrac{P}{2} \\ b \bullet b' = 4r^2 \end{cases}$ dalla

Il perimetro è noto; il raggio è noto, quindi risolvere il sistema calcolando una delle due incognite la base maggiore o la base minore.

Dalla seconda equazione del sistema si ha che $b = \dfrac{4r^2}{b'}$ che portata nella prima equazione si ha

$\dfrac{4r^2}{b'} + b' = \dfrac{P}{2} => 8r^2 + 2b' \bullet b' = b'P => 8r^2 + 2b'^2 - b'P = 0 => 2b'^2 - b'P + 8r^2 = 0 =>$

equazione di secondo grado che si risolve in $\dfrac{-b \pm \sqrt{b^2 - 4ac}}{2a} => b'_{1,2} = \dfrac{P \pm \sqrt{P^2 - 4 \bullet 2 \bullet 8 \bullet r^2}}{2 \bullet 2} =>$

$b'_{1/2} = \dfrac{P \pm \sqrt{P^2 - 64r^2}}{4}$ formula valida per tutti i casi in cui è noto: perimetro e raggio

Giunti all'equazione risolutiva di secondo grado inseriamo il raggio m. 20 e il perimetro m.216 per calcolare la base minore del trapezio isoscele, si ha

$b'_{1,2} = \dfrac{216 \pm \sqrt{216^2 - 64 \bullet 20^2}}{4} \Rightarrow b'_{1,2} = \dfrac{216 \pm \sqrt{46656 - 25600}}{4} \Rightarrow$

$b'_{1,2} = \dfrac{216 \pm \sqrt{46656 - 25600}}{4} \Rightarrow b'_{1,2} = \dfrac{216 \pm \sqrt{21056}}{4}$

$b'_{1,2} = \dfrac{216 \pm 145}{4} \Rightarrow \begin{cases} b'_1 = \dfrac{216 + 145}{4} \\ b'_2 = \dfrac{216 - 145}{4} \end{cases} \Rightarrow \begin{cases} b'_1 = m.90 \\ b'_2 = m.18 \end{cases}$ *(basi del trapezio isoscele)*

Poiché il sistema è simmetrico le soluzioni sono invertibili, cioè la base maggiore (b) è m. 90 e la base minore(b') è m. 18.

Calcoliamo i lati obliqui del trapezio isoscele tenendo conto che DK è differenza della base minore con CK, si ha che DK = b' - CK da cui **DK = 18 - 8** $\Rightarrow$ $DK = m.10$

Dalla relazione 4 è noto che $AT \bullet DT = r^2$ **e DK = DT** abbiamo che $AT \bullet 10 = 20^2 \Rightarrow$

$AT \bullet 10 = 400 \Rightarrow AT = \dfrac{400}{10} \Rightarrow AT = 40$

Calcoliamo che il lato è $l_1 = AT + DT \Rightarrow l_1 = 40 + 10 \Rightarrow l_1 = m.50$ *(lato del trap. Sc.)*

Calcoliamo il secondo lato noto il perimetro, si ha $l_2 = P - (b + b' + l_1) \Rightarrow$

$l_2 = 216 - (90 + 18 + 50) \Rightarrow l_2 = 216 - 158 \Rightarrow l_2 = m.58$ *(lato del trapezio scaleno)*

39
Determinare i lati di un trapezio rettangolo di perimetro 2p circoscritto a un cerchio di raggio r.

Dati: 2P di raggio r

Risoluzione:

Il perimetro è dato da $P = AB + CD + BC + AD$, inserendo le incognite (x,y e r) si ha =
$P = (x + r) + (y + r) + (x + y) + 2r \Rightarrow$ risolvere in
$P = x + r + y + r + x + y + 2r \Rightarrow P = 2x + 2y + 4r \Rightarrow$ diviso per 2, si ha
$P = x + y + 2r$ se consideriamo il semi perimetro P $\Rightarrow$ 2p per cui abbiamo la relazione
$2p = x + y - 2r$ da cui $(x + y) = p - 2r$ *Relazione trap.10* (***relazione del semi perimetro***)
Precedentemente abbiamo trovato la relazione che $xy = r^2$, vedi nota b) per cui si imposti il sistema con la relazione del perimetro e del raggio, si ha

$\begin{cases} x + y = p - 2r \\ (xy = r^2 \end{cases}$

dalla prima equazione del sistema si ha che $x = -y + p - 2r$, che portata nella seconda

equazione si ha $(-y + p - 2r)y = r^2$ =>

$-y^2 + py - 2rp - r^2 = 0$ => $\boxed{-y^2 + y(p - 2r) - r^2 = 0}$ => equazione di secondo grado che

si risolve in $b'_{1,2} = \dfrac{-b \pm \sqrt{b^2 - 4ac}}{2a}$ =>

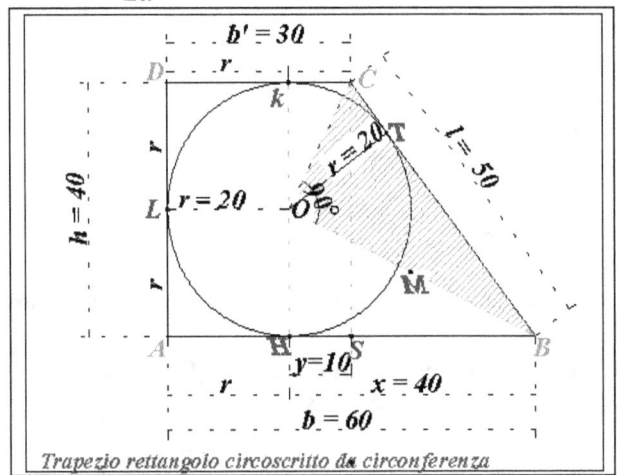

Trapezio rettangolo circoscritto da circonferenza

$y_{1,2} = \dfrac{p - 2r \pm \sqrt{(p - 2r)^2 - (-1 \bullet 4 \bullet -r^2)}}{-2}$ => $y_{1,2} = \dfrac{p - 2r \pm \sqrt{p^2 + 4r^2 - 2pr - 4r^2}}{-2}$ =>

$\boxed{y_{1,2} = \dfrac{p - 2r \pm \sqrt{p^2 - 2pr}}{-2}}$ *le cui soluzioni sono:*

$\begin{cases} y_1 = \dfrac{p - 2r + \sqrt{p^2 - 2pr}}{-2} \\ y_2 = \dfrac{p - 2r - \sqrt{p^2 - 2pr}}{-2} \end{cases}$ *(base minore - raggio del trapezio circoscritto in semi cfr.).*

40

Determinare i lati di un trapezio rettangolo di area k· r^2 = mq. 800 circoscritto a un cerchio di raggio r = m.20

Dati: r = 20; $K \bullet r^2 = mq.800$

Risoluzione:

L'area è $A = \dfrac{(x+r)+(y+r)}{2} \bullet 2r$ ma l'area è anche $A = kr^2$ $A = kr^2$ per cui si ha l'uguaglianza

$\dfrac{(x+r)+(y+r)}{2} \bullet 2r = kr^2$ => $(x+y+2r)r\bullet = kr^2$ dividiamo per r, si ha

$x+y+2r = kr$ => $\boxed{x+y=kr-2r}$

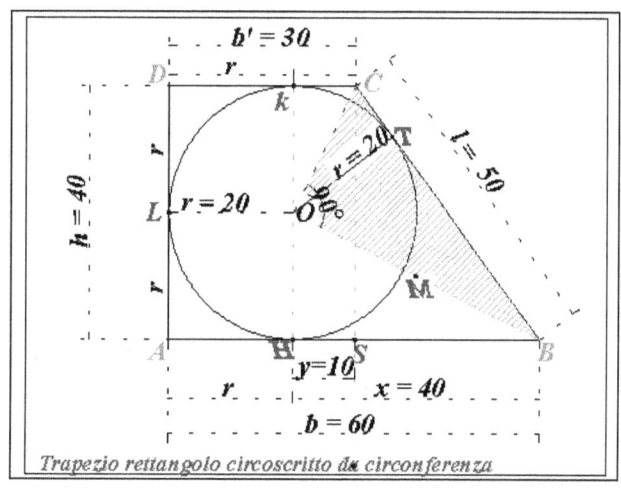

Trapezio rettangolo circoscritto da circonferenza

Questa uguaglianza e quella precedente $xy = r^2$ vedi nota b), compongono, il sistema

$\begin{cases} x+y = kr-2r \\ (xy = r^2 \end{cases}$

dalla prima equazione del sistema si ha che $x = -y + kr - 2r$, che portata nella seconda equazione si ha $(-y + k - 2r)y = r^2$ =>

$-y^2 + kry - 2ry - r^2 = 0$ => $-y^2 + y(kr-2r) - r^2 = 0$ => equazione di secondo grado che

si risolve in $b'_{1,2} = \dfrac{-b \pm \sqrt{b^2-4ac}}{2a}$ => $y_{1,2} = \dfrac{kr-2r \pm \sqrt{(kr-2r)^2 - (-1 \bullet 4 \bullet -r^2)}}{-2}$ =>

$y_{1,2} = \dfrac{r(k-2) \pm \sqrt{k^2 r^2 + 4r^2 - 4kr^2 - 4r^2}}{-2}$ => semplificare $4r^2$, si ha

$y_{1,2} = \dfrac{r(k-2) \pm \sqrt{k^2 r^2 - 4kr^2}}{-2}$ => $y_{1,2} = \dfrac{r(k-2) \pm \sqrt{r^2(k^2-4k)}}{-2}$ =>

$y_{1,2} = \dfrac{r(k-2) \pm r\sqrt{(k^2-4k)}}{-2}$ => mettere in evidenza il raggio, si ha

$\boxed{y_{1,2} = \dfrac{(k-2) \pm \sqrt{k^2-4k}}{-2} \bullet r}$ *le cui soluzioni sono:*

$$\begin{cases} y_1 = \dfrac{(k-2)+\sqrt{k^2-4k}}{-2} \bullet r \\ y_2 = \dfrac{(k-2)-\sqrt{k^2-4k}}{-2} \bullet r \end{cases}$$ *(base minore - raggio del trapezio circoscritto in semi cfr.).*

Dai dati del problema ricaviamo che $k = \dfrac{A}{r^2}$ da cui si ha $k = \dfrac{1800}{20^2}$ => *k = 4,5*

Inseriamo k nelle radici dell'equazione di secondo grado e calcoliamo

$$y_1 = \frac{(4,5-2)+\sqrt{4,5^2 - 4 \bullet 4,5}}{-2} \bullet 20 \; => y_1 = \text{- 40 (valore negativo, non ci interessa)}$$

$$y_1 = \frac{(4,5-2)-\sqrt{4,5^2 - 4 \bullet 4,5}}{-2} \bullet 20 \; => y_2 = m.10 \;\; \text{(Base minore meno raggio)}$$

La base minore è b' = (r + y) ossia b' = 20 + 10 => *b' = m. 30 (base minore)*

La base maggiore è calcolabile noto l'area, cioè $A = \dfrac{(b+b')}{2} \bullet 2r$ si ha $1800 = \dfrac{(b+30)}{2} \bullet 2 \bullet 20$

semplificando si ha $1800 = (b+30)20$ =>

$1800 = 20b + 600$ =>

$1800 - 600 = 20b$ => $b = \dfrac{1200}{20}$ => *b = m. 60 (base maggiore)*

Calcoliamo *x* ossia ***x = b - r*** => x = 60 - 20 => x = m. 40 (base maggiore meno raggio)

Calcoliamo il lato obliquo, ***l = x + y*** ossia ***l = 40 + 10*** => *l = m.50 (lato obliquo)*

41

Determinare i lati del trapezio isoscele di perimetro 2p = m. 300 circoscritto a un semicerchio di raggio r = m. 51,96

Dati: 2P= M.300;   R = M. 51,96

   Risoluzione:

Il semi perimetro è $p = \dfrac{P}{2}$ per cui, chiamando le basi b e b' come in figura, si ha che

$p = b + \dfrac{b'}{2}$ *(Relazione trap.12)* ***(Seconda equazione)***

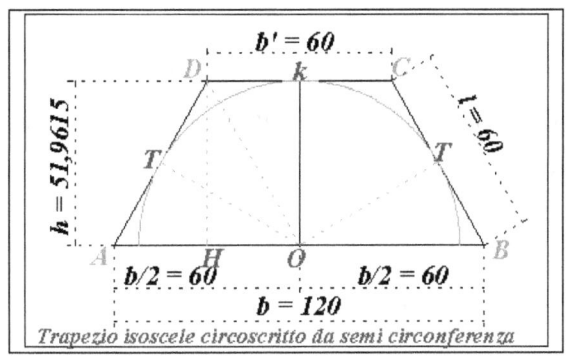

Trapezio isoscele circoscritto da semi circonferenza

Le due equazioni delle relazioni 10 e 11 ci consentono di, quindi impostiamo il sistema seguente:

$$\begin{cases} b+\dfrac{b'}{2}=p \\ b'^2-2bb'=-4r^2 \end{cases}$$ dalla prima equazione del sistema si ha => $2b+b'=2p$ => $2b=-b'+2p$ =>

$b=\dfrac{-b'+2p}{2}$ da portare nella seconda equazione del sistema, si ha $b'^2+2b'(\dfrac{b'-2p}{2})=-4r^2$ =>

$b'^2+b'(b''-2p)=-4r^2$ => $b'^2+b'^2-2pb'=-4r^2$ => $2b'^2-2pb'=-4r^2$ => $\boxed{2b'^2-2pb'+4r^2=0}$

equazione di 2° grado da risolvere con $\dfrac{-b\pm\sqrt{b^2-4ac}}{2a}$ =>

$b'_{1,2}=\dfrac{2p\pm\sqrt{(2p)^2-(4\bullet2\bullet4r^2)}}{2\bullet2}$ =>

$b'_{1,2}=\dfrac{2p\pm\sqrt{4p^2-32r^2}}{4}$ mettere in evidenza 4 , si ha

$b'_{1,2}=\dfrac{2p\pm\sqrt{4(p^2-8r^2)}}{4}$ => $b'_{1,2}=\dfrac{2p\pm2\sqrt{p^2-8r^2}}{4}$ semplificare tutto e dividere

per 2, si ha $\boxed{b'_{1,2}=\dfrac{p\pm\sqrt{p^2-8r^2}}{2}}$ *(formula per la base minore b')*

Poiché p è la metà del perimetro si ha che p = 300/2 => p = 150

Inseriamo il valore p e calcoliamo che $b'_{1,2}=\dfrac{150\pm\sqrt{150^2-8\bullet51,96^2}}{2}$ =>

$b'_{1,2}=\dfrac{150\pm\sqrt{900}}{2}$ => $b'_{1,2}=\dfrac{150\pm30}{2}$ => $\begin{cases} b'_1=\dfrac{150+30}{2} => b'_1=90 \\ b'_2=\dfrac{150-30}{2} => b'_2=60 \end{cases}$

Ottenute due soluzioni si deve verificare quale delle due soddisfi la condizione del trapezio isoscele iscritto nella semi circonferenza. Si è imposto che
P = b' + 2b' + b' + b', cioè P = 5b', quindi verifichiamo che 300 = 5b' => b' = 300/5 =>
$b' = m.60$ *verifica effettuata, l'altra soluzione è da scartare.*
La base maggiore è 2 volte 60 => $b = m.120$ *(base maggiore del trapezio)*

42 Determinare l'area e le misure dei lati di un trapezio isoscele di area $k\,r^2$ circoscritto a un semi cerchio di raggio r = m. 51,9615.

Dati: r = 20; $K \bullet r^2 = m..51,9615$

Risoluzione:

L'area del trapezio è $A = \dfrac{b+b'}{2} \bullet r$ mentre l'area data è $\boldsymbol{k\,r^2}$ per cui si ha l'uguaglianza seguente:

$\dfrac{b+b'}{2} \bullet r = kr^2$ da cui $(b+b') \bullet r = 2kr^2$ semplifichiamo si ha $(b+b') = 2kr$

Dal teorema di Pitagora si calcoli il segmento $AH^{\mathbf{2}}$ che corrisponde a $(\dfrac{(b-b')}{2})^2 = (\dfrac{b}{2})^2 - r^2$ da

cui si ha $\dfrac{b^2 + b'^2 - 2b \bullet b'}{4} = \dfrac{b^2}{4} - r^2 => b^2 + b'^2 - 2b \bullet b' = b^2 - 4r^2$ semplificando si ha

$b'^2 - 2b \bullet b' = -4r^2$, cioè la relazione 10 già calcolata precedentemente, vedi figura.

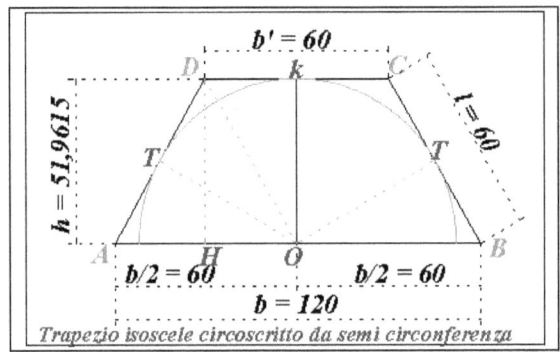

Trapezio isoscele circoscritto da semi circonferenza

Le equazioni ottenute ci consentono di impostare il seguente sistema:

$$\begin{cases} b + b' = 2kr \\ b'^2 - 2b \bullet b' = -4r^2 \end{cases}$$

dalla prima equazione del sistema si ha che $b = 2kr - b'$, che portata nella seconda equazione si ha $b'^2 - 2b'(2kr - b') = 4r^2 =>$

$b'^2 - 4krb' + 2b'^2 = -4r^2 =>$ $3b'^2 - 4krb' + 4r^2 = 0 =>$ equazione di secondo grado che si

risolve in $b'_{1,2} = \dfrac{-b \pm \sqrt{b^2 - 4ac}}{2a} => b'_{1,2} = \dfrac{4kr \pm \sqrt{(4kr)^2 - (4 \bullet 3 \bullet 4r^2)}}{2 \bullet 3}$

$=> b'_{1,2} = \dfrac{4kr \pm \sqrt{16k^2r^2 - 48r^2}}{6} =>$ mettere in evidenza 16 e r^2, si ha

$b'_{1,2} = \dfrac{4kr \pm \sqrt{16r^2(k^2 - 3)}}{6}$ portiamo fuori $16r^2$, si ha $b'_{1,2} = \dfrac{4kr \pm 4r\sqrt{(k^2 - 3)}}{6}$ dividere per 2, si

ha $b'_{1,2} = \dfrac{2kr \pm 2r\sqrt{(k^2 - 3)}}{3}$ mettere in evidenza "r", si ha $b'_{1,2} \dfrac{2k \pm 2\sqrt{(k^2 - 3)}}{3} \bullet r$ le cui soluzioni sono: $\begin{cases} b'_1 = \dfrac{2k + 2\sqrt{k^2 - 3}}{3} \bullet r \\ b'_2 = \dfrac{2k - 2\sqrt{k^2 - 3}}{3} \bullet r \end{cases}$ base minore dei trapezio del trapezio circoscritto in semi cfr.

In questa formula, noto il raggio, possiamo inserire valori di k a piacere per ottenere la base minore.

Poniamo $k = \sqrt{3}$ e calcoliamo $b'_{1/2} = \dfrac{2 \bullet \sqrt{3} \pm 2\sqrt{(\sqrt{3})^2 - 3)}}{3} \bullet 51{,}9615 \Rightarrow$

$b'_{1/2} \dfrac{2 \bullet \sqrt{3} \pm 2\sqrt{3 - 3)}}{3} \bullet 51{,}9615 \Rightarrow$ si noti che il termine radice è zero, quindi risulta

$b'_{1/2} = \dfrac{2 \bullet \sqrt{3} \pm 0}{3} \bullet 51{,}9615$ unica soluzione $b'_{1/2} = m.60$ (**base minore del trapezio**)

Riportando la base minore nella seconda equazione $b'^2 - 2b \bullet b' = -4r^2$ del sistema si calcoli la base maggiore, abbiamo:

$60^2 - 2b \bullet 60 = -4 \bullet 51{,}9615^2 \Rightarrow 3600 - 120b = -18800 \Rightarrow -120b = -14400 \Rightarrow$

$b = \dfrac{-14400}{-120} \Rightarrow$ b = m. 120 (base maggiore del trapezio)

Si ricordi che il lato del trapezio è la semi base maggiore, quindi *l = 120/2 =>*
l = m. 60 (lato obliquo del trapezio)

L'area del trapezio è $A = \dfrac{b + b'}{2} \bullet r \Rightarrow A = \dfrac{120 + 60}{2} \bullet 51{,}9615 \Rightarrow A = 90 \bullet 51{,}9615 \Rightarrow A = mq.$
4676,535 (area del trapezio)

43

Determinare i lati del trapezio isoscele di lato obliquo l = m.60 circoscritto a un semicerchio di raggio r = m. 51,9615

Dati: l = m. 60;   r = 51,9615
  Risoluzione:
Con il Teorema di Pitagora possiamo calcolare il segmento AH^2 osservando il disegno AH^2 è
$(\dfrac{(b - b')}{2})^2$ e poiché $b = 2l$ abbiamo che $AH^2 (\dfrac{(2l - b')}{2})^2$, quindi da Pitagora si ha
$(\dfrac{(2l - b')}{2})^2 = l^2 - r^2$. Risolviamo l'equazione.

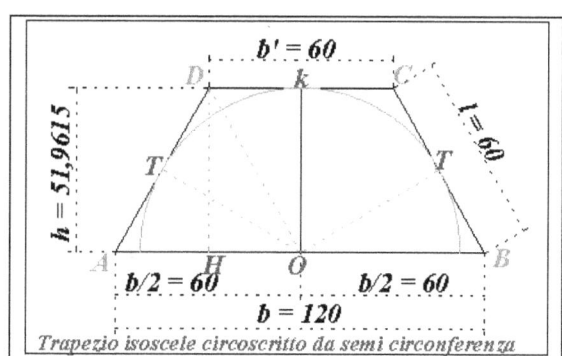

Trapezio isoscele circoscritto da semi circonferenza

$(\dfrac{(4l^2 + b'^2 - 4lb')}{4})^2 = l^2 - r^2$ => $4l^2 + b'^2 - 4lb' = 4l^2 - 4r^2$ semplificando si ha $\boxed{b'^2 - 4lb' + 4r^2}$ =>

equazione di secondo grado che si risolve in $x_{1,2} = \dfrac{-b \pm \sqrt{b^2 - 4ac}}{2a}$ =>

$b'_{1,2} = \dfrac{4l \pm \sqrt{(4l)^2 - (4 \bullet 4 \bullet r^2)}}{2}$ => $b'_{1,2} = \dfrac{4l \pm \sqrt{16l^2 - 16r^2}}{2}$ => mettere in evidenza 16, si ha

$b'_{1,2} = \dfrac{4l \pm \sqrt{16(l^2 - r^2)}}{2}$ portiamo fuori 16, si ha $x_{1,2} = \dfrac{4l \pm 4\sqrt{(l^2 - r^2)}}{2}$ dividere per 2, si ha

$\boxed{b'_{1,2} = 2l \pm 2\sqrt{l^2 - r^2}}$

$\boxed{\begin{cases} b'_1 = 2l + 2\sqrt{l^2 - r^2} \\ b'_2 = 2l - 2\sqrt{l^2 - r^2} \end{cases}}$ *base minore dei trapezio del trapezio circoscritto in semi cfr.*

Calcoliamo la base minore immettendo i dati del lato l = 60 e del raggio r = 51,96,15, si ha

$b'_{1,2} = 2 \bullet 60 \pm 2\sqrt{60^2 - 51,9615^2}$ => $b'_{1,2} = 120 \pm 2\sqrt{3600 - 2700}$ => $b'_{1,2} = 120 \pm 2\sqrt{900}$ =>

$b'_{1,2} = 120 \pm 2 \bullet 30$ =>

$b'_1 = 120 + 60$ => $b'_1 = m.180$ *(prima soluzione)*

$b'_1 = 120 - 60$ => $b'_2 = m.60$ *(seconda soluzione)*

La base maggiore "b" si ottiene Sostituendo la base minore "b'" nell'espressione di

$AH = \dfrac{(2l - b')}{2}$, si ha $AH_1 = \dfrac{(2 \bullet 60 - 60)}{2}$ => $AH_1 = m.30$ (segmento AH)

$AH = \dfrac{(2l - b')}{2}$, si ha $AH_2 = \dfrac{(2 \bullet 600 - 180)}{2}$ => $AH_1 = m. - 30$ (Si scarta perché negativo)

La base maggiore è (b' + AH + AH) ossia b = 60+30+30 =>
b = m. 120 (base maggiore del trapezio)

44 Determinare i lati del trapezio isoscele di lato obliquo "l" circoscritto a un

semicerchio di raggio r

Dati:

Risoluzione:

Risoluzione:

Con il Teorema di Pitagora possiamo calcolare il segmento AH^2 osservando il disegno AH^2 è

$(\dfrac{(b - b')}{2})^2$ e poiché $b = 2l$ abbiamo che $AH^2 (\dfrac{(2l - b')}{2})^2$, quindi da Pitagora si ha

$(\dfrac{(2l - b')}{2})^2 = l^2 - r^2$. Risolviamo l'equazione.

$$\left(\frac{(4l^2 + b'^2 - 4lb')}{4}\right)^2 = l^2 - r^2 \implies 4l^2 + b'^2 - 4lb' = 4l^2 - 4r^2 \text{ semplificando si ha } b'^2 - 4lb' + 4r^2$$

$\implies$ equazione di secondo grado che si risolve in $x_{1,2} = \dfrac{-b \pm \sqrt{b^2 - 4ac}}{2a} \implies$

$$b'_{1,2} = \frac{4l \pm \sqrt{(4l)^2 - (4 \cdot 4 \cdot r^2)}}{2} \implies b'_{1,2} = \frac{4l \pm \sqrt{16l^2 - 16r^2}}{2} \implies \text{mettere in evidenza } 16\text{, si ha}$$

$$b'_{1,2} = \frac{4l \pm \sqrt{16(l^2 - r^2)}}{2} \quad \text{portiamo fuori } 16\text{, si ha} \quad x_{1,2} = \frac{4l \pm 4\sqrt{(l^2 - r^2)}}{2} \quad \text{dividere per 2, si ha}$$

$$b'_{1,2} = 2l \pm 2\sqrt{l^2 - r^2}$$

$$\begin{cases} b'_1 = 2l + 2\sqrt{l^2 - r^2} \\ b'_2 = 2l - 2\sqrt{l^2 - r^2} \end{cases} \textit{base minore dei trapezio del trapezio circoscritto in semi cfr.}$$

45

Determinare i lati del trapezio rettangolo di perimetro $2p = 396,835$

circoscritto a un semicerchio. Dopo Calcolare l'area solo dopo aver calcolato i lati.

Trovare le formule del caso limite (trapezio notevole 3p)

Dati: $2p = 396,835$; trapezio notevole 3p

Risoluzione:

Risoluzione:

Dobbiamo calcolare prima il perimetro del trapezio. Indichiamo p il semi perimetro, quindi si ha $2p = b + l + b' + r$, per il teorema delle tangenti il lato obliquo è anche dato da $l = (b - r)$ per cui sostituendolo nella espressione si ha che $2p = b + (b - r) + b' + r$ ossia $2p = b + b - r + b' + r$ semplificando abbiamo

$2p = 2b + b'$ *(vedi Relazione trap.12).*

Dal teorema di Pitagora calcoliamo il lato obliquo che è $l = \sqrt{(b - b')^2 + r^2}$ ma il lato l è anche

uguale a $(b - r)$, quindi sostituendolo nella formula abbiamo $(b - r) = \sqrt{(b - b')^2 + r^2}$ che va

risolta elevando tutto al quadrato si ha $(b - r)^2 = (b - b')^2 + r^2 \implies$

$b^2 + r^2 - 2rb = b^2 + b'^2 - 2bb' + r^2$ semplificando si ha

$b'^2 + 2bb' - 2rb = 0 \implies$ *(vedi Relazione trap.11).*

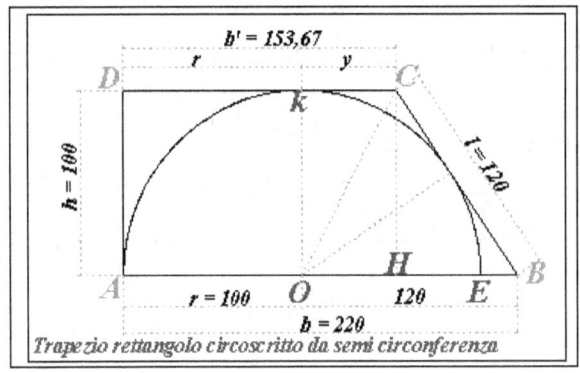

Trapezio rettangolo circoscritto da semi circonferenza.

Le due relazioni calcolate ci consentono di impostare il seguente sistema.

$$\begin{cases} 2b + b' = 2p \\ b'^2 + 2bb' - 2rb = 0 \end{cases}$$

dalla prima equazione del sistema si ha che $b' = 2p - 2b$, che portata nella seconda equazione si ha $(2p - 2b)^2 (2p - 2b) + 2rb = 0$ =>

$4p^2 + 4b^2 - 8pb - 4pb + 4b^2 + 2rb = 0$ => mettere in evidenza

$8b^2 + b(2r - 12p) + 4p^2 = 0$ => equazione di secondo grado che si risolve in

$$b'_{1,2} = \frac{-b \pm \sqrt{b^2 - 4ac}}{2a} \quad => \quad b_{1,2} = \frac{-(2r - 12p) \pm \sqrt{(2r - 12p)^2 - (8 \bullet 4 \bullet 4p^2)}}{2 \bullet 8} \quad =>$$

$$b_{1,2} = \frac{-2r + 12p \pm \sqrt{4r^2 + 144p^2 - 48rp - 129p^2}}{16} \quad => \quad b_{1,2} = \frac{2(6p - r) \pm \sqrt{16p^2 + 4r^2 - 48rp}}{16}$$

$$=> b_{1,2} = \frac{2(6p - r) \pm \sqrt{4(4p^2 - 12rp + r^2)}}{16}$$

portare fuori il numero *4*, si ha

$$b_{1,2} = \frac{2(6p - r) \pm 2\sqrt{4p^2 - 12rp + r^2}}{16} \quad \text{dividere per } 2, \text{ si ha}$$

$$b_{1,2} = \frac{(6p - r) \pm \sqrt{4p^2 - 12rp + r^2}}{8} \quad => \quad \textit{le cui soluzioni sono:}$$

$$\begin{cases} b_1 = \dfrac{(6p - r) + \sqrt{4p^2 - 12rp + r^2}}{8} \\ b_2 = \dfrac{(6p - r) - \sqrt{4p^2 - 12rp + r^2}}{8} \end{cases} \quad \textit{(base maggiore del trapezio circoscritto in semi cfr.).}$$

Per calcolare la base maggiore dobbiamo inserire i valori del raggio e del perimetro, si ha

$$b_1 = \frac{(6 \bullet 296{,}835 - 100) \pm \sqrt{4 \bullet 296{,}835^2 - 12 \bullet 100 \bullet 296{,}835 \bullet 10 + 100^2}}{8} \quad =>$$

$$b_1 = \frac{1681 \pm \sqrt{352444 + 10000 - 356202}}{8} \quad => \quad b_1 = \frac{1681 \pm \sqrt{362444 - 356202}}{8} \quad =>$$

162

$$b_1 = \frac{1681 \pm \sqrt{6242}}{8} \Rightarrow b_1 = \frac{1681 \pm 79}{8} \Rightarrow \begin{cases} b_1 = \frac{1681 + 79}{8} \\ b_2 = \frac{1681 - 79}{8} \end{cases} \Rightarrow$$

$\begin{cases} b_1 = 220 \\ b_2 = 200{,}25 \end{cases}$ *(base maggiore del trapezio)*

Le soluzioni sono da verificare con la prima equazione del sistema, si ha che

$\begin{cases} 2b + b' = 2p \\ b'^2 + 2bb' - 2rb = 0 \end{cases} \Rightarrow 2 \bullet 220 + b' = 593{,}67$

$2 \bullet 220 + b' = 593{,}67 \Rightarrow b' = 593{,}67 - 440 \Rightarrow b' = 153{,}67$ *(base minore del trapezio)*

$2 \bullet 200{,}25 + b' = 593{,}67 \Rightarrow b' = 593{,}67 - 401 \Rightarrow b' = 192{,}67$ *(base minore del trapezio)*

Prendiamo la prima soluzione b' = 153,67 come base minore del trapezio e 220 come base maggiore del trapezio e calcoliamo l'area, si ha

$A = mq\,.296835$ *(area del trapezio)*

Sappiamo anche che l'area è $A = \frac{b + b'}{2} \bullet r \Rightarrow A = \frac{220 + 153{,}67}{2} \bullet 100 \Rightarrow$

$A = \frac{373{,}67}{2} \bullet 100 \Rightarrow A = 18683{,}5$ *(area del trapezio)*

Il lato obliquo è b - r da cui 220 - 100 $\Rightarrow l = m.\ 120$ *(lato obliquo)*

Nota: Le formule sopra ottenute sono per il caso 2p.
Consideriamo ora il caso limite, cioè il trapezio notevole che corrisponde al caso in cui il trapezio diventa un rettangolo di perimetro P = 6r, cioè il lato obliquo diventa uguale al raggio, quindi p = 3r.

Proviamo a inserire il valore di p = 3r nelle soluzioni dell'equazione, si ha

$$b_{1,2} = \frac{6 \bullet 3r + r \pm \sqrt{4(3r)^2 - 12 \bullet 3r \bullet r + r^2}}{8} \Rightarrow b_{1,2} = \frac{18r + r \pm \sqrt{36r^2 - 36r^2 + r^2}}{8} \Rightarrow$$

$$b_{1,2} = \frac{18r \pm \sqrt{r^2}}{8} \text{ ossia } b_{1,2} = \frac{18r \pm r}{8} \Rightarrow \begin{cases} b_1 = \frac{18r}{8} \\ b_2 = \frac{16r}{8} \end{cases} \Rightarrow \begin{cases} b_1 = \frac{9}{4}r \\ b_2 = 2r \end{cases}$$

46

Un trapezio rettangolo circoscritto ad una semi circonferenza di perimetro 2p, determinare le relazioni del perimetro e del lato obliquo. Dopo di che assegnare un raggio e calcolare lati e perimetro.

Dati: $r = 20$; $K \bullet r^2 = mq.800$

Risoluzione:

Disegniamo la figura del trapezio (vedi figura) e chiamiamo il segmento AH con x e il segmento HB con y e adottiamo subito il teorema di Pitagora.

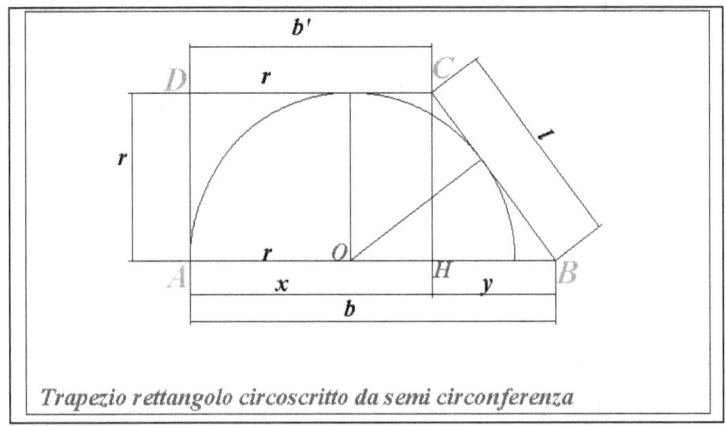

Trapezio rettangolo circoscritto da semi circonferenza

Dal teorema di Pitagora $BC = \sqrt{HB^2 + HC^2}$ ossia $BC = \sqrt{y^2 + r^2}$ =>
Sappiamo che il perimetro *2p* è dato da (b + BC + b' + r) ossia
$$2p = (x + y) + \sqrt{x^2 + r^2} + x + r \implies 2p = x + y + x + r + \sqrt{x^2 + r^2} \implies$$
$2p = 2x + y + r + \sqrt{x^2 + r^2}$ osservare il disegno e notare che BC = x + y - r per cui sostituire al posto di $\sqrt{x^2 + r^2}$, si ha
$2p = 2x + y + r + x + y - r \implies$ *semplificare e raccogliere, si ha*
$3x + 2y = 2p$ Quindi abbiamo il sistema
$$\begin{cases} 3x + 2y = 2p \\ x + y - r = \sqrt{y^2 + r^2} \end{cases}$$
Dalla prima equazione del sistema esplicitiamo y, si ha
$2y = 2p - 3x$ ossia $y = \dfrac{2p - 3x}{2}$, cioè $y = p - \dfrac{3}{2}x$

Dalla seconda equazione del sistema elevando al quadrato i due membri, si ha
$(x + y - r)^2 = y^2 + r^2$ =>
$x^2 + y^2 + r^2 + 2xy - 2rx - 2ry = y^2 + r^2$ semplificare e mettere in evidenza, si ha
$x^2 + 2xy - 2r(x + y)$ da cui si ha $x^2 + 2xy - 2rx - 2ry = 0$ =>
Inseriamo y della prima equazione nella seconda $x^2 + 2xy - 2rx - 2ry = 0$, si ha

$$x^2 + 2x(p - \frac{3x}{2}) - 2rx - 2r(p - \frac{3x}{2}) = 0 \Rightarrow x^2 + 2xp - 3x^2 - 2rx - 2rp + 3rx = 0 \text{ ossia}$$

$-2x^2 + 2xp + rx + 2rp = 0$ da cui mettere in evidenza si ha $-2x^2 + x(2p + r) + 2rp = 0$
cambiare segno a tutto si ha

$2x^2 - x(2p + r) + 2rp = 0$ equazione di secondo grado che si risolve in

$$b'_{1,2} = \frac{-b \pm \sqrt{b^2 - 4ac}}{2a} \Rightarrow x_{1,2} = \frac{2p + r \pm \sqrt{(2p + r)^2 - (4 \bullet 2 \bullet 2pr)}}{2 \bullet 2} \Rightarrow$$

$$x_{1,2} = \frac{2p + r \pm \sqrt{4p^2 + r^2 + 4pr - 16pr)}}{4} \text{ mettere in evidenza p, si ha}$$

$$x_{1,2} = \frac{2p + r \pm \sqrt{4p^2 - 12pr + r^2}}{4} \text{ (base minore del trapezio rettangolo)}$$

$$\begin{cases} x_1 = \dfrac{2p + r + \sqrt{4p^2 - 12rp + r^2}}{4} \\ x_2 = \dfrac{2p + r - \sqrt{4p^2 - 12rp + r^2}}{4} \end{cases}$$

Un caso limite interessante è $p = 3r$, che conduce alle soluzioni

$$x_{1,2} = \frac{2 \bullet 3r + r \pm \sqrt{4(3r)^2 - 12 \bullet 3r \bullet r + r^2}}{4} \Rightarrow x_{1,2} = \frac{6r + r \pm \sqrt{36r^2 - 36r^2 + r^2}}{4} \Rightarrow$$

$$x_{1,2} = \frac{7r \pm \sqrt{r^2}}{4} \text{ ossia } x_{1,2} = \frac{7r \pm r}{4} \Rightarrow \begin{cases} x_1 = \dfrac{8r}{4} \\ x_2 = \dfrac{6r}{4} \end{cases} \Rightarrow \begin{cases} x_1 = 2r \\ x_2 = \dfrac{3r}{2} \end{cases}$$

Supponiamo che il raggio sia r = m.30 avremo che
a) $x_1 = 2 \bullet 30 \Rightarrow x_1 = m.60$ *(prima soluzione)*

b) $x_2 = \frac{3 \bullet 30}{2} \Rightarrow x_1 = m.45$ *(seconda soluzione)*

Il semi perimetro è p = 3r ossia p = 3*30 => *p = m.90 (perimetro)*
Il perimetro è m. 180 (il doppio del semi perimetro)
Calcoliamo il segmento y dalla prima equazione del sistema la cui relazione è
3x + 2y = 2p si devono inserire le due soluzioni trovate x₁ = 60 e x₂= 45, si ha

a) $3 \bullet 60 + 2y = 180 \Rightarrow 2y = 180 - 180 \Rightarrow y = \frac{180 - 180}{2} \Rightarrow y = 0$ *(soluz. errata)*

b) $3 \bullet 45 + 2y = 180 \Rightarrow 2y = 80 - 135 \Rightarrow y = \frac{180 - 135}{2} \Rightarrow y = 22,5$ *(soluz. accettabile)*

Il lato obliquo è calcolabile dal teorema di Pitagora, si ha $l = \sqrt{y^2 + r^2} \Rightarrow$

$l = \sqrt{22,5^2 + 30^2} \Rightarrow l = \sqrt{1406,25} \Rightarrow l = 37,5$ *(lato obliquo)*

47 Un trapezio rettangolo circoscritto ad una semi circonferenza ha la base minore b' =
m.(3/2)r e la differenza (b - r) = m. (3/4)r. Calcolare il perimetro e poi assegnare al raggio m.60
e calcolare i lati.

Dati: r = 20; $K \bullet r^2 = mq.800$

Risoluzione:

Noto $AH = \frac{3}{2}r$, $HB = \frac{3}{4}r$, (vedi figura).

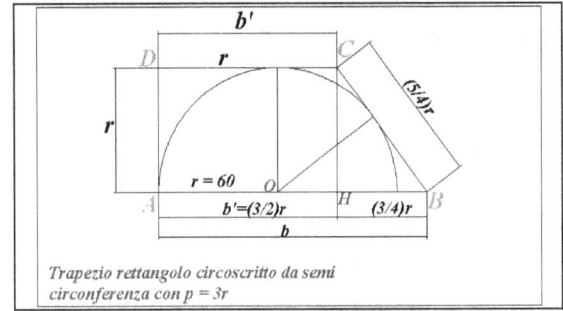

*Trapezio rettangolo circoscritto da semi
circonferenza con p = 3r*

Dal teorema di Pitagora calcoliamo il lato obliquo, si ha che

$$BC^2 = HB^2 + r^2 => BC^2 = (\frac{3}{4}r)^2 + r^2 => BC^2 = \frac{9}{16}r^2 + r^2 => 16BC^2 = 9r^2 + 16r^2 =>$$

$$16BC^2 = 25r^2 => BC = \sqrt{\frac{25r^2}{16}} => BC = \frac{5}{4} \bullet r \text{ (lato obliquo)}$$

Calcoliamo il perimetro, si ha che $P = AH + HB + BC + AH + r$ (vedi figura) inseriamo i

valori, si ha $P = \frac{3}{2}r + \frac{3}{4}r + \frac{5}{4}r + \frac{3}{2}r + r$ risolviamo in $P = \frac{6r + 3r + 5r + 6r + 4r}{4} => P = \frac{24r}{4}$

$=> P = 6r$

Si tratta di un caso limite con p = 6r per cui inserendo il raggio m.60 si ha

$P = 6 \bullet 60 => p = m.360 \text{ (perimetro del trapezio)}$

La base minore è b' = AH ossia $b' = \frac{3}{2}r => b' = \frac{3}{2} \bullet 60 =>$

$b' = m.90$ *(base minore)*

La base maggiore è $b = b' + HB => b = 90 + \frac{3}{4}r => 4b = 360 + 3 \bullet 60 =>$

$b = \frac{360 + 3 \bullet 60}{4} => b = m.135 \text{ (base maggiore)}$

Fine Capitolo 4

CAPITOLO 5
STUDIO DELL' EQUAZIONE DI 2° GRADO
(RAPPRESENTAZIONE GRAFICA)

L'equazione di 2° grado a due incognite, $y = ax^2 + bx + c$, ammette infinite soluzioni di coppie

di numeri reali *(x, y)*, cioè esistono infinite coppie di numeri reali che verificano l'uguaglianza e

se portate su un piano cartesiano ortogonale *(Oxy)* formano il grafico della parabola.

Le lettere *a, b, c* dell'equazione si chiamano coefficienti, consentono la rappresentazione del

grafico della parabola in punti diversi dalla *simmetria degli assi x et y* rispetto al vertice *"O"*,

vedremo meglio questi dettagli in seguito.

La variazione del coefficiente *"a"* consente alla parabola di restringersi ed allargarsi se i

valori sono rispettivamente positivi crescenti o decrescenti.

Il coefficiente *"b"*, strettamente al coefficiente *"a"*, consente di spostare il vertice della

parabola e genera una, due o nessuna intersezione con l'asse x.

Il coefficiente *"c"* consente di segnalarci il punto d'intersezione della parabola sull'asse y.

L'equazione $y = ax^2 + bx + c$ priva dei coefficienti a,b,c corrisponde a $y = x^2$ ed è una

parabola simmetrica rispetto all'asse y e col vertice all'origine (0,0).

Se la stessa l'equazione ha il coefficiente "a" negativo, $-x^2$, corrisponde a $y = x^2$ e il grafico

di questa parabola risulterà simmetrica alla prima e avrà l'apertura capovolta, vedisi grafici

dopo la lettura del seguente problema.

1

Un problema di geometria cartesiana: trovare le coordinate dei punti con le equazioni delle rette.

I punti $\begin{cases} A = (0,4) \\ B = (-4,1) \\ C = (-1,-3) \end{cases}$ sono tre vertici consecutivi di un **parallelogramma.**

Trovare le coordinate del quarto vertice del parallelogramma.

Risoluzione:

La risoluzione avviene dividendo il problema in sotto problemi elementari, cioè trovare le equazioni delle rette passanti per due punti assegnati, per cui il problema viene risolto passaggio per passaggio.

1° passaggio: collegare il punto A con B.
Trovare l'equazione della retta passante per i punti A e B con la formula equazione passante per due punti assegnati la cui formula è la seguente:
$\dfrac{y - y_1}{y_2 - y_1} = \dfrac{x - x_1}{x_2 - x_1}$ Inserire le coordinate del primo e del secondo punti.
Si può scegliere come primo punto sia A che B, l'equazione risulterà la stessa.

$\dfrac{y-4}{1-4} = \dfrac{x-0}{-4-0}$ => $\dfrac{y-4}{-3} = \dfrac{x}{-4}$ => $-4y + 16 = -3x$ => $-4y = -3x - 16$ => $4y = 3x + 16$ => $y = \dfrac{3x + 16}{4}$ => $y = \dfrac{3}{4}x + 4$ *(questa è l'equazione della retta passante per i punti A e B)*	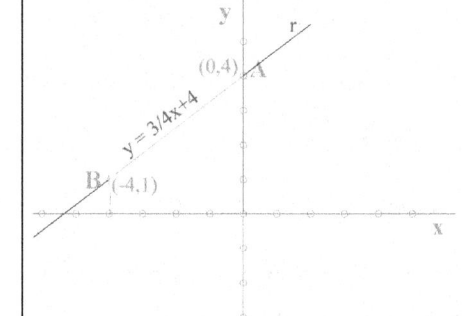 *Assegnando ad x un valore si ottiene y.* *Tanti x, tanti y, costruiscono i punti sulla retta di equazione la cui equazione è* $y = \dfrac{3}{4}x + 4$

2° passaggio: collegare il punto B con C.

Trovare l'equazione della retta passante per i punti B e C con la formula equazione passante per due punti assegnati la cui formula è la seguente:

$$\frac{y - y_1}{y_2 - y_1} = \frac{x - x_1}{x_2 - x_1} \text{ che si risolve in}$$

$$\frac{y-1}{-3-1} = \frac{x-(-4)}{-1-(-4)} \Rightarrow \frac{y-1}{-4} = \frac{x+4}{3} \Rightarrow$$

$$3y - 3 = -4x - 16 \Rightarrow -3y = -4x - 13 \Rightarrow$$

$$3y = -4x + 13 \Rightarrow y = \frac{-4x + 13}{3} \Rightarrow$$

$$y = -\frac{4}{3}x + \frac{13}{3} \text{ (questa è l'equazione della retta}$$

passante per i punti B e C)

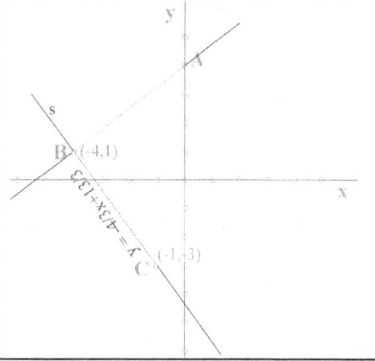

3° passaggio: dal punto A tracciare la parallela alla retta BC.

Equazione della retta parallela alla retta BC passante per il punto A (0,4), la cui formula è la seguente: $y - y_1 = m_1(x - x_1)$ che si risolve in

$$y - 4 = -\frac{4}{3}(x - 0) \Rightarrow y - 4 = -\frac{4}{3}x \Rightarrow$$

$$3y - 12 = -4x \Rightarrow$$

$$3y = -4x + 12 \Rightarrow y = -\frac{4}{3}x + 4 \text{ (questa è}$$

l'equazione della retta parallela alla retta BC passante per il punto A)

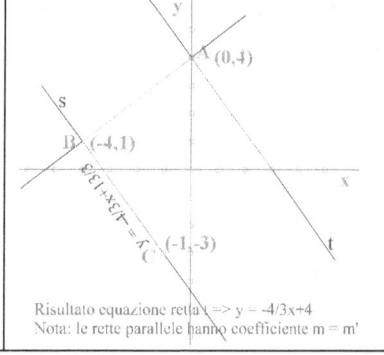

Risultato equazione retta t => y = -4/3x+4
Nota: le rette parallele hanno coefficiente m = m'

4° passaggio: dal punto C tracciare la parallela alla retta AB.

Equazione della retta parallela alla retta AB passante per il punto C(-1,-3) la cui formula è la seguente: $y - y_1 = m_1(x - x_1)$

$$y - (-3) = \frac{3}{4}[x - (-1)] \Rightarrow y + 3 = \frac{3}{4}x + \frac{3}{4} \Rightarrow$$

$$4y + 12 = 3x + 3 \Rightarrow 4y = 3x + 3 - 12 \Rightarrow$$

$$4y = 3x - 9 \Rightarrow$$

$$y = \frac{3}{4}x - \frac{9}{4} \text{ (questa è l'equazione della retta}$$

parallela alla retta BC passante per il punto C)

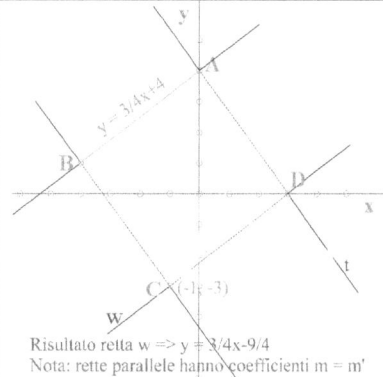

Risultato retta w => y = 3/4x-9/4
Nota: rette parallele hanno coefficienti m = m'

5° passaggio: individuare il punto d'incontro D all'incrocio con il sistema formato con le due equazioni delle rette w e t

Le rette AD e CD si intersecano tra loro e forniscono il punto D le cui coordinate si ottengono con la risoluzione di un sistema delle loro equazioni delle rette W e t Equazione retta W => CD (vedi passo 3°);

Equazione retta t => AD (vedi passo 4°)

Il sistema che le equazioni impongono è il seguente: $\begin{cases} \dfrac{3}{4}x - \dfrac{9}{4} \\ -\dfrac{4}{3}x + 4 \end{cases}$ che si risolve in

una equazione generale => $\dfrac{3}{4}x - \dfrac{9}{4} = -\dfrac{4}{3}x + 4$ => $\dfrac{3}{4}x - \dfrac{9}{4} + \dfrac{4}{3}x - 4 = 0$, poiché il

m.c.m. è 12 si ottiene => $9x - 27 + 16x - 48 = 0$ =>

$25x - 75 = 0$ => $x = \dfrac{-75}{25}$ => $x = 3$ *(coordinata da sostituire in una qualsiasi*

equazioni del sistema).

Prendiamo l'equazione $y = \dfrac{3}{4}x - \dfrac{9}{4}$, si ha $y = \dfrac{3}{4} \bullet 3 - \dfrac{9}{4}$ => $y = \dfrac{9}{4} - \dfrac{9}{4}$ => $y = 0$

(coordinata).

Le coordinate del punto D sono D = (3,0), come da richiesta del problema

Per la ricerca delle equazioni in casi semplici come il problema accennato vedere la tabella seguente ./.

TABELLA DI CONVERSIONE DELLE OPERAZIONI GEOMETRICHE IN ALGEBRICHE

Operazione geometrica	Operazione algebrica
Calcolare la lunghezza di un segmento	Distanza fra due punti $$\overline{AB} = \sqrt{[(x_2 - x_1)^2 + (y_2 - y_1)^2]}$$ Utilizzo: calcolo di area e perimetro
Tracciare la retta passante per due punti	Equazione della retta per due punti $$\frac{y - y_1}{y_2 - y_1} = \frac{x - x_1}{x_2 - x_1}$$
Tracciare la retta parallela per un punto ad una retta data	Retta parallela ad una retta data e passante per un punto dato $$y - y_1 = m_1(x - x_1)$$ Utilizzo: nei problemi di parallelismo.
Tracciare la retta perpendicolare per un punto ad una retta data	Retta perpendicolare ad una retta data e passante per un punto dato $$y - y_1 = -\frac{1}{m_1}(x - x_1)$$ Utilizzo: nei problemi di perpendicolarità
Segmento di perpendicolarità per un punto ad una retta	Distanza da un punto ad una retta $$d = \frac{y_o - m_o - q}{\pm\sqrt{1 + m^2}}$$ Utilizzo: trovare l'altezza di una figura geometrica, il raggio di una circonferenza
Segnare il punto di incrocio di due rette	Fare il sistema fra due rette per determinare le coordinate del loro punto di incontro

3 Analisi della Parabola nel piano

Prendiamo in considerazione la parabola seguente e analizziamo come si

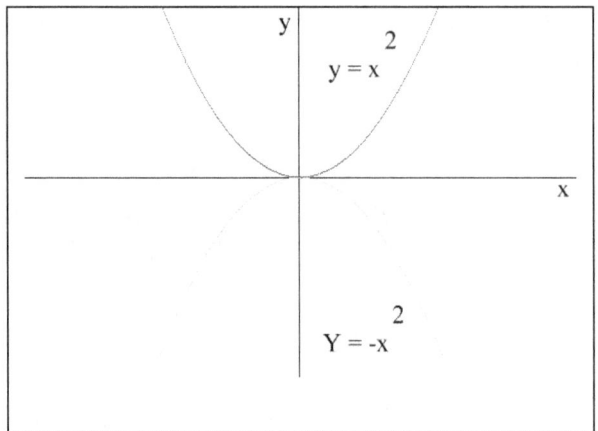

comportano i grafici al variare dei coefficienti (a, b, c) dell'equazione generale

$y = ax^2 + bx + c$:

$$\mathbf{1°\ caso} \quad \begin{bmatrix} a = 0 \\ b = 0 \\ c = 0 \end{bmatrix} \Rightarrow \quad y = 0x^2 + 0x + 0 \text{ della forma } y = 0$$

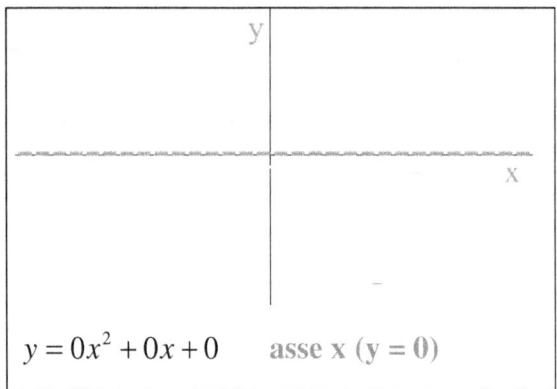

E' evidente che il suo grafico ha ordinata y = 0 e quindi il grafico è l'asse x . Si avranno punti del piano di coordinate P(x,0), vedi figura.

2° caso $\begin{bmatrix} a=0 \\ b=0 \\ c\neq 0 \end{bmatrix}$ => $y=0x^2+0x+c$ della forma $y=c$ ossia => $y=2$

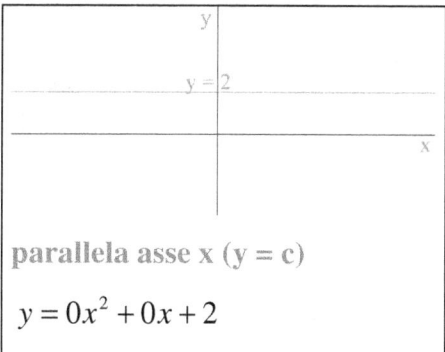

parallela asse x ($y = c$)

$y = 0x^2 + 0x + 2$

E' evidente che il suo grafico ha ordinata $y = 2$ e quindi il grafico è una retta orizzontale, parallela all'asse x,. Si avranno punti del piano di coordinate P(x, c), vedi figura.

3° caso $\begin{bmatrix} a=0 \\ b\neq 0 \\ c=0 \end{bmatrix}$ => $y=0x^2+bx+0$ => della forma $y=bx$ => ossia $y=2x$

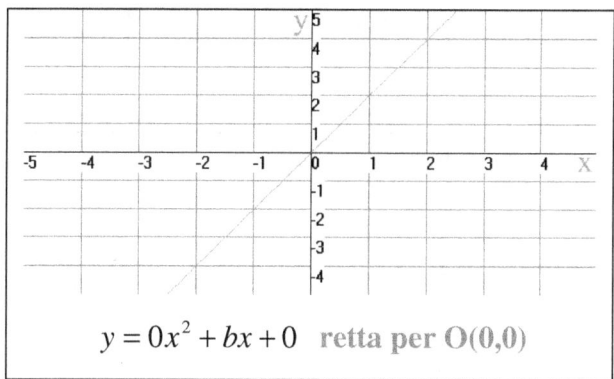

$y = 0x^2 + bx + 0$ **retta per O(0,0)**

E' evidente che il suo grafico è una retta passante per l'origine, ha ordinata x = 0, e y = 0.

Poiché a = 0 e b = 0 l'equazione è la retta ($y = 2$ volte x). Si avranno punti del piano P(x, bx), vedi figura.

4° caso $\begin{bmatrix} a = 0 \\ b \neq 0 \\ c \neq 0 \end{bmatrix}$ => $y = 0x^2 + bx + c$ della forma $y = bx + c$ ossia $y = 2x + 1$

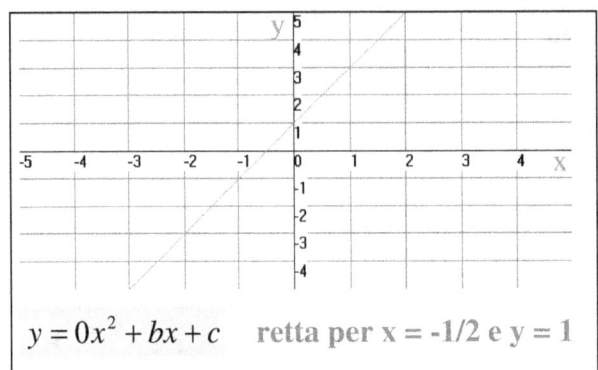

$y = 0x^2 + bx + c$ retta per x = -1/2 e y = 1

E' evidente che il suo grafico è una retta passante. Ponendo x = 0 si ha (y = 2*0+1) => y = 1; ponendo x = 1 si ha (y = 2*1+1) => y=3. Congiungendo y=1 e y=3 la retta passa per x = -1/2. Si avranno punti del piano P(b, bx+c), vedi figura.

5° caso $\begin{bmatrix} a \neq 0 \\ b = 0 \\ c = 0 \end{bmatrix}$ => $y = ax^2 + 0x + 0$ della forma $y = ax^2$ a positivo grafico in su

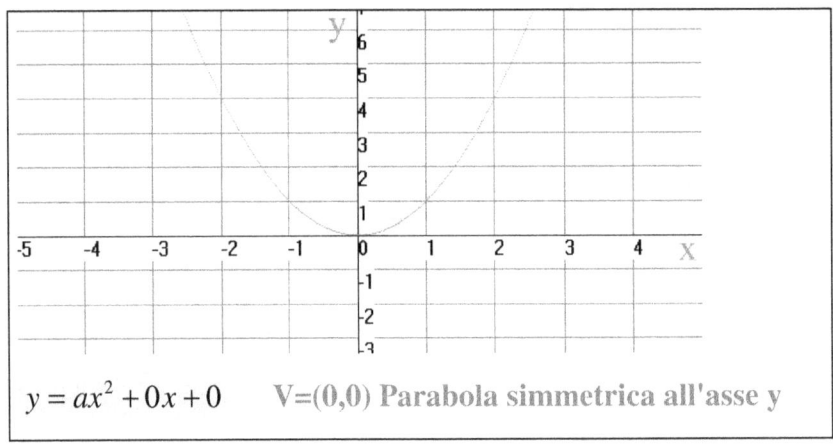

$y = ax^2 + 0x + 0$ V=(0,0) Parabola simmetrica all'asse y

E' evidente che il suo grafico ha coordinate vertice V(0,0) ed è orientata in su perché il coefficiente "a" è positivo,. Si avranno punti del piano P(x, ax²), vedi figura.

174

6° caso $\begin{bmatrix} a \neq 0 \\ b = 0 \\ c \neq 0 \end{bmatrix}$ => $y = ax^2 + 0x + c$ della forma $y = ax^2 + c$ ossia $x^2 - 1$

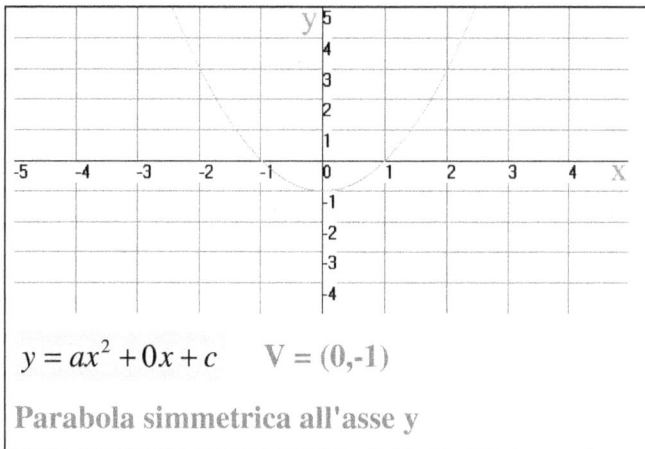

$y = ax^2 + 0x + c$ V = (0,-1)

Parabola simmetrica all'asse y

E' evidente che il suo grafico ha vertice coordinata $V(0,-1)$ ed è simmetrica rispetto all'asse y.

Si avranno punti del piano P(x, x^2 +c), vedi figura.

7° caso $\begin{bmatrix} a \neq 0 \\ b \neq 0 \\ c = 0 \end{bmatrix}$ => $y = ax^2 + bx + 0$ della forma $ax^2 + bx$ ossia $y = x^2 - 2x$

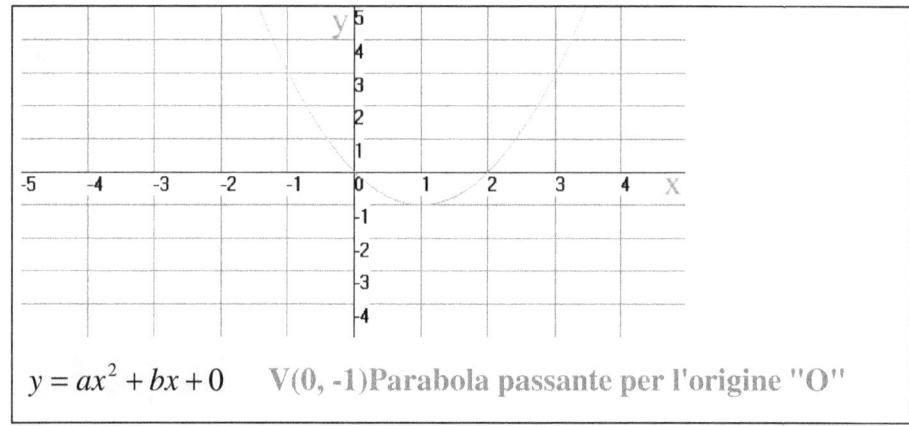

$y = ax^2 + bx + 0$ V(0, -1)Parabola passante per l'origine "O"

E' evidente che il suo grafico ha vertice coordinate $V(0,-1)$, Si avranno punti del piano

P(x, x^2 +bx), vedi figura.

8° caso $\begin{bmatrix} a \neq 0 \\ b \neq 0 \\ c \neq 0 \end{bmatrix}$ => $y = -ax^2 + bx + c$ della forma completa $y = -ax^2 + bx + c$

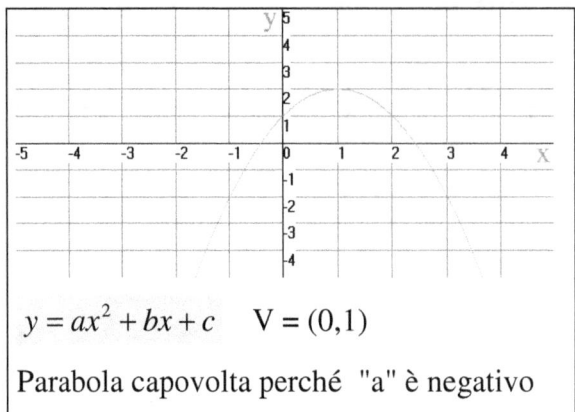

$y = ax^2 + bx + c$ V = (0,1)

Parabola capovolta perché "a" è negativo

E' evidente che il suo grafico ha coordinate vertice **V(0,0)** ed è orientata in giù perché il coefficiente "a" è negativo, vedi figura.

4
Analisi della parabola col la retta distante e tangente e intersecata.

Si ricordi che dal punto di vista algebrico le soluzioni comune a due o più equazioni significa risolvere il sistema formato da due equazioni del tipo:

$$\begin{cases} y = ax^2 + bx + c \\ ax + by + c = 0 \end{cases}$$

La soluzione del sistema significa determinare le coordinate degli eventuali punti di intersezione o meno della parabola con la retta, quindi si hanno i seguenti casi:

- due coppie soluzione in comune (retta secante in due punti P e Q)
- una coppia soluzione in comune (retta tangente nel solo punto T)
- nessuna soluzione comune (retta esterna alla parabola)

In relazione all'equazione di secondo grado il discriminante ($\Delta^2 - 4ac$) può presentarsi:

se $\Delta > 0$ avremo due punti di intersezione tra parabola e retta (retta secante)

se $\Delta = 0$ avremo un solo punto di intersezione tra parabola e retta (retta tangente)

se $\Delta < 0$ nessun punto di intersezione (retta esterna)

❖ Esercizio: retta secante la parabola in due punti (P_1 e P_2)

$$\begin{cases} y = x^2 - 2x - 3 \\ x + y + 1 = 0 \end{cases}$$

Per risolvere il sistema si deve calcolare "y" della seconda equazione e il risultato verrà sostituito nella prima equazione. La risoluzione dell'equazione di secondo grado ammetterà

due soluzioni (X_1 e X_2) una soluzione X_1 , oppure nessuna soluzione.

Sostituendo le soluzioni dell'equazione di secondo grado nella seconda equazione si

ricaveranno le ordinate (y_1 e y_2). Da questi risultati si otterranno i due punti (P_1 e P_2) di intersezione della parabola con la retta che sono le soluzioni del sistema.

Risoluzione:

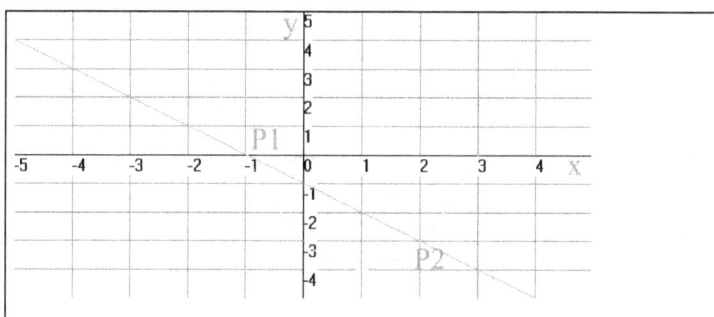

Per la costruzione del grafico si adottano le singole equazioni: parabola e retta

Prendiamo la seconda equazione e calcoliamo in y = -x - 1 che portata nella seconda si ha **-x -**

1 = x²-2x -3 =0 risolta in x² -2x -3 +x + 1 =0 => *x² -x -2 = 0* da risolvere con la formula delle equazioni di secondo grado $-b \pm \dfrac{\sqrt{b^2 - 4ac}}{2a}$ ossia $-1 \pm \dfrac{\sqrt{1^2 - (4 \bullet 1 \bullet -2)}}{2 \bullet 1}$ =>

$-1 \pm \dfrac{\sqrt{1+8}}{2}$ da cui si ha che $\begin{bmatrix} x_1 = 2 \\ x_2 = -1 \end{bmatrix}$ da sostituire nella seconda: si ha

2 + y + 1 = 0 da cui y₁ = -2 - 1 => y₁ = −3

-1 + y + 1 = 0 da cui y₁ = 1 - 1 => y₁ = 0 $\begin{bmatrix} y_1 = -3 \\ y_2 = 0 \end{bmatrix}$

I punti d'intersezione della parabola con la retta, vedi grafico sopra, sono

$\begin{bmatrix} P_1 = (2, -3) \\ P_2 = (-1, 0) \end{bmatrix}$ *Punti d'Intersezione **parabola retta***

❖ Esercizio: retta tangente la parabola

$\begin{cases} y = x^2 - 2x - 3 \\ 2x - y - 7 = 0 \end{cases}$

Risoluzione:

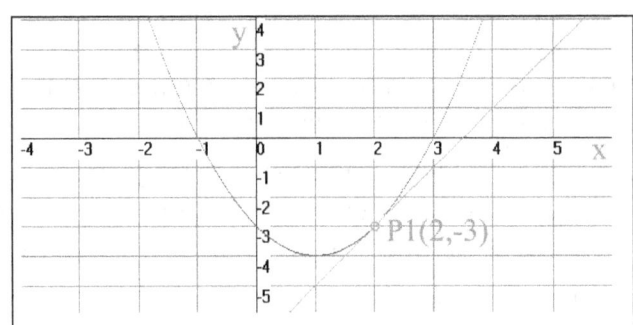

Per la costruzione del grafico si adottano le singole equazioni: parabola e retta

Prendiamo la seconda equazione e calcoliamo in y = 2x - 7 che portata nella seconda si ha

2x -7 = x² -2x -3 =0 risolta in x² -2x -3 -2x 7 = 0 => $x^2 - 4x + 4 = 0$ da risolvere con la

formula delle equazioni di secondo grado $-b \pm \dfrac{\sqrt{b^2 - 4ac}}{2a}$ ossia $-(-4) \pm \dfrac{\sqrt{-4^2 - (4 \bullet 1 \bullet +4)}}{2 \bullet 1}$

=> $4 \pm \dfrac{\sqrt{16 - 16}}{2}$ da cui si ha che $\begin{bmatrix} x_1 = 2 \\ x_2 = 0 \end{bmatrix}$ da sostituire nella seconda: si ha

2 *2- y -7 = 0 da cui y₁ = -y - 3 => y₁ = −3

2*0 - y -7 = 0 da cui y₁ = -y - 7 => y₁ = 7 $\begin{bmatrix} y_1 = -3 \\ y_2 = 7 \end{bmatrix}$

I punti d'intersezione della parabola con la retta, vedi grafico sopra, sono

$$\begin{bmatrix} P_1 = (2,-3) \\ P_2 = (0,7) \end{bmatrix}$$ *Punti d'Intersezione parabola retta*

Nota: è valido solo un punto (P1) perché la retta è tangente, anche perché le coordinate del punto P2 non è un punto che appartiene alla parabola.

❖ Esercizio: retta non secante la parabola

Risoluzione:

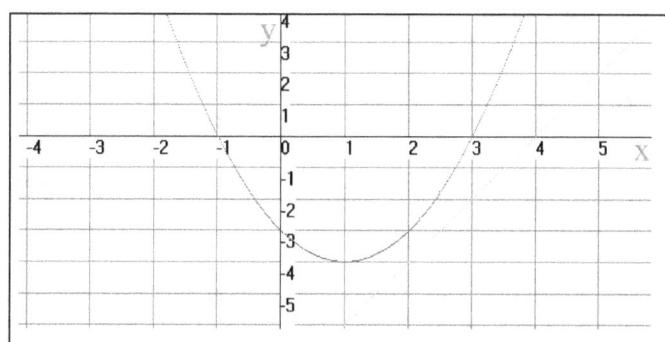

Per la costruzione del grafico si adottano le singole equazioni: parabola e retta

Prendiamo la seconda equazione e calcoliamo in y = 2x - 8 che portata nella seconda si ha 2x - 8 = x² -2x -3 =0 risolta in x² -2x -3 -2x+8 =0 => **x² -4x +5 = 0** da risolvere con la formula delle equazioni di secondo grado $-b \pm \dfrac{\sqrt{b^2 - 4ac}}{2a}$ ossia $-(-4) \pm \dfrac{\sqrt{-4^2 - (4 \bullet 1 \bullet +5)}}{2 \bullet 1}$

=> $4 \pm \dfrac{\sqrt{-4}}{2}$ da cui si ha soluzione impossibile in quanto *la radice negativa non ammette soluzioni, e quindi la retta è esterna alla parabola, vedi figura.*

5 Analisi della parabola intersecata dalla retta parallela all'asse x

Questo è un caso particolare del caso generale applicabile quando il coefficiente "a" della retta è uguale a zero (a = 0) per cui la retta è della forma y + c = 0 ossia y = c, in tale caso la retta è parallela all'asse x.
Il sistema si risolve per sostituzione, cioè si deve sostituire il valore di y nell'equazione di secondo grado e trovare i valori di x. Con tali valori e quello di y si hanno le coordinate dei punti d'intersezione della retta con la parabola. Facciamo un esempio:

❖ Esercizio: retta parallela all'asse x secanti in P1 e P2

$$\begin{cases} y = x^2 - 2x + 3 \\ y = 3 \end{cases}$$

Risoluzione:

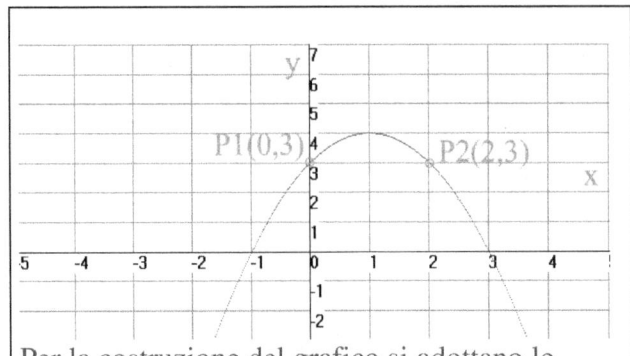

Per la costruzione del grafico si adottano le
singole equazioni: parabola e retta

Prendiamo la seconda equazione e inseriamo y = 3 e calcoliamo i valori di x1 e x2, si ha

3 = x^2 - 2x + 3 = 0 risolta che x^2 - 2x + 3 - 3 = 0 => => x^2 - 2x = 0

da risolvere con la formula delle equazioni di secondo grado $-b \pm \dfrac{\sqrt{b^2 - 4ac}}{2a}$ ossia

$-(-2) \pm \dfrac{\sqrt{-2^2 - (4 \bullet 1 \bullet 0)}}{-2 \bullet 1}$ => $2 \pm \dfrac{\sqrt{4}}{-2}$ => $2 \pm \dfrac{2}{-2}$ da cui si ha che $\begin{bmatrix} x_1 = 0 \\ x_2 = 2 \end{bmatrix}$

I Punti d'intersezione sono. P1(0,3) e P2(2,3)

Si può fare una sostituendo i valori di $\begin{bmatrix} x_1 = 0 \\ x_2 = 2 \end{bmatrix}$ nell'equazione di secondo grado e verificare

che y = 3.
Le coordinate del punto di incontro della retta con la parabola sono P1(0,3) e P2(2,3), vedi figura.

❖ **Esercizio: retta parallela all'asse x e tangente al vertice V(x,y)**

$$\begin{cases} y = x^2 - 2x + 3 \\ y = 4 \end{cases}$$

Risoluzione:

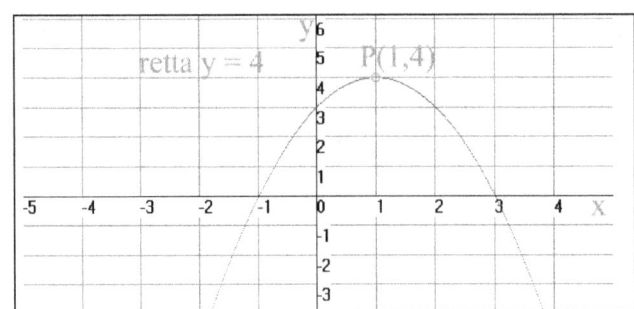

Prendiamo la seconda equazione e inseriamo y = 4 e calcoliamo i valori di x1 e x2, si ha

$4 = x^2 - 2x + 3 = 0$ risolta che $x^2 - 2x + 3 - 4 = 0 \Rightarrow \Rightarrow x^2 - 2x - 1 = 0$

da risolvere con la formula delle equazioni di secondo grado $-b \pm \dfrac{\sqrt{b^2 - 4ac}}{2a}$ ossia

$-(-2) \pm \dfrac{\sqrt{-2^2 - (4 \bullet 1 \bullet -4)}}{2 \bullet 1} \Rightarrow 2 \pm \dfrac{\sqrt{0}}{-2} \Rightarrow 2 \pm \dfrac{0}{2}$ da cui si ha che $\begin{bmatrix} x_1 = 1 \\ x_2 = 1 \end{bmatrix}$

I Punti d'intersezione sono. P1(1,4) e P2(1,4), punti coincidenti

Si può fare una sostituendo i valori di $\begin{bmatrix} x_1 = 1 \\ x_2 = 1 \end{bmatrix}$ nell'equazione di secondo grado e verificare

che y =4.

Le coordinate del punto di incontro della retta con la parabola sono P1(1,4) e P2(1,4), vedi figura.

❖ **Esercizio: retta parallela all'asse x non secante la parabola**

$\begin{cases} y = x^2 - 2x + 3 \\ y = 5 \end{cases}$

Risoluzione:

Analisi della parabola intersecata dalla retta parallela all'asse y

Questo è un caso particolare in quanto non è applicabile la regola delle rette parallele all'asse x perché non è funzione della normale equazione della retta del tipo $ax + c = 0$ dove $x = -c/a$. Il sistema si risolve per sostituzione, cioè si deve sostituire il valore della x nell'equazione di secondo grado. Facciamo un esempio:

❖ **Esercizio: retta parallela all'asse y secante in P**

$\begin{cases} y = x^2 - 2x - 3 \\ 2x - 3 = 0 \end{cases}$

Risoluzione:

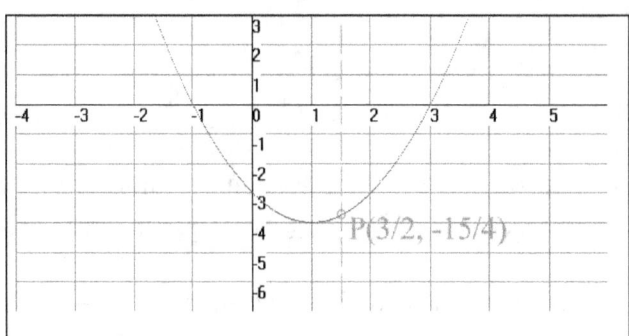

Per la costruzione del grafico si adottano le singole equazioni: parabola e retta

Prendiamo la seconda equazione e calcoliamo in x = 3/2 che sostituendola nella seconda si ha

$y = (3/2)^2 - 2(3/2) - 3 = 0$ risolta in $y = 9/4 - 3 - 3 \Rightarrow y = -15/4$.

Le coordinate del punto di incontro della retta con la parabola sono P1(3/2, -15/4) vedi figura.

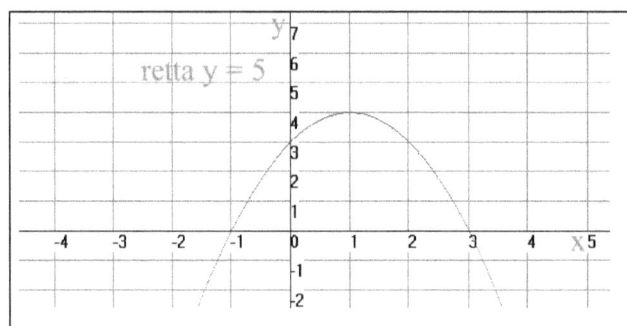

Per la costruzione del grafico si adottano le singole equazioni: parabola e retta

Prendiamo la seconda equazione e inseriamo y = 5 e calcoliamo i valori di x1 e x2, si ha

$4 = x^2 - 2x + 3 = 0$ risolta che $x^2 - 2x + 3 - 5 = 0 \Rightarrow \Rightarrow x^2 - 2x - 2 = 0$

da risolvere con la formula delle equazioni di secondo grado $-b \pm \dfrac{\sqrt{b^2 - 4ac}}{2a}$ ossia

$$-(-2) \pm \frac{\sqrt{-2^2 - (4 \bullet 1 \bullet -2)}}{2 \bullet 1} \Rightarrow 2 \pm \frac{\sqrt{6}}{-2} \Rightarrow \textit{Non ammette radici perché valori negativi.}$$

La retta è esterna alla parabola, vedi figura.

CAPITOLO 6
CENNI SULLA TRIGONOMETRI
(Per le formule di questi esercizi consultare il manuale matematico)

1 Formule di addizione di due angoli: calcolare il seno somma di due

angoli $(\alpha + \beta)$

• Sia $\alpha = 45°$; $\beta = 60°$ calcolare $\text{sen}(\alpha + \beta)$

$Sen(\alpha + \beta) = sen\,\alpha \cdot cos\,\beta + cos\,\alpha \cdot sen\,\beta$

$\text{sen}(\alpha + \beta) = \text{sen}\,45° \cdot \cos 60° + \cos 45° \cdot \text{sen}\,60°$ =>

$\text{sen}(\alpha + \beta) = \dfrac{\sqrt{2}}{2} \cdot \dfrac{1}{2} + \dfrac{\sqrt{2}}{2} \cdot \dfrac{\sqrt{3}}{2}$ => $\text{sen}(\alpha + \beta) = \dfrac{\sqrt{2}}{4} + \dfrac{\sqrt{2} \cdot \sqrt{3}}{4}$ => mettere in evidenza

$\text{sen}(\alpha + \beta) = \dfrac{\sqrt{2}}{4}(1 + \dfrac{1}{\sqrt{3}})$ ossia razionalizzando si ha $\text{sen}(\alpha + \beta) = \dfrac{\sqrt{2}}{4}(1 + \dfrac{\sqrt{3}}{2})$

2 Formule di addizione di due angoli: calcolare il coseno somma di due

angoli $(\alpha + \beta)$

Sia $\alpha = 45°$; $\beta = 60°$ calcolare $\cos(\alpha + \beta)$

$cos(\alpha + \beta) = cos\,\alpha \cdot cos\,\beta - sen\,\alpha \cdot sen\,\beta$

$\cos(\alpha + \beta) = \cos 45° \cdot \cos 60° - \text{sen}\,45° \cdot \text{sen}\,60°$ =>

$\cos(\alpha + \beta) = \dfrac{\sqrt{2}}{2} \cdot \dfrac{1}{2} - \dfrac{\sqrt{2}}{2} \cdot \dfrac{\sqrt{3}}{2}$ => $\cos(\alpha + \beta) = \dfrac{\sqrt{2}}{4} - \dfrac{\sqrt{2} \cdot \sqrt{3}}{4}$ => mettere in evidenza

$\text{sen}(\alpha + \beta) = \dfrac{\sqrt{2}}{4}(1 - \dfrac{1}{\sqrt{3}})$ ossia razionalizzando si ha $\text{sen}(\alpha + \beta) = \dfrac{\sqrt{2}}{4}(1 - \dfrac{\sqrt{3}}{2})$

3 Formule di sottrazione di due angoli: calcolare il seno differenza di due

angoli $(\alpha - \beta)$

Sia $\alpha = 30°$; $\beta = 18°$ calcolare $\text{sen}(\alpha - \beta)$

$sen(\alpha - \beta) = sen\,\alpha \cdot cos\,\beta - cos\,\alpha \cdot sen\,\beta$

$\text{sen}(\alpha - \beta) = \text{sen}\,30° \cdot \cos 18° - \cos 30° \cdot \text{sen}\,18°$ =>

$$\operatorname{sen}(\alpha-\beta)=\frac{1}{2}\bullet\frac{1}{4}\sqrt{10+2\sqrt5}-\frac{\sqrt3}{2}\bullet\frac{1}{4}(\sqrt5-1) \implies \operatorname{sen}(\alpha-\beta)=\frac{1}{8}\sqrt{10+2\sqrt5}-\frac{\sqrt3}{8}(\sqrt5-1)$$

$$\implies \operatorname{sen}(\alpha-\beta)=\frac{1}{8}\sqrt{10+2\sqrt5}-\frac{\sqrt{15}}{8}+\frac{\sqrt3}{8} \text{ mettere in evidenza e si ha}$$

$$\cos(\alpha-\beta)=\frac{1}{8}\sqrt{10+2\sqrt5}-\sqrt{15}+\sqrt3$$

4

Formule di sottrazione di due angoli: calcolare il coseno differenza di due

angoli (α - β)

Sia α = 30°; β = 18° calcolare cos(α - β)

$$cos(\boldsymbol{\alpha}-\boldsymbol{\beta}) = cos\alpha \cdot cos\beta + sen\alpha \cdot sen\beta$$

$$\cos(\alpha-\beta)=\cos30°\bullet\cos18°+\operatorname{sen}30°\bullet\operatorname{sen}18° \implies$$

$$\cos(\alpha-\beta)=\frac{\sqrt3}{2}\bullet\frac{1}{4}\sqrt{10+2\sqrt5}+\frac{1}{2}\bullet\frac{1}{4}(\sqrt5-1) \implies \cos(\alpha-\beta)=\frac{\sqrt3}{8}\sqrt{10+2\sqrt5}+\frac{\sqrt5}{8}-\frac{1}{8} \implies$$

mettere in evidenza e si ha $\cos(\alpha-\beta)=\frac{1}{8}(\sqrt3\sqrt{10+2\sqrt5}+\sqrt5-1)$

5

Dimostrare *sen 105° - sen 15° = sen 45°*

Si applicano le formule di prostaferesi al 1° membro, cioè $2\cos\dfrac{\alpha+\beta\sqrt3}{2}\bullet\operatorname{sen}\dfrac{\alpha-\beta}{2}=\operatorname{sen}45°$

si sostituiscono gli angoli α e β

$$2\cos\frac{(105°+15°)\alpha+\beta\sqrt3}{2}\bullet\operatorname{sen}\frac{\alpha-\beta}{2}=\operatorname{sen}45° \text{ e si risolve in}$$

$2\cos60° \cdot \operatorname{sen}45° = \operatorname{sen}45° \implies 2(1/2)(\operatorname{sen}45°)=\operatorname{sen}45°$ da cui

sen 45° = sen 45° *Dimostrato che l'equazione è vera*

184

6

Risolvere il seguente sistema trigonometrico

Sia $\begin{cases} \cos(x+y) = -\dfrac{\sqrt{2}}{2} \\ \cos(x-y) = \dfrac{\sqrt{2}}{2} \end{cases}$ dalla seconda equazione del sistema si ha che $\cos x - \cos y = \dfrac{\sqrt{2}}{2}$ =>

1).... $\cos x = \cos y + \dfrac{\sqrt{2}}{2}$ La prima equazione del sistema si scrive anche nella forma

$\cos x + \cos y = -\dfrac{\sqrt{2}}{2}$, quindi sostituire cosx nella prima equazione del sistema, si ha

$\cos y + \dfrac{\sqrt{2}}{2} + \cos y = -\dfrac{\sqrt{2}}{2}$ il cui m.c.m. è 2; si ha

$2\cos y + \sqrt{2} + 2\cos y = -\sqrt{2}$ => $4\cos y = -\sqrt{2} - \sqrt{2}$ => $4\cos y = -2\sqrt{2}$ =>

$\cos y = \dfrac{-2\sqrt{2}}{4}$ =>

2).... $\cos y = \dfrac{-\sqrt{2}}{2}$ **(valore di cos y)**

Sostituendo la 2) nella 1) si ha $\cos x = -\dfrac{\sqrt{2}}{2} + \dfrac{\sqrt{2}}{2}$ => *cos x = 0* **(valore di cos x)**

Per verificare se vero si sostituiscono cosx e cosy nel sistema originale della forma

$\begin{cases} \cos x + \cos y = -\dfrac{\sqrt{2}}{2} \\ \cos x - \cos y = \dfrac{\sqrt{2}}{2} \end{cases}$ sostituire $\begin{cases} 0 + (-\dfrac{\sqrt{2}}{2}) = -\dfrac{\sqrt{2}}{2} \\ 0 - (-\dfrac{\sqrt{2}}{2}) = \dfrac{\sqrt{2}}{2} \end{cases}$ => $\begin{cases} -\dfrac{\sqrt{2}}{2} = -\dfrac{\sqrt{2}}{2} \\ \dfrac{\sqrt{2}}{2} = \dfrac{\sqrt{2}}{2} \end{cases}$ **Verifica vera**

7

Esprime il seno in coseno la seguente equazione: **2sen²x + 3cosx = 3**

$2(1-\cos^2 x) + 3\cos x = 3$ portare tutto al primo membro, si ha che

$2 - 2\cos^2 x + 3\cos x - 3 = 0$ => $-2\cos^2 x + 3\cos x - 1 = 0$ (equazione di 2° grado) che va risolta

con la formula $\dfrac{-b \pm \sqrt{b^2 - 4ac}}{2a}$ ossia $\dfrac{-3 \mp \sqrt{3^2 - (4 \bullet -2 \bullet -1)}}{2 \bullet -2}$ =>

$\dfrac{-3 \pm \sqrt{9-8}}{-4}$ => $\dfrac{-3 \pm 1}{-4}$ => $\begin{bmatrix} \cos x_1 = 1 \\ \cos x_2 = \dfrac{1}{2} \end{bmatrix}$ Si afferma che $\begin{bmatrix} 1 = \cos 0° \\ \dfrac{1}{2} = \cos 60° \end{bmatrix}$

8

Risolvere la seguente espressione trigonometrica $3\text{sen}x + \cos x = \boxed{2\sqrt{2}}$.

Per risolvere l'espressione dobbiamo porre la condizione che se è vero che $\text{sen}x = Y$ et $\cos x = z$ allora è anche vero che $Y^2 + Z^2 = 1$, quindi si ha il seguente sistema

$$\begin{cases} 3y + z = 2\sqrt{2} \\ y^2 + z^2 = 1 \end{cases} \quad \text{il sistema va risolto risolvendo la prima equazione del sistema ricavando z e}$$

poi sostituire z nella seconda equazione del sistema. Si ha che

$Z = 2\sqrt{2} - 3Y$ sostituire nella 2^; si ha

$$y^2 + (2\sqrt{2} - 3y)^2 = 1 \quad \Rightarrow \quad y^2 + 8 + 9y^2 - 4(\sqrt{2} \bullet 3y) = 1 \quad \Rightarrow$$

$$y^2 + 8 + 9y^2 - 4\sqrt{2} \bullet 3y - 1 = 0 \Rightarrow$$

$10y^2 - 12\sqrt{2}y + 7 = 0$ risolvere l'equazione di 2° grado.

$$\frac{-b \pm \sqrt{b^2 - 4ac}}{2a} \quad \text{ossia} \quad \frac{-(-12) \mp \sqrt{(12 \bullet \sqrt{2})^2 - (4 \bullet 10 \bullet 7)}}{2 \bullet 10} \Rightarrow \frac{12 \pm \sqrt{288 - 280}}{20} \Rightarrow$$

$$\frac{12 \pm \sqrt{8}}{20} \Rightarrow \frac{12 \pm 2\sqrt{2}}{20} \Rightarrow \frac{2(6 \pm \sqrt{2})}{20} \Rightarrow \frac{6 \pm \sqrt{2}}{10} \Rightarrow \begin{bmatrix} y_1 = \dfrac{6 + \sqrt{2}}{10} \Rightarrow 0,7414 \\ y_2 = \dfrac{6 - \sqrt{2}}{10} \Rightarrow -0,4585 \end{bmatrix}.$$

Inserire il solo valore positivo di senx ottenuto nella espressione $y^2 + z^2 = 1$.

Si ha che $(0,7414)^2 + z^2 = 1 \Rightarrow$

$$z^2 = 1 - 0,7414^2 \Rightarrow z = \sqrt{1 - 0,7414^2} \Rightarrow \quad z = 0,451$$

Verifica: $3\text{sen}x + \cos x = 2\sqrt{2} \quad \Rightarrow \quad 3 \times 0,742 + 0,451) = 2\sqrt{2} \quad \Rightarrow$

$2,226 + 0,451 = 2,8284 \quad \Rightarrow \quad 2,71 = 2,81$ *verifica quasi vera, perché siamo nelle approssimazioni imprecisi.*

9

Risolvere la seguente espressione trigonometrica $\dfrac{\cos x}{1+\operatorname{sen} x} = 2 - tgx$

Per risolvere l'espressione dobbiamo porre la condizione che la tangente è il rapporto del seno con il coseno., quindi si ha l'espressione seguente.

$\dfrac{\cos x}{1+\operatorname{sen} x} = 2 - \dfrac{\operatorname{sen} x}{\cos x}$ che si risolve con il m.c.m. Si ha che

$\cos x \bullet \cos x = 2(1+\operatorname{sen} x) - \operatorname{sen} x(1+\operatorname{sen} x)$ **=>**

$\cos^2 x = 2 + 2\operatorname{sen} x - \operatorname{sen} x - \operatorname{sen}^2 x$ ordinare i termini per ottenere:

$\cos^2 x + \operatorname{sen}^2 x = \operatorname{sen} x$ **=>** poiché $\cos^2 x + \operatorname{sen}^2 x = 1$ otteniamo che

$1 = senx$

10

Risolvere il seguente sistema trigonometrico $\begin{cases} \operatorname{sen}^2 x - \cos^2 y = 0 \\ \operatorname{sen}^2 y + \cos^2 x = 1 \end{cases}$

Per risolvere l'espressione dobbiamo esprimere il coseno in funzione del seno. Si ha che

$\begin{cases} \operatorname{sen}^2 x - \operatorname{sen}^2 y = 0 \\ \operatorname{sen}^2 y + \operatorname{sen}^2 x = 1 \end{cases}$ **=>** risolviamo il sistema sommando e sottraendo le due

equazioni; si ha:

$\operatorname{sen}^2 x - \operatorname{sen}^2 y - 0 - \operatorname{sen}^2 y - \operatorname{sen}^2 x + 1 = 0$ **=>** semplificare l'espressione, quindi si ha che

$-2\operatorname{sen}^2 y - 1 = 0$ da cui $2\operatorname{sen}^2 y = 1$ si ha che $\operatorname{sen}^2 y = \dfrac{1}{2}$ **=>**

ossia $\operatorname{sen} y = \sqrt{\dfrac{1}{2}}$ **=>** $\operatorname{sen}^2 y = \dfrac{1}{\sqrt{2}}$

Sostituendo il valore del seno nella 1^ equazione del sistema abbiamo che $\operatorname{sen}^2 x = \cos^2 y$,

per questo il seno e il coseno hanno lo stesso risultato, quindi $\cos^2 y = \dfrac{1}{\sqrt{2}}$

Fine Capitolo 6

Fine Capitolo 6

CAPITOLO 7
Quiz importanti (Le risposte sono a fine domande)

QUIZ - parte A

Primo quiz	Secondo quiz
La somma algebrica degli angoli interni di un triangolo è: **a)** 90° **b)** 180° **c)** 3000 **d)** 280° **e)** quesito senza soluzione univoca o corretta	Quando un triangolo si dice isoscele? **a)** quando ha tre angoli diversi **b)** quando è inscritto in una circonferenza **c)** quando ha due lati congruenti **d)** quando ha tre lati diversi
Terzo quiz Un triangolo ha i lati che misurano rispettivamente 25 cm, 51 cm e 52 cm. Quanto misura la sua area? **a)** 128 cm^2 **b)** 6,24 m^2 **c)** 1,28 m^2 **d)** 624 cm^2 **e)** non conoscendo la misura dell'altezza del triangolo non è possibile calcolarne l'area	*Quarto quiz* Con 3 segmenti di misura rispettivamente cm 2, cm 4 e cm 2: **a)** si può ottenere un triangolo rettangolo **b)** si può ottenere un triangolo scaleno **c)** si può ottenere un triangolo ottusangolo **d)** nessuna delle precedenti affermazioni è corretta
Quinto quiz In un triangolo rettangolo il cateto maggiore misura 36 dm. Pertanto: **a)** è possibile calcolare solo la misura del cateto minore **b)** non è possibile calcolare né la misura dell'ipotenusa, né la misura del cateto minore **c)** è possibile calcolare solo la misura dell'ipotenusa **d)** è possibile calcolare la misura dell'ipotenusa e del cateto minore	*Sesto quiz* Quanti triangoli equilateri sono presenti in questa figura? **a)** 16 **b)** 20 **c)** 25 **d)** 26 **e)** 27

Settimo quiz	*Ottavo quiz*
Come possono essere gli angoli interni in un triangolo rettangolo? **a)** 120°, 30° e 30° **b)** 90°, 30° e 30° **c)** 90°, 70° e 40° **d)** 90°, 30° e 60°	Un triangolo equilatero ha altezza lunga 2 cm. Il suo perimetro è: **a)** i dati del problema non sono sufficienti per determinarlo **b)** 4 cm **c)** 7 cm **d)** 5 cm **e)** 6 cm

Nono quiz	*Decimo quiz*

n. 30 del 16 aprile 2004 – 4^a serie speciale)] Che cos'è l'ortocentro? **a)** il punto di incontro degli assi relativi ai tre lati di un triangolo e il centro della circonferenza ad esso circoscritta **b)** il punto di incontro delle altezze relative ai tre lati di un triangolo **c)** il punto di incontro delle mediane relative ai tre lati di un triangolo **d)** il punto di incontro delle bisettrici degli angoli interni di un triangolo e il centro della circonferenza in esso inscritta	La base e l'altezza di un triangolo misurano rispettivamente 12 cm e 20 cm. La misura dell'area è: **a)** 16 cm^2 **b)** 60 cm^2 **c)** 120 cm^2 **d)** 60 cm

Undicesimo quiz

"Far quadrare il triangolo". Questa frase indica
a) la celebre operazione geometricomatematica di Laforgue
b) un goffo errore al posto della frase fatta "far quadrare il cerchio"
c) l'utopistico obiettivo della ricerca alchemica

Dodicesimo quiz

Osserva la figura. Quanto vale il rapporto fra l'area della superficie lasciata in bianco e l'area della superficie ombreggiata?
a) 1:4
b) 1:5
c) 1:6
d) 2:5
e) 2:7

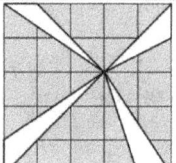

Tredicesimo quiz

Nel triangolo in figura sono indicate le mediane relative ai dati AB e CB, che si intersecano nel baricentro O del triangolo. Assumendo che l'area del triangolo ABC valga 1, stabilire quanto vale l'area del triangolo COD
a) 1/4;
b) 1/6;
c) 1/8;
d) 1/12;
e) Nessuno dei valori indicati

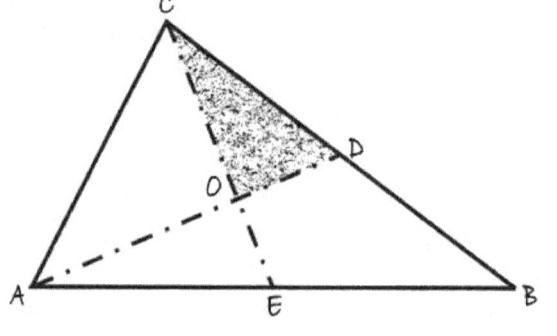

Quattordicesimo quiz

Un triangolo rettangolo è anche isoscele. La sua ipotenusa è lunga 1 m. Quanto vale l'area del triangolo?
a) 2 m^2
b) 1 m^2
c) ½ m^2
d) ¼ m^2
e) 1/8 m^2

Quindicesimo quiz

Considerati tre segmenti di differente lunghezza: quale terna di numeri assicura la creazione di un triangolo rettangolo?
a) 3 6 – 9
b) 1 2 – 3
c) 3 4 – 5
d) 2 4 – 6
e) 1 – 1,5 – 3

Le risposte esatte dei quiz - parte A

1	2	3	4	5	6	7	8	9	10	11	12	13	14	15
b	c	d	d	b	e	d	c	b	c	b	a	b	d	c

Svolgimento dei quiz - parte

Primo quiz   La risposta corretta è b

La risposta corretta è la b. Qualunque sia il tipo di triangolo considerato, si può dimostrare che la somma dei suoi 3 angoli interni è uguale a 180°.

Secondo quiz   La risposta corretta è c

Si definisce isoscele un triangolo che ha 2 lati (oppure 2 angoli) congruenti

---

Terzo quiz   La risposta corretta è d

La formula più utilizzata per la misura dell'area di un triangolo è la celeberrima $A = \dfrac{b \bullet h}{2}$.

Ci sono dei casi, però, in cui il problema non fornisce la misura delle altezze del triangolo, né suggerisce come calcolarle: è evidente che in tali situazioni non sia possibile utilizzare la formula precedentemente citata. Se il problema vi fornisce, però, le misure dei 3 lati del triangolo, potrete comunque calcolarne l'area applicando la *formula di Erone*, secondo la quale l'area di un triangolo è uguale alla radice quadrata del prodotto tra il semiperimetro, il semiperimetro meno il primo lato, il semiperimetro meno il secondo lato e il semiperimetro meno il terzo lato (in simboli, indicando i 3 lati del triangolo con le lettere *a*, *b* e *c* e il semiperimetro con la lettera *p* si ha:

$A_{triangolo} = \sqrt{p(p-a)(p-b)(p-c)}$;

il semiperimetro si calcola sommando la misura dei 3 lati e dividendo il risultato per 2, $p = \dfrac{(a+b+c)}{2}$ La traccia di questo esercizio fornisce la misura dei 3 lati del triangolo (25 cm, 51 cm e 52 cm): per questo motivo, pur non conoscendo nessuna delle 3 altezze, potrete comunque determinarne l'area applicando la formula di Erone e procedendo come mostrato di seguito. $p = \dfrac{(25+51+64)}{2}$

$A_{triangolo} = \sqrt{64(64-25)(64-51)(64-52)}$ => $A_{triangolo} = 624 cm^2$

Quarto quiz   La risposta corretta è d

Secondo un "vecchio" teorema di geometria euclidea, un triangolo, di qualunque tipo esso sia, esiste quando **OGNI LATO** ha lunghezza minore della somma degli altri due lati. Uno dei 3 segmenti forniti dal problema, ovvero quello di 4 cm, **NON HA LUNGHEZZA INFERIORE** rispetto alla somma degli altri due lati (4 non è minore di 2+2, bensì è uguale a 2+2).

Quinto quiz   La risposta corretta è b

Per poter calcolare la misura dei lati di un triangolo rettangolo è necessario conoscere almeno la lunghezza di due dei 3 lati. In questo modo, applicando il teorema di Pitagora, verrà determinata la lunghezza del terzo lato (cateto o ipotenusa che sia). La conoscenza della misura di un solo lato potrebbe risultare utile, per chi ha studiato la trigonometria, a patto di conoscere l'ampiezza degli angoli acuti del triangolo assegnato. In questo caso il problema non fornisce nemmeno l'ampiezza degli angoli.

Sesto quiz La risposta corretta è la e

Sono presenti 16 triangoli di **"*lato 1*"**, 7 di **"*lato 2*"**, 3 di **"*lato 3*"** e 1 di **"*lato 4*"**. Nelle immagini seguenti sono indicati tutti quanti.

Settimo quiz   La risposta corretta è d

Guardando le opzioni proposte, si potrebbe immediatamente scartare la "a", perchè non contempla l'angolo di 90° (un triangolo rettangolo, senza l'angolo retto, che triangolo rettangolo sarebbe?!?). Come detto in precedenza, poi, la somma degli angoli interni di un triangolo, qualunque esso sia, deve essere uguale a 180°, altrimenti non sarebbe un triangolo. Analizzando le opzioni "b", "c" e "d", l'unica tripletta di angoli compatibile con un triangolo è la "d" (gli angoli della "b" danno come somma, invece, 150° (90°+30°+30°=150°), gli angoli della "c" danno come somma 200° (90°+70°+40°=200°).

Ottavo quiz   La risposta corretta è c

Per risolvere questo quiz è necessario applicare la formula in cui compaiono l'altezza e il lato del triangolo equilatero, ovvero $altezza = \dfrac{lato \bullet \sqrt{3}}{2}$ Sostituendo nella formula il valore dell'altezza suggerito dal problema (ovvero 2 cm) otterreste: $2 = \dfrac{lato \bullet \sqrt{3}}{2}$

Svolgendo il minimo comune multiplo, otterreste: $\dfrac{2 \bullet 2}{2} = \dfrac{lato \bullet \sqrt{3}}{2} =>$

$2 = \dfrac{lato \bullet \sqrt{3}}{2} => 4 = \dfrac{lato \bullet \sqrt{3}}{2} => 4 = lato\sqrt{3} => l = \dfrac{4}{\sqrt{3}}$ da razionalizzare

Il lato del triangolo equilatero, quindi, è uguale a $\dfrac{4}{\sqrt{3}}$; quando al denominatore di una frazione compare una radice, come in questo caso, è necessario razionalizzare la frazione, ovvero moltiplicare numeratore e denominatore della frazione per la radice presente: $lato = \dfrac{4 \bullet \sqrt{3}}{\sqrt{3 \bullet \sqrt{3}}} => lato = \dfrac{4 \bullet \sqrt{3}}{3}$

Conoscendo la misura del lato, e poiché il triangolo equilatero ha i lati di uguale lunghezza, il suo perimetro sarà uguale a: $Perimetro = 3(\dfrac{4 \bullet \sqrt{3}}{3}) =>$

$Perimetro = 4\sqrt{3}$

Nono quiz   La risposta corretta è b

Decimo quiz   La risposta corretta è la c

In questo caso, per calcolare l'area del triangolo, avendo sia la misura della base, che la misura dell'altezza, è sufficiente applicare la formula "tradizionale", come mostrato nei passaggi seguenti:

$Area = \dfrac{base \bullet altezza}{2} => Area = \dfrac{12 \bullet 20}{2} => Area = 120 cm^2$

Undicesimo quiz   La risposta corretta è b

Dodicesimo quiz   La risposta corretta è la a

Per coloro che lo avessero dimenticato: esistono dei casi in cui l'altezza relativa ad un lato del triangolo, cade fuori dal perimetro (ovvero cade sul prolungamento della base), come nella figura accanto.

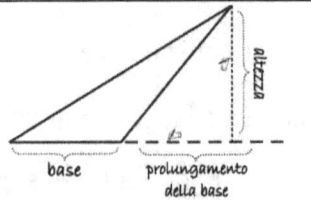

E' necessario determinare l'area delle due superfici (quella bianca e quella grigia). L'area della superficie bianca è costituita da 4 triangoli simili alla prima figura. Questi 4 triangoli 1, 2, 3 e 4) sono collocati all'interno di una griglia di forma quadrata e costituita da 25 tasselli di uguale dimensione e anch'essi di forma quadrata. Supponendo che ciascun tassello abbia il lato di lunghezza 1 metro, potrete determinare la misura della base e dell'altezza di ciascuno dei 4 triangoli e, di conseguenza, misurarne l'area, procedendo con

la formula $Area = \dfrac{base \bullet altrezza}{2}$

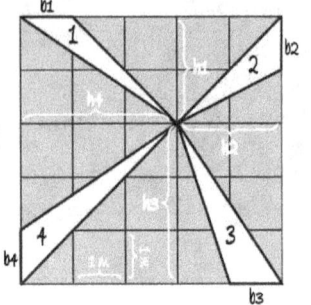

1° triangolo $Area_1 = \dfrac{1 \bullet 2}{2} => 1m^2$;

2° triangolo. Base lunga 1 m, altezza lunga 2 m,

$Area_2 = \dfrac{1 \bullet 2}{2} => 1m^2 \ \mathbf{m^2}$

3° triangolo. Base lunga 1 m, altezza lunga 3 m

(perché occupa lo spazio di 3 tasselli), $Area_3 = \dfrac{1 \bullet 3}{2} => 1,5m^2$

4° triangolo. Base lunga 1 m, altezza lunga 3 m,

$Area_4 = \dfrac{1 \bullet 3}{2} => 1,5m^2$

L'area della superficie bianca è uguale alla somma delle aree dei 4 triangoli, ovvero a 1+1+1,5+1,5 = *5 m²*.
L'area totale è 5x5 = *25 m²*.
La superficie grigia è la differenza, ossia 25-5 = *20 m²*

Il rapporto tra l'area bianca e l'area grigia è uguale a: $\dfrac{5}{20}$ ossia $\dfrac{1}{4}$

Tredicesimo quiz La risposta è la b

La mediana è la semiretta che unisce un vertice del triangolo al punto medio del lato opposto (prima fig).

Considerando CD come base del triangolo, l'altezza ad essa relativa sarebbe il segmento AH. (seconda figura).

L'area del triangolo ACD è $Area_{ACD} = \dfrac{CD \bullet AH}{2}$

L'altezza H è anche per la base AB del triangolo ABC,

$Area_{ABC} = \dfrac{CB \bullet AH}{2}$ ma CB ha una lunghezza doppia rispetto a CD, ovvero è (CB=2CD), quindi, sostituendo a CB "2CD", si ottiene:

$Area_{ABC} = \dfrac{2CD \bullet AH}{2} => Area_{ABC} = CD \bullet AH$

Per stabilire quanto vale l'area del triangolo ACD rispetto all'area del triangolo ABC, è sufficiente svolgere il rapporto delle due aree, ovvero:

$\dfrac{Area_{ACD}}{Area_{ABC}} = \dfrac{\frac{CD \bullet AH}{2}}{CD \bullet AH} => \dfrac{Area_{ACD}}{Area_{ABC}} = \dfrac{CD \bullet AH}{2(CD \bullet AH)} =>$

$\dfrac{Area_{ACD}}{Area_{ABC}} = \dfrac{1}{2}$

Dal precedente rapporto si deduce che l'area del triangolo ACD è uguale ad 1/2 dell'area di ABC

Si potrebbe adesso calcolare l'area del triangolo COD: considerando OD come base, l'altezza ad esso relativa sarebbe CF e quindi: $Area_{COD} = \dfrac{OD \bullet CF}{2}$

Poiché il baricentro (incontro delle mediane di un triangolo) divide ogni mediana in due parti ad 1/3 e 2/3 il segmento OD risulta essere: $OD = \dfrac{1}{3}AD$

Sostituendo questo ultimo dato nella formula relativa all'area del triangolo COD, si ottiene quindi che

$Area_{COD} = \dfrac{\frac{1}{3}AD \bullet CF}{2} =>$

$Area_{COD} = \dfrac{1}{3}AD \bullet CF \bullet \dfrac{1}{2}$

$Area_{COD} = \dfrac{1}{6}AD \bullet CF$

Si ricalcoli ora l'area del triangolo ACD, considerando come base il lato AD. L'altezza relativa ad AD è CF, quindi:

$Area_{ACD} = \dfrac{AD \bullet CF}{2}$ L'area del triangolo COD, rispetto all'area del triangolo ACD, vale:

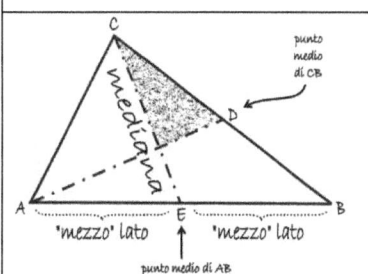

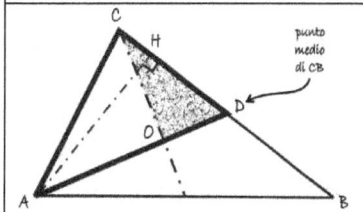

$$\frac{Area_{COD}}{Area_{ACD}} = \frac{\frac{1}{6}AD \bullet CF}{\frac{AD \bullet CF}{2}} =>$$

$$\frac{Area_{COD}}{Area_{ACD}} = \frac{1}{6}AD \bullet CF \bullet \frac{2}{AD \bullet CF} =>$$

$$\frac{Area_{COD}}{Area_{ACD}} = \frac{1}{3}$$

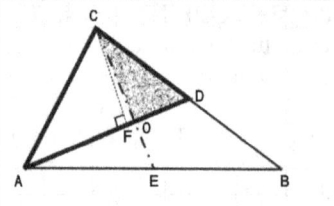

Ultimo passaggio verifica: dal precedente rapporto si

deduce che l'area di COD è pari ad $\frac{1}{3}$ dell'area di

ACD, che a sua volta è pari ad dell'area di ABC, ovvero

$$Area_{COD} = \frac{1}{3} \bullet \frac{1}{2} Area_{ABC} = \frac{1}{6} Area_{ABC}$$

Quattordicesimo quiz La risposta è d

I triangoli rettangoli isosceli corrispondono alla metà di un quadrato: l'ipotenusa di questi triangoli coincide con la diagonale del quadrato.

Qualcuno ricorderà che esiste una formula che lega la

diagonale al lato del quadrato, ovvero: $d = l\sqrt{2}$

Il problema indica la lunghezza dell'ipotenusa del triangolo (pari ad 1 m). Sfruttando, quindi, la formula appena

richiamata si otterrebbe: $1 = l\sqrt{2}$ dove $1 =$ lato da cui si ha che $l = \frac{1}{\sqrt{2}} =>$ non

razionalizzata.

$$l = \frac{1 \bullet \sqrt{2}}{\sqrt{2} \bullet \sqrt{2}} => l = \frac{\sqrt{2}}{2} \text{ razionalizzata}$$

L'area del triangolo, quindi, risulta uguale a: $Area._{triangolo} = \frac{cateto..x..cateto}{2} =>$

$$Area._{triangolo} = \frac{\frac{\sqrt{2}}{2} \bullet \frac{\sqrt{2}}{2}}{2} => Area._{triangolo} = \frac{\sqrt{2}}{2} \bullet \frac{\sqrt{2}}{2} \bullet \frac{1}{2} => Area._{triangolo} = \frac{\sqrt{4}}{8} =>$$

$$Area._{triangolo} = \frac{2}{8} => Area._{triangolo} = \frac{1}{4} m^2$$

QUIZ parte B
(Le risposte sono a fine domande)

1. Le bisettrici di un triangolo incontrano i lati opposti

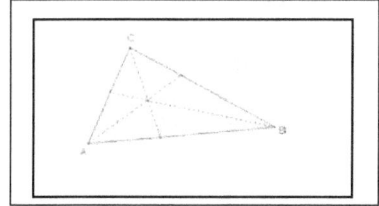

a) nei punti medi.
b) nei punti di contatto dei lati del triangolo con la circonferenza inscritta.
c) nei piedi delle altezze.
d) in nessuno dei precedenti punti.

2. Quale delle seguenti affermazioni è *falsa*?
È sempre possibile *inscrivere* in una circonferenza un

a) rombo.
b) trapezio isoscele
c) rettangolo
d) quadrato.

3. È sempre possibile *circoscrivere* a una circonferenza un

a) rombo
b) trapezio isoscele.
c) rettangolo.
d) parallelogramma.

4. Quale delle seguenti affermazioni è *falsa*?

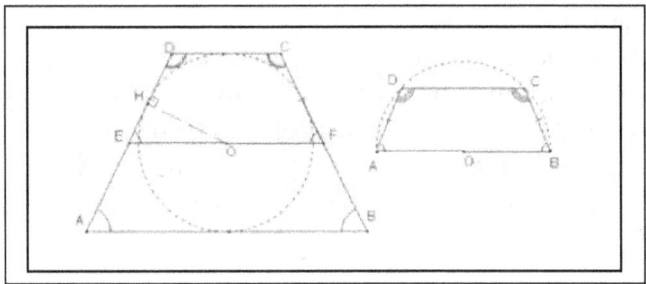

Un trapezio isoscele

a) è inscrivibile in una semicirconferenza se le diagonali sono perpendicolari ai   lati obliqui.

b) è circoscrivibile a una semicirconferenza se il lato obliquo è pari alla metà della base maggiore.

c) è sempre circoscrivibile a una circonferenza se il lato obliquo è pari alla base minore.

d) è circoscrivibile a una circonferenza se il lato obliquo è pari alla semi somma delle basi.

5. Quale delle seguenti affermazioni è *vera*?

a) Se un quadrilatero è inscritto in una circonferenza allora è un rettangolo.

b) Se un quadrilatero è inscritto in una circonferenza allora è un poligono regolare.

c) Si possono circoscrivere a una circonferenza solo quadrilateri convessi.

d) Se un quadrilatero è circoscritto a una circonferenza allora è un rettangolo.

6. Quale delle seguenti affermazioni è *falsa*?

In un triangolo rettangolo

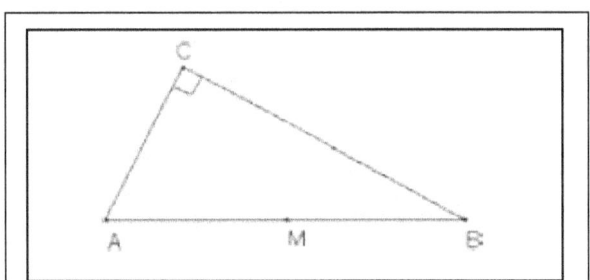

a) L'ortocentro coincide con il vertice di "C"

b) ortocentro, baricentro, circocentro e incentro sono sempre punti del triangolo.

c) si può circoscrivere una semicirconferenza.

d) il baricentro coincide con il punto medio dell'ipotenusa.

7. Quale delle seguenti affermazioni è *falsa*?

a) Un quadrilatero può essere inscritto in una circonferenza solo se le somme degli angoli opposti sono uguali.

b) Ogni quadrilatero è interno a una circonferenza.

c) In ogni quadrilatero è possibile individuare incentro e circocentro.

d) L'incentro nel rombo coincide con il centro di simmetria.

8. Il circocentro di un triangolo è il punto d'intersezione

a) delle mediane.

b) delle altezze.

c) degli assi.

d) delle bisettrici.

9. Due triangoli hanno i lati paralleli

a) se sono rispettivamente inscritti e circoscritti alla stessa circonferenza.

b) se sono inscritti nella stessa circonferenza.

c) se sono circoscritti alla stessa circonferenza.

d) in nessuno dei casi precedenti.

10. Quale delle seguenti affermazioni è *falsa*?

a) Ogni triangolo è inscrivibile in una circonferenza.

b) Ogni triangolo è circoscrivibile a una circonferenza.

c) Un poligono si dice inscritto in una circonferenza se almeno tre dei suoi vertici appartengono alla circonferenza.

d) Un poligono si dice circoscritto a una circonferenza se i suoi lati sono tangenti alla circonferenza.

11. Il triangolo *A'B'C'* ottenuto congiungendo i punti medi dei lati di un triangolo *ABC*

non ha:

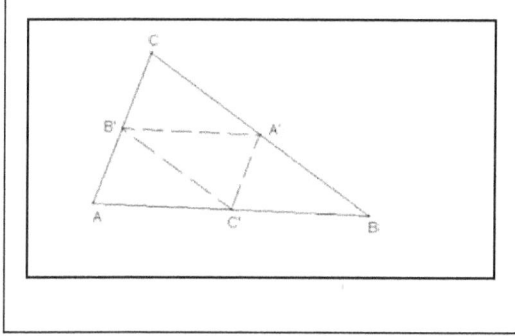

a) perimetro pari a metà del perimetro di *ABC*.

b) i lati paralleli ad *ABC*.

c) baricentro *G'* coincidente con il baricentro *G* di *ABC*.

d) ortocentro *H'* coincidente con l'ortocentro *H* di *ABC*.

12. Quale delle seguenti affermazioni è *falsa*?

In un triangolo isoscele

a) baricentro, circocentro, incentro e ortocentro sono sempre allineati.

b) gli archi staccati dai lati obliqui sulla circonferenza circoscritta sono bisecati dalle bisettrici degli angoli opposti.

c) circocentro e ortocentro sono sempre interni.

d) baricentro, circocentro, incentro e ortocentro possono coincidere.

13. Quale delle seguenti affermazioni è *falsa*?

a) Un poligono che ha tutti gli angoli congruenti è irregolare.

b) Un poligono regolare può essere sempre inscritto e circoscritto a una circonferenza.

c) Nei poligoni regolari incentro e circocentro coincidono.

d) Un triangolo che ha tre angoli uguali, è un poligono regolare.

14. Quale delle seguenti affermazioni è *vera*?
a) Il lato dell'esagono regolare è pari al raggio della circonferenza inscritta.
b) La diagonale del quadrato è pari al raggio della circonferenza circoscritta.
c) Il lato del quadrato è pari al raggio della circonferenza inscritta.
d) Il rapporto tra il lato del triangolo equilatero circoscritto e quello inscritto alla stessa circonferenza è 2.

15. Quale dei seguenti poligoni *non* è regolare?
a) Triangolo equilatero.
b) Quadrato.
c) Rombo.
d) Sono tutti poligoni regolari.

16. Se un quadrilatero può essere circoscritto a una circonferenza allora sono uguali:

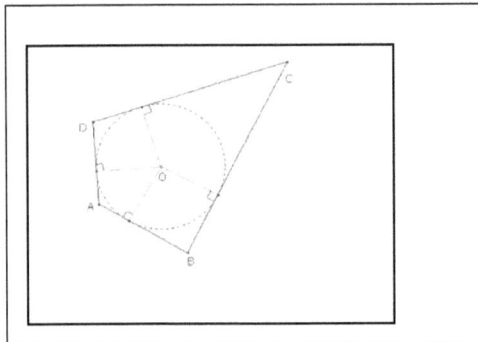

a) le somme degli angoli opposti.
b) le somme degli angoli consecutivi.
c) le somme dei lati consecutivi.
d) le somme dei lati opposti.

17. L'incentro è
a) il centro della circonferenza tangente ai lati di un poligono a essa circoscritto.
b) il centro di una circonferenza passante per i vertici di un triangolo.
c) il punto d'intersezione delle mediane di un triangolo.
e) il punto d'intersezione delle altezze di un triangolo.
f)

Le risposte esatte dei quiz - parte B

1	2	3	4	5	6	7	8	9	10	11	12	13	14	15	16	17
d	a	a	c	c	d	c	b	d	c	d	c	a	d	c	d	a

QUIZ - parte C
(Le risposte sono a fine domande)

1. Il segmento e il quadrato

1. Disegnare un **Segmento** *AB* di lunghezza 5 cm.

2. Costruire sul segmento *AB* il quadrato *ABCD* e descrivere sul foglio il procedimento utilizzato per costruire la figura.

Per costruire la figura si traccia il segmento AB = 5 cm., poi si mandano le perpendicolari ai punti A e B di lunghezza 5 cm. e si uniscono gli estremi di queste due perpendicolari.

3. Verifica della costruzione

3.a Misurare la lunghezza di AC = ... e con **Calcolatrice** il rapporto $\dfrac{AC}{AB}$ = ...

La lunghezza AC, cioè la diagonale del quadrato è 7,0711 ed il rapporto $\dfrac{AC}{AB}$ è

$\dfrac{7,0711}{5}$ => 1,41422 vedi figura seguente:

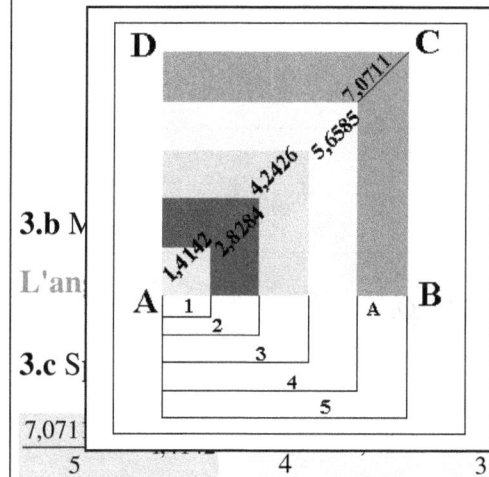

3.b M............ra l'angolo radiale : $CA\hat{\ }B$ = ...

L'an................simale à 45°

3.c S............Come varia il rapporto $\dfrac{AC}{AB}$ al variare di *AB*?

$\dfrac{7,071}{5}$......... ......26 = 1,4242 ; $\dfrac{2,8284}{2}$ = 1,4242 ; $\dfrac{1,4142}{1}$ = 1,4142

Il rapporto ipotenusa su lato è costante => 1,4142

2. Il punto medio del segmento

4. Determinare il punto medio del segmento *AB* e chiamare *M* tale punto.

5. Tracciare da *M* la **Retta perpendicolare** al lato *AB*, che interseca *DC* nel punto *F*.

La retta perpendicolare è la retta "S" di colore rosso.

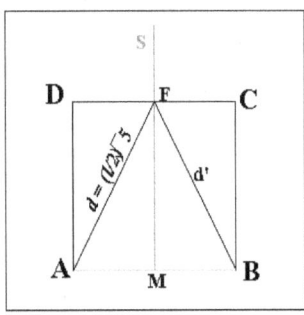

6. Verifica della costruzione

6.a Il quadrato, come tutti i poligoni regolari, gode di alcune simmetrie. Quali? Che

cosa rappresentano, a tale proposito, il punto *M* e la retta *MF*?

Preso il baricentro del quadrato come origine degli assi cartesiani il quadrato gode della simmetria rispetto all'asse "x" e "y" (il vertice A e simmetrico con C; il vertice B è simmetrico con D); (C e simmetrico con B et A è simmetrico con D). Ogni punto preso sulla retta "S" è equidistante dai vertici della base.

3. Quadrato inscritto e circoscritto

7. Costruire la **Circonferenza** circoscritta al quadrato *ABCD*.

8. Costruire la **Circonferenza** inscritta al quadrato *ABCD*.

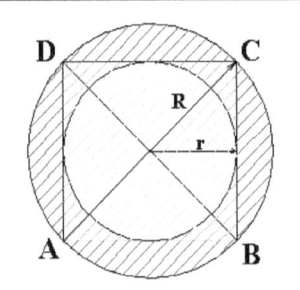

9. Verifica della costruzione

9.a Misurare il raggio *R* della circonferenza circoscritta *R* _ ..... e il raggio *r* della circonferenza inscritta *r* _ ..... ; calcolare il rapporto .

Il raggio r della circonferenza Cinscritta è *l*/2 oppure formula inversa della

circonferenza $C_{inscritta} = 2\pi r$, cioè $r = \dfrac{C_{inscritta}}{2\pi}$, così dicasi per il raggio R è

$l\sqrt{2}$ oppure

$C_{cir\cos critta} = 2\pi R$ da cui $R = \dfrac{C_{circoscritta}}{2\pi}$.

Il rapporto è R/r ossia $\dfrac{R}{r} = \dfrac{\frac{C_{circoscritta}}{2\pi}}{\frac{C_{inscritta}}{2\pi}}$ => ossia $\dfrac{R}{r} = \dfrac{C_{circoscritta}}{2\pi} \bullet \dfrac{2\pi}{\frac{C_{circoscritta}}{2\pi}}$ =>

$$\dfrac{R}{r} = \dfrac{C_{circoscritta}}{C_{circoscritta}}$$

9.b Valutare come varia tale rapporto al variare di *AB*. Varia proporzionalmente con il variare del lato del quadrato che si ripercuote sul raggio r.

Teoria
9.c Per quali punti del quadrato passano rispettivamente le due circonferenze? La circonferenza inscritta passa tangenzialmente ai lati del quadrato. La circonferenza circoscritta passa per i vertici A,B,C,D del quadrato.

4. Quadrato inscritto e circoscritto

10. Utilizzando il quadrato *ABCD*, costruire l'ottagono regolare *AEBFCGDH* inscritto nella
circonferenza di raggio *R* (*disegnare gli assi di simmetria del quadrato...*) e descrivere
il procedimento. (porre AB = 60 cm.).
Gli assi di simmetria sono le diagonali dell'ottagono che congiungono i vertici in coppia (A con C; E con G; B con D; F con H). (**vedi figura**)
11. Costruire la **Circonferenza** di raggio *r*8 inscritta all'ottagono e descrivere il procedimento.
La circonferenza inscritta all'ottagono ha come centro il centro del quadrato (1/2 della diagonale); il suo raggio è la misura dell'apotema (OP) che divide il lato in 2 parti, quindi si punta nel centro O e si traccia la circonferenza di raggio r = OP. (**vedi figura**)

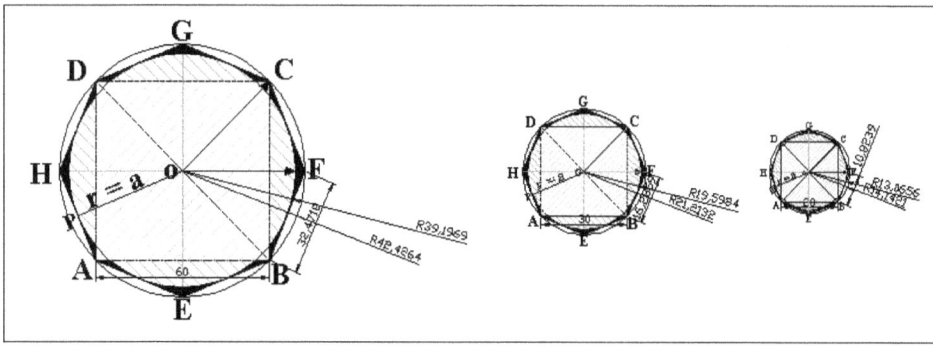

12. Teoria
12.a In quali punti la circonferenza inscritta all'ottagono tocca il poligono?
La circonferenza inscritta tocca tutti i lati dell'ottagono, precisamente tangente ad ogni lato.
12.b Quali sono gli assi di simmetria e i centri di simmetria del quadrato e dell'ottagono

regolare?

Gli assi di simmetria del quadrato sono (A,C) et (B,D).

Gli assi di simmetria dell'ottagono sono (A,C) et (B,D) più (E,G) et (F,H)

13. Verifica della costruzione

13.a Misurare l'angolo .

L'angolo dell'ottagono misura 360°/8 ossia 45°.

13.b Misurare la lunghezza del lato $l8$ dell'ottagono e il rapporto tra il lato dell'ottagono
e il lato $l4$ del quadrato. Calcolare il rapporto .

La misura del lato dell'ottagono è di cm. 32,4718, mentre quella del quadrato è 60 cm.

Il rapporto tra i lati dell'ottagono e del quadrato è 32,4718/60 => cm. 0,5411

13.c Come varia tale rapporto al variare di *AB* ($l4$)?

Il rapporto, al variare del lato AB del quadrato è costante perché diminuendo il lato del quadrato diminuisce proporzionalmente il lato dell'ottagono. In figura si nota il lato ridotto a 1/2 e 1/3.

Fine Capitolo 7

Capitolo 8
(Aiuto alla risoluzione dei problemi - Formulario)

Introduzione ai numeri

In questo manuale sono raccolte alcune delle formule più importanti della matematica di base (esclusa l'analisi) indispensabili come prerequisiti per i primi corsi universitari di matematica. Le formule e i risultati non sono presentati in ordine sequenziale, ma opportunamente raggruppati in capitoli.

---- $\mathbb{N}$ è l'insieme dei numeri naturali, compreso lo zero. $\mathbb{N} = \{0,1,2,....\}$

---- $\mathbb{Z}$ è l'insieme dei numeri interi. $\mathbb{Z} = \{0,\pm 1,\pm 2,....\}$

---- $\mathbb{Q}$ è l'insieme dei numeri razionali. $\mathbb{Q} = \left\{ \dfrac{m}{n}, m \in Z, n \in Z \setminus \{0\} \right\}$

---- $\mathbb{R}$ è l'insieme dei numeri reali.

---- **Notazioni per gli intervalli di numeri reali** (si sconsiglia l'uso della parentesi tonda)

    ---- $[a,b] = \{x \in \mathbb{R}: a \le x \le b\}$

    ---- $]a,b] = (a,b] = \{x \in \mathbb{R}: a < x \le b\}$

    ---- $[a,b[= [a,b) \ \{x \in \mathbb{R}: a \le x < b\}$

    ---- $]a,b[= (a,b) = \{x \in \mathbb{R}: a < x < b\}$

---- $]-\infty,b] = (-\infty,b] = \{x \in \mathbb{R}: x \le b\}$

---- $]-\infty,b[= (-\infty,b) = \{x \in \mathbb{R}: x < b\}$

---- $[a,+\infty[= [a,+\infty) = \{x \in \mathbb{R}: x \ge a\}$

---- $]a,+\infty[= (a,+\infty) = \{x \in \mathbb{R}: x > a\}$

----

1 Numeri naturali e interri

1.1 La divisione con resto nei naturali.

Dati due naturali a e b, con b > 0, esiste una ed una sola coppia (q; r) di numeri naturali, con r <

b (e ovviamente r > 0), tali che: $a = p \bullet q + r$

Il numero q è detto quoziente, il numero r è detto resto della divisione (intera) tra a e b.

Se r = 0 si dice che a è multiplo di b, e che b è un divisore di a.

1.2 Massimo comune divisore e minimo comune multiplo di due numeri. Algoritmo

delle divisioni successive.

Dati due numeri naturali positivi a e b, si eseguano successivamente le divisioni intere:

$$a = q_1 b + r_1 \qquad con \qquad a = r < b_1$$

$$b = q_2 b + r_2 \qquad con \qquad r_1 < r_1$$

$$r_1 = q_3 r_2 + r_3 \qquad con \qquad r_3 < r_2$$

Il procedimento ha termine quando si trova un resto 0. Allora il massimo comune divisore è

l'ultimo resto non nullo. Per trovare il minimo comune multiplo basta poi ricordare che il

prodotto tra il massimo comune divisore e il minimo comune multiplo è uguale al prodotto ab

dei due numeri.

1.3 Qualche criterio di divisibilità.

--- Un numero è divisibile per 3 o per 9 se e solo se è divisibile per 3 o per 9 la somma delle sue

cifre.

— Un numero è divisibile per 4 se e solo se è divisibile per 4 il numero formato dalle ultime

due cifre.

— Un numero è divisibile per 8 se e solo se è divisibile per 8 il numero formato dalle ultime tre

cifre.

— Un numero è divisibile per 11 se e solo è divisibile per 11 il numero dato dalla somma delle

cifre di posto pari, meno quello dato dalla somma delle cifre di posto dispari.

1.4 Scomposizione di un numero in fattori primi. Teorema fondamentale   dell'aritmetica.

Ogni numero naturale diverso da 1 o è primo o si può scomporre in un prodotto di fattori

primi. Tale scomp.zione è unica a meno dell'ordine in cui compaiono i fattori.

$$n = p_1^{m1} \bullet p_2^{m2} \bullet ..... \bullet P_r^{mr}$$

Numeri razionali e reali

1.5 Rappresentazione decimale di un numero razionale.

Ogni numero razionale può essere scritto in forma decimale, finita o periodica. I numeri decimali con periodo 9 sono detti decimali impropri e non si ottengono mai con l'algoritmo della divisione. Escludendo i decimali impropri, la corrispondenza tra numeri decimali finiti o periodici e numeri razionali è biunivoca e precisamente, dato un numero razionale m/n, con m ed n primi tra di loro, ed $n \in \backslash\{0,1\}$; 1g, si ha:

--- se il denominatore ha solo i numeri 2 e 5 tra i suoi divisori primi, allora il numero decimale che gli corrisponde è finito, e il numero razionale si dice anche numero razionale decimale (in quanto può essere scritto sotto forma di frazione con denominatore una potenza di dieci);

--- se il denominatore non contiene né il 2 né il 5 tra i suoi divisori primi, allora il numero decimale che gli corrisponde è periodico semplice;

--- se il denominatore contiene sia i numeri 2 e 5 tra i suoi divisori primi che altri divisori, allora il numero decimale che gli corrisponde è periodico misto.

1.6 Frazione generatrice di un decimale periodico.

Sia m il numero (eventualmente zero) di cifre dell'antiperiodo e p il numero di cifre del periodo. Detto x il numero dato, si esegua la sottrazione 10m+px _ 10mx: la determinazione della frazione generatrice è immediata. Si veda l'esempio che segue.

Sia dato $\qquad x = 31,23\overline{567}$ Allora m = 2 e p = 3. Si ha poi:

$100000x - 100x = 2123567,\overline{567} - 3123,\overline{567} \Rightarrow 3120444$ da cui si ottiene subito $x = \frac{3120444}{99900}$

1.7 Razionalizzazioni

$$--- \frac{a}{\sqrt{b}} = \frac{a\sqrt{b}}{b};$$

$$--- \frac{a}{\sqrt{b} \pm \sqrt{c}} = -\frac{a(\sqrt{b} \pm \sqrt{c})}{b - c}$$

$$--- \frac{a}{\sqrt[3]{b} \pm \sqrt[3]{c}} = -\frac{a(\sqrt[3]{b^2} \pm \sqrt[3]{bc} + \sqrt[3]{c^2})}{b \pm c}$$

1.8 Radicali doppi.

$$\sqrt{a \pm \sqrt{b}} = \frac{\sqrt{a + \sqrt{a^2 - b}}}{2} \pm \frac{\sqrt{a - \sqrt{a^2 - b}}}{2}$$

1.9 Calcolo combinatorio

1.10 Disposizioni semplici.

Disposizioni, o allineamenti, semplici di n oggetti di classe k, oppure a k a k sono i sottoinsiemi ordinati, costituiti da k elementi, presi da un insieme A di n elementi, $A = \{a_1, a_2 \ldots \ldots a_n\}$;

Detto in altro modo: dati n oggetti distinti e k caselle numerate, una disposizione semplice è una sistemazione di k degli n oggetti nelle caselle date in modo che due sistemazioni differiscano o per l'ordine o per gli oggetti che contengono. Il numero di queste disposizioni è dato da:

$$D_{n,k} = \frac{n(n-1) \bullet (n-2) \ldots \ldots (n-k+1)}{k \ldots fattori} \quad \text{dove } k \leq n.$$

Le disposizioni semplici si possono anche vedere come funzioni iniettive da un insieme di k elementi (per esempio l'insieme $A = \{1, 2, \ldots \ldots k\}$ in un insieme A di n elementi. Si pone poi $D_{n;}0 = 1$

1.11 Disposizioni con ripetizione.

Sono disposizioni in cui si consente che nelle k caselle gli n oggetti possano anche essere ripetuti più volte, ovvero funzioni, *anche non iniettive*, da un insieme di k elementi in un insieme di n elementi. k ora può essere anche più grande di n. Il numero di queste disposizioni è dato da: $D^r_{n,k;} = n^k$

1.12 Permutazioni semplici.

Sono le disposizioni di n elementi, di classe n. Sono in numero di:

$$P_n = D_{n,n;} = n(n-1)(n-2) \ldots \ldots 2 \bullet 1 = n!$$

Si tratta in sostanza degli anagrammi di parole con lettere tutte distinte. Si pone anche, per definizione, $0! = 1$

1.13 Permutazioni di elementi non tutti distinti.

Si tratta degli allineamenti di n oggetti, non tutti distinti, ovvero degli anagrammi di parole con lettere non tutte distinte. Se si hanno n_1 oggetti uguali a un oggetto a_1, n_2 oggetti uguali a un oggetto $a_2, \ldots \ldots n_k$ oggetti uguali a un oggetto n_1, con $n_1 + n_2 \ldots \ldots + n_k = n$, il numero di questi allineamenti è:

$$P_n^{n1, n2, \ldots \ldots, n_k} = \frac{n!}{n_1! \bullet n_2! \ldots \ldots n_k}$$

1.14 Combinazioni semplici.

Sono i sottoinsiemi di k elementi di un insieme di n elementi. Esse sono in numero di

$$C_{n,k} = \binom{n}{k} = \frac{n!}{n_1!(n-k)!} \Rightarrow$$

Questi numeri sono anche detti coefficienti binomiali.

1.15 Formula del binomio (di Newton).

$$(a+b)^n = \binom{n}{n}a^n + \binom{n}{n-1}a^{n-1}b + \binom{n}{n-2}a^{n-2}b_2 + \ldots\ldots + \binom{n}{1}ab^{n-1} + \binom{n}{0}b^n \Rightarrow$$

$$= \binom{n}{0}a^n + \binom{n}{n-1}a^0b + \binom{n}{2}a^{n-2}b^2 + \ldots\ldots + \binom{n}{n-1}ab^{n-1} + \binom{n}{n}b^n$$

1.16. Proprietà dei coefficienti binomiali.

$$\ldots\ldots\ldots\ldots\ldots \binom{n}{k} = \binom{n}{n-k}$$

$$\ldots\ldots\ldots\ldots \binom{n}{k} = \binom{n-1}{k-1} + \binom{n-1}{k}$$

$$\ldots\ldots \binom{n}{0} + \binom{n}{1} + \binom{n}{2} + \ldots\ldots\ldots + \binom{n}{n} = 2^n$$

$$\binom{n}{0} - \binom{n}{1} + \binom{n}{2} - \binom{n}{3} + \ldots\ldots\ldots + (-1)^n\binom{n}{n} = 0$$

2   I Polinomi

Generalità:

Ci occupiamo in questo capitolo solo di polinomi a coefficienti reali e della ricerca delle loro radici in $\mathbb{R}$

2.1   Polinomi, o funzioni polinomiali, di grado n in una variabile.

$$P_n(x) = a_n x^n + a_{n-1} x^{n-1} + \ldots\ldots + a_2 x^2 + a_1 x + a_0 \qquad a_n \neq 0$$

Spesso si scrive semplicemente $p(x)$ al posto di $p_n(x)$. Se n è il grado del polinomio p, si scrive $\deg(p) = n$. Casi particolari:

--- $n = 0$; $p_0(x)$; $a = 0$ funzioni costanti, aventi come grafico una retta parallela all'asse delle ascisse.

--- $n = 1$; $p_1(x)$; $a_1 x + a_0$: funzioni lineari, aventi come grafico una retta di coefficiente angolare a1 e ordinata all'origine a0. Abitualmente indicati con p1(x) = mx + q, oppure p1(x) = ax + b.

$n = 2$; $p_2(x) = a_2 x^2 + a_1 x + a_0$ funzioni quadratiche, aventi come grafico una parabola ad asse verticale. Abitualmente indicati con $p_2(x) = a_2 x^2 + bc + c$

2.2.   Principio di identità dei polinomi.

Due polinomi $P(x) = a_n x^n + a_{n-1} x^{n-1} + \ldots\ldots + a_0$ et $q(x) = b_n x^n + b_{n-1} x^{n-1} + \ldots\ldots + b_0$ coincidono per tutti i valori della variabile reale x se e solo se hanno lo stesso grado e

$$a_n = b_n, \qquad a_{n-1} = b_{n-1}, \qquad a_1 = b_1, \qquad a_0 = b_0$$

In particolare: un polinomio $P_n(x) = a_n x^n + a_{n-1} x^{n-1} + \ldots\ldots + a_0$ è identicamente nullo se e solo se tutti i suoi coefficienti sono nulli.

Divisione tra polinomi

2.3. L'algoritmo della divisione tra polinomi.

Se f e g sono due polinomi, con $\deg(\mathbf{f}) \geq \deg(\mathbf{g})$ allora esistono due polinomi q ed r, con deg(q) = deg(f) - deg(g) e deg(r) < deg(g), tali che: $\mathbf{f = g \cdot q + r}$:

q è detto polinomio quoziente, mentre r è detto polinomio resto. Se r è il polinomio identicamente nullo, si dice che f è divisibile per g.

Regola pratica per eseguire la divisione. Se si considerano i polinomi

$f(x) = x^5 + 2x^4 + 3x^3 - x^2 + x + 2$ et $g(x) = x^2 + x - 1$, per eseguire la divisione si dispongono

i polinomi come nella ordinaria divisione tra numeri naturali (divisione "a danda"), si divide il

primo termine del dividendo (x^5) per il primo del divisore (x^2) e si scrive il risultato (x^3)

nello spazio destinato al quoziente. Successivamente si moltiplica il monomio ottenuto (x^3)

per il divisore e si scrivono i risultati nello spazio apposito sotto al dividendo, cambiandoli di

segno (solo per facilitare i calcoli). Si somma il dividendo con questo polinomio e si

ricomincia, fin quando si ottiene un resto di grado minore a quello del divisore.

2.4. *Divisione tra polinomi. Il caso particolare del dividendo del tipo g(x) = (x - α), con α costante reale qualunque.*

In questo caso il resto della divisione è semplicemente f(α), ovvero si ha:

$$f(x) = (x - \alpha) \bullet q(x) + f(\alpha)$$

Dunque

f(x) è divisibile per (x - α) se e solo se (f(α) = 0).

2.5 *Radici o zeri dei polinomi*

Dato un polinomio $P_n(x) = a_n x^n + a_{n-1} x^{n-1} + \ldots\ldots + a_2 x^2 + a_1 x + a_0$, ogni numero reale α

tale che p(α) = 0 si chiama una radice (reale) o zero (reale) del polinomio.

Una radice di un polinomio p è una soluzione dell'equazione p(x) = 0.

Un polinomio di grado n non può avere più di n radici (reali) distinte.

2.6 Conseguenze del Teorema fondamentale dell'algebra (in ℝ).

Ogni polinomio di grado n si può scomporre in un prodotto del tipo

$$P_n(x) = a_n(x - a_1)^{k1}....(x - a_r)^{kr}(x^2 + b_1x + c_1)^{h1}....(x^2 + b_sx + c_s)^{hs},$$

dove i termini di secondo grado hanno il discriminante negativo.

I numeri α1; _α2, ...αr sono le radici (reali) del polinomio, mentre   k1, k2, ... kr sono le loro molteplicità.

N.B. Anche se la scomposizione di un polinomio in un prodotto è teoricamente possibile, non è affatto detto che sia tecnicamente realizzabile.

2.7 Determinazione delle radici dei polinomi, ovvero risoluzione di equazioni algebriche.

--- Polinomi di primo grado. Il polinomio p(x) = (ax+b) ha come unica radice il numero reale - b/a.

--- Polinomi di secondo grado. Il polinomio $P_n(x) = ax^2 + bx + c$

non ha radici reali se Δ = b2 - 4ac < 0 ;

--- ha due radici reali (eventualmente coincidenti) se Δ = b2 - 4ac ≥ 0 ;

$$x_{1,2} = \frac{-b \pm \sqrt{b^2 - 4ac}}{2a}$$

Pertanto un polinomio di secondo grado, con Δ ≥ 0, è scomponibile secondo la seguente

formula: $ax^2 + bx + c = a(x - x_1)(x - x_2)$

— Polinomi di grado superiore. Esistono formule risolutive per le equazioni di terzo e quarto grado, ma esulano dagli scopi di questo testo, mentre non esistono formule risolutive generali per le equazioni di grado superiore (Teorema di Abel).

La determinazione di eventuali radici per polinomi di questo tipo si basa sulla loro scomposizione in fattori e sulla ricerca di eventuali radici razionali.

2.8 Relazioni tra radici e coefficienti in un polinomio di secondo grado.

Se $ax^2 + bx + c$, e Δ ≥ 0, allora

$$x_1 + x_2 = -\frac{a}{b} \quad et \quad x_1 \bullet x_2 = \frac{c}{a}$$

2.9 Equazioni biquadratiche e trinomie.

Le equazioni del tipo

$$ax^4 + bx^2 + c = 0 \; ; \text{ oppure } ax^{2n} + bx^n + c = 0$$

si risolvono con la posizione $x^2 = t$ oppure $x^n = t$.

2.10 Permanenze e variazioni.

In un polinomio

$$P_n(x) = a_n x^n + a_{n-1} x^{n-1} + \ldots\ldots + a_2 x^2 + a_1 x + a_o \; ; \qquad a_n \neq 0$$

si ha una variazione di segno se due coefficienti consecutivi non nulli hanno segno diverso, una permanenza di segno se due coefficienti consecutivi non nulli hanno lo stesso segno.

2.11 Regola dei segni di Cartesio.

In un polinomio

$$P_n(x) = a_n x^n + a_{n-1} x^{n-1} + \ldots\ldots + a_2 x^2 + a_1 x + a_o \; ; \qquad a_n \neq 0$$

sia V il numero delle variazioni. Allora il numero Vp delle radici (reali) positive è minore o uguale a V ; se Vp è minore di V , allora il numero V - Vp è pari.

Applicazione al caso dei polinomi di secondo grado. Se $ax^2 + bx + c$ è un polinomio di secondo grado con coefficienti tutti diversi da zero e discriminante non negativo, allora

—   ad ogni variazione corrisponde una radice positiva,

      — ad ogni permanenza una radice negativa.

2.12 Ricerca di eventuali zeri razionali di un polinomio.

Dato il polinomio $P_n(x) = a_n x^n + a_{n-1} x^{n-1} + \ldots\ldots + a_2 x^2 + a_1 x + a_0$ dove $a^n \neq 0$

le sue eventuali radici razionali appartengono all'insieme delle frazioni che hanno a numeratore un divisore del termine noto $a_o \neq 0$ e a denominatore un divisore del primo coefficiente a_n.

Se nessuna di queste frazioni è radice del polinomio, allora o non ci sono radici reali, oppure le eventuali radici reali sono irrazionali.

2.13   Prodotti notevoli. Scomposizione in fattori

Triangolo di Tartaglia o di Pascal.

$$\begin{array}{ccccccccccc}
 & & & & & 1 & & & & & \\
 & & & & 1 & & 1 & & & & \\
 & & & 1 & & 2 & & 1 & & & \\
 & & 1 & & 3 & & 3 & & 1 & & \\
 & 1 & & 4 & & 6 & & 4 & & 1 & \\
1 & & 5 & & 10 & & 10 & & 5 & & 1 \\
\cdots & & & & & & & & & &
\end{array}$$

2.14 Prodotti notevoli.

- $(a - b)(a + b) = a^2 - b^2$.
- $(a \pm b)^2 = a^2 \pm 2ab + b^2$.
- $(a \pm b)^3 = a^3 \pm 3a^2b + 3ab^2 \pm b^3$.
- $(a + b)^n = a_n a^n + a_{n-1}a^{n-1}b + \cdots + a_1 ab^{n-1} + a_0 b^n$, con i coefficienti a_i determinati con il triangolo di Tartaglia.
  $(a - b)^n$: la stessa formula già vista per $(a+b)^n$, ma con i segni alternati, a partire dal $+$.
  $(a + b + c)^2 = a^2 + b^2 + c^2 + 2ab + 2ac + 2bc$.

2.15 Scomposizioni in fattori di alcuni polinomi.

- $a^2 \pm 2ab + b^2 = (a \pm b)^2$.
- $a^3 \pm 3a^2b + 3ab^2 \pm b^3 = (a \pm b)^3$.
- $a^2 - b^2 = (a - b)(a + b)$.
- $a^3 - b^3 = (a - b)(a^2 + ab + b^2)$.
- $a^3 + b^3 = (a + b)(a^2 - ab + b^2)$.
- $a^n - b^n = (a - b)(a^{n-1} + a^{n-2}b + \cdots + ab^{n-2} + b^{n-1})$.

$a^n + b^n = (a + b)(a^{n-1} - a^{n-2}b + \cdots - ab^{n-2} + b^{n-1})$, solo con n dispari.
$a^n - b^n = (a + b)(a^{n-1} - a^{n-2}b + \cdots - ab^{n-2} + b^{n-1})$, solo con n pari.
$a^n - b^n = (a^2 - b^2)(a^{n-2} + a^{n-4}b^2 + \cdots + a^2b^{n-4} + b^{n-2})$, solo con n pari.
Raccoglimenti parziali. Procedere come nel seguente esempio:

$$ax + ay - bx - by = a(x + y) - b(x + y) = (a - b)(x + y).$$

3 Geometria analitica nel piano

In quanto segue il sistema di coordinate cartesiane adottato è ortogonale e monometrico.

Nozioni fondamentali:

3.1 Distanza di due punti.

$$A(x_A, y_A) \ e \ B(x_B, Y_B)$$

$$\overline{AB} = \sqrt{(x_B - x_A + (y_B - y_A)^2}$$

in particolare

$$\overline{AB} = |y_B - y_A| .se.. x_A = x_B$$

$$\overline{AB} = |x_B - x_A| .se.. y_A = y_B$$

Nelle formule soprascritte l'ordine dei punti A e B non è importante. La formula per la distanza non è altro che una semplice conseguenza del teorema di Pitagora, e per questo è importante che il sistema cartesiano sia ortogonale. I casi particolari si riferiscono a coppie di punti che appartengono, rispettivamente, a una retta parallela all'asse delle y ("retta verticale", $x_A = x_B$) oppure parallela all'asse delle x ("retta orizzontale", $y_{A;} = y_B$).

3.2 Punto medio M di un segmento AB.

$$x_M = \frac{x_A + x_B}{2}; \qquad y_M = \frac{y_A + y_B}{2}$$

Si può notare che il punto medio di un segmento ha per coordinate la media delle coordinate degli estremi.

3.3 Baricentro G di un triangolo $\triangle ABC$.

$$x_G = \frac{x_A + x_B + x_C}{3}; \qquad y_G = \frac{y_A + y_B + y_C}{3}$$

Anche per il baricentro si può notare che le sue coordinate sono la media delle coordinate dei vertici. Per le applicazioni alla fisica si deve tenere conto che queste formule forniscono le coordinate del baricentro solo se i tre vertici hanno la stessa massa.

3.4 Divisione di un segmento in parti di rapporto assegnato.

Dato un segmento AB, si vuole determinare un punto P, compreso tra A e B, tale che il rapporto AP/PB sia uguale ad un numero reale λ (positivo) prefissato.

$$x_p = \frac{x_A + \lambda x_B}{1 + \lambda} \; ; \qquad y_p = \frac{y_A + \lambda y_B}{1 + \lambda}$$

Notiamo che se $\lambda = 1$ si ottengono le coordinate del punto medio, se $\lambda = 0$ si ottengono le coordinate di A, mentre se $(\lambda \to +\infty)$ si ottengono le coordinate di B.

3.5 Traslazione degli assi.

Dati due sistemi cartesiani ortogonali monometrici Oxy e O'XY , con la stessa unità di misura, se O'(a, b) è l'origine del "nuovo" sistema, le coordinate di uno stesso punto P visto dai due sistemi sono legate dalle formule:

$$(*)\begin{cases} x = X + a \\ y = Y + b \end{cases} ; \qquad (**)\begin{cases} X = x - a \\ Y = y - b \end{cases}$$

Le formule (*) forniscono le "vecchie" coordinate in funzione delle "nuove" e servono per trasformare le equazioni dei luoghi geometrici nel piano, le (**) forniscono le "nuove" coordinate in funzione delle "vecchie" e servono per trasformare le coordinate dei punti.

Questo significa che se un luogo è rappresentato da un'equazione del tipo f(x; y) = 0, usando le (*) si ottiene l'equazione g(X; Y) = 0, che rappresenta lo stesso luogo nel nuovo sistema; se un punto P ha coordinate (x; y), usando le (**) si ottengono le coordinate dello stesso punto nel nuovo sistema.

Si veda la figura seguente:

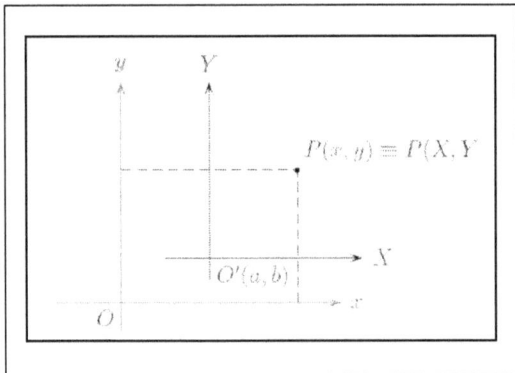

3.6 Rotazione degli assi

Dati due sistemi cartesiani ortogonali monometrici Oxy e OXY , con la stessa unità di misura e la stessa origine, se _ è l'angolo individuato dai due semiassi positivi Ox e OX, le coordinate di uno stesso punto P visto dai due sistemi sono legate dalle formule:

$$(*)\begin{cases} x = X\cos\alpha - Y sina \\ y = X sina + Y\cos\alpha \end{cases} ; \qquad (**)\begin{cases} X = x\cos\alpha + y sina \\ Y = -x sina + y\cos\alpha \end{cases}$$

Per l'uso delle formule (*) e (**) valgono le stesse considerazioni fatte a proposito della traslazione degli assi.

Si veda la figura seguente:

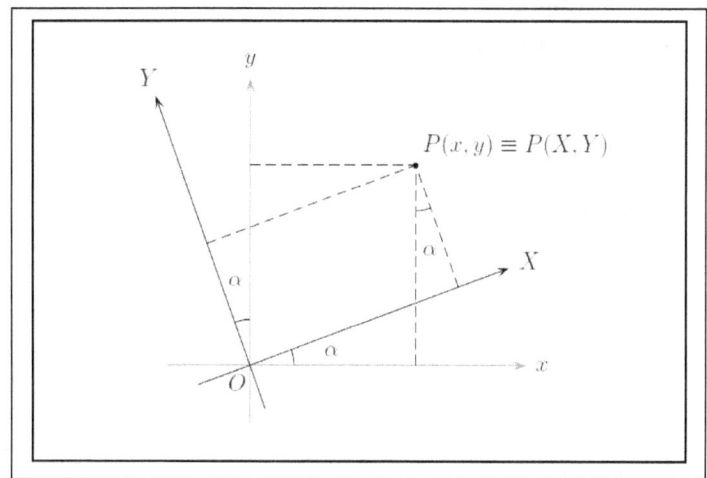

3.7 Rototraslazione degli assi.

Questo movimento risulta composto dalla traslazione che porta dal sistema xOy al sistema

$X'O'Y'$

$$\begin{cases} x = a + X' \\ y = b + Y' \end{cases}$$ e dalla rotazione di un angolo a che porta dal sistema $X'O'Y'$ al sistema,

$XO'Y$

$$\begin{cases} X' = X\cos\alpha - Y\sin\alpha \\ Y' = X\sin\alpha + Y\cos\alpha \end{cases}$$ Si ottengono così le formule per la rototraslazione:

$$(*)\begin{cases} x = a + X\cos\alpha - Y\sin a \\ y = b + X\sin\alpha + Y\cos\alpha \end{cases} ; \quad (**)\begin{cases} X = (x-a)\cos\alpha + (y-b)\sin a \\ Y = -(x-a)\sin\alpha + (y-b)\cos\alpha \end{cases}$$

3.8 Coordinate polari e coordinate cartesiane associate.

La posizione di un punto qualsiasi sul piano è univocamente determinata da:
- la sua distanza dal *polo* = RAGGIO VETTORE
- l'angolo (ANOMALIA o ASCISSA ANGOLARE) formato dall'*asse polare* e dal *raggio vettore*, assumendo l'*asse polare* come origine, e positivo il senso antiorario.
Per rappresentare tutti i punti del piano si conviene che: $p \geq 0$; $0 \leq \varphi \geq 2\pi$

Osservazioni:
- Tutti i punti dell'*asse polare* hanno *anomalia* nulla.
- L'equazione polare dell'*asse* é $\varphi = 0$ oppure $\varphi = 2\pi$
- Tutte le rette passanti per il *polo* hanno un'equazione del tipo: $\varphi = \cos \tan te$ - Un cerchio con centro nel *polo* ha un'equazione del tipo: $p = \cos \tan te$
- Il *polo* ha *raggio vettore* nullo e *anomalia* indeterminata.

Per passare dal sistema cartesiano xOy al sistema polare (applicando il primo teorema sui triangoli rettangoli si usano le seguenti relazioni:

$$\begin{cases} x = p \cos \varphi \\ y = p \operatorname{sen} \varphi \end{cases}$$

Viceversa, per passare dal sistema polare al cartesiano:

$$\cos \varphi = \frac{x}{\sqrt{x^2 + y^2}}, \quad \cos \varphi = \frac{y}{\sqrt{x^2 + y^2}}, \quad tg\varphi = \frac{y}{x}$$

Si veda la figura seguente:

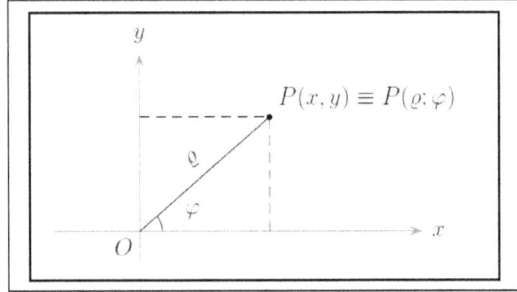

3.9 Coordinate cartesiane e grafici

L'introduzione nel piano di un sistema di coordinate cartesiane consente di rappresentare graficamente insiemi di coppie di numeri reali. Le situazioni di maggior interesse riguardano le rappresentazioni grafiche di:

— insiemi di coppie di soluzioni di equazioni in due incognite reali x e y: $f(x, y) = 0$

— insiemi di coppie di numeri reali ottenuti mediante due equazioni parametriche:

$$\begin{cases} x = f(t) \\ y = g(t) \end{cases}$$

ove f e g sono due funzioni reali di variabile reale;

— insiemi di coppie $(x, . f(x))$, dove f è una funzione reale di variabile reale.

Nei casi di cui intendiamo occuparci, gli insiemi citati sono costituiti da curve più o meno regolari, come rette, coniche, grafici di funzioni elementari. Si deve notare che gli insiemi del terzo tipo (grafici di funzioni) soddisfano il cosiddetto criterio della retta verticale: una retta parallela all'asse delle ordinate interseca il grafico in al più un punto. Nelle applicazioni alla fisica interessa in modo particolare il secondo dei tre casi citati: in questo caso t rappresenta di solito il tempo e la curva descritta nel piano al variare di t si chiama anche traiettoria.

Non è escluso che uno stesso insieme di coppie possa essere rappresentato indifferentemente in uno dei tre modi sopra indicati. Per esempio l'equazione

$$x + 2y - 3 = 0$$

ha la stessa rappresentazione grafica delle funzione ha la stessa rappresentazione grafica della funzione

$$f : \Re \to \Re, \ldots x \to -\frac{x}{2} + \frac{3}{2},$$

o della coppia di equazioni parametriche

$$\begin{cases} x = -2t + 3 \\ y = t \end{cases};$$

si tratta sempre della retta di seguito rappresentata:

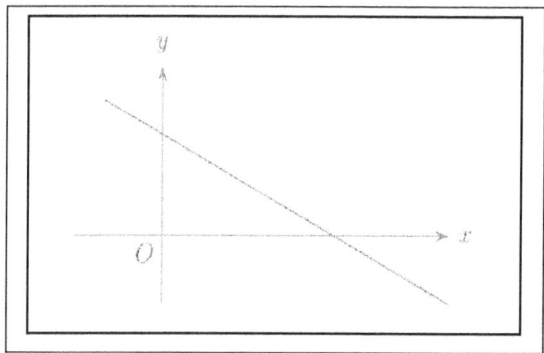

Interessano poi anche rappresentazioni grafiche di insiemi di soluzioni di disequazioni in due incognite: questi insiemi si possono in genere agevolmente rappresentare come conseguenza dei tipi di grafici sopra considerati.

In generale le applicazioni richiedono la risoluzione dei seguenti due problemi, tra di loro complementari:

— la rappresentazione grafica di un insieme data l'equazione (o le equazioni);

— la determinazione della, o delle, equazioni, dato l'insieme, in generale come luogo geometrico e mediante altre proprietà.

3.10 La retta nel piano cartesiano

La retta nel piano cartesiano è rappresentata

— dalle soluzioni di un'equazione di primo grado in due incognite: ax + by + c = 0, detta
forma implicita dell'equazione di una retta;

— dal grafico di una funzione lineare di $\Re.in.\Re:$ $f : \Re \to \Re,.....x \to mx + q$, spesso scritta, in

maniera impropria, come y = mx + q, e detta forma esplicita dell'equazione di una retta;

— da una coppia di equazioni parametriche di primo grado nel parametro t:

$$\begin{cases} x = -2t + p \\ y = mt + q \end{cases}$$

Molte delle formule che seguono si possono memorizzare ed applicare facilmente se si conosce

la teoria dei vettori, nel piano o nello spazio, e si tiene conto dei seguenti fatti:

— data la retta in forma implicita, **ax + by + c = 0**, il vettore **v = (a, b)** è perpendicolare
alla retta;

— data la retta come coppia di equazioni parametriche, il vettore w = (l, m) è parallelo alla
retta.

Nel seguito, comunque, non useremo queste proprietà.

3.11 La retta come equazione di primo grado in due incognite: forma implicita

$$y = m_1 x + q_1$$

3.12 Equazione generale:

$$ax + by + c = 0$$

con la condizione che $ax^2 + by + c \neq 0$, ovvero che a e b non siano contemporaneamente nulli.

Si noti che, poiché a e b non sono contemporaneamente nulli, l'equazione contiene

effettivamente solo due parametri indipendenti, cioè bastano due condizioni per trovare

l'equazione di una retta. L'equazione si può infatti scrivere in almeno uno dei due modi

seguenti:

$$x + \frac{b}{a} y + \frac{c}{a} = 0...se(a \neq 0) ; \quad x + \frac{a}{b} x + y + \frac{c}{b} = 0...se(b \neq 0)$$

Se a e b sono entrambi diversi da zero si può scrivere l'equazione nella cosiddetta forma

segmentaria

$$\frac{x}{p}y + \frac{y}{q} = 1,$$

interessante perché p e q rappresentano le ascisse dei punti di intersezione della retta con gli assi x ed y rispettivamente.

3.13 Condizione di parallelismo di due rette,

$$a_1x + b_1y + c_1 = 0 \text{ et } a_2x + b_2y + c_2 = 0:$$

$$a_1b_2 - a_2b_1 = 0$$

3.14 Condizione di perpendicolarità di due rette,

$$a_1x + b_1y + c_1 = 0 \text{ et } a_2x + b_2y + c_2 = 0:$$

$$a_1a_2 + b_1b_2 = 0$$

3.15 Distanza di un punto P(x0; y0) da una retta r di equazione ax + by + c = 0:

$$d(P,r) = \frac{|ax_o + by_o + c|}{\sqrt{a^2 + b^2}}$$

3.16 Retta passante per due punti

$$A(x_A, y_A) \text{ et } B(x_B, y_B)$$

$$(x - x_A)(y_B, y_A) = (y - y_A)(x_B - x_A):$$

3.17 La retta come funzione lineare di $\Re$ in $\Re$: forma esplicita

Formula generale: $x \to mx + q$ x ; scritta anche, seppure in modo improprio, $y \to mx + q$.

In questo caso la retta in questione non può essere parallela all'asse delle ordinate, cioè non è verticale.

Il numero m si chiama coefficiente angolare, mentre q è l'ordinata all'origine.

3.18 Coefficiente angolare di una retta non verticale.

$$m = \frac{y_A - y_B}{x_A - x_B} = \frac{\Delta_y}{\Delta_x} = tg\,\alpha$$

3.19 Condizione di parallelismo di due rette non verticali,

$$y = m_1x + q_1 \text{ et } y = m_2x + q_2:$$

$$m_1 = m_2$$

3.20 Condizione di perpendicolarità di due rette non verticali né orizzontali,

$$y = m_1 x + q_1 \quad et \quad y = m_2 x + q_2$$

$$m_1 \bullet m_2 = -1$$

3.21 Il minore dei due angoli formati da due rette non perpendicolari, né verticali,

$$y = m_1 x + q_1 \quad et \quad y = m_2 x + q_2$$

$$tg\,\alpha = \left| \frac{m_1 - m_2}{1 + (m_1 \bullet m_2)} \right|$$

3.22 Retta non verticale passante per un punto A(xA; yA) e di coefficiente angolare m:

$$y - y_A = m(x - x_A):$$

4   *Le coniche*

4.1   Le coniche nel piano cartesiano

Le coniche nel piano cartesiano sono rappresentate da un'equazione di secondo grado in due incognite:

$$ax^2 + bxy + cy^2 + dx + cf + ey + f \neq 0$$

La condizione indicata significa che i tre coefficienti a; b; c non possono essere contemporaneamente nulli (altrimenti l'equazione si ridurrebbe ad una di primo grado).

In alcuni casi le coniche si possono anche rappresentare come grafici di funzioni reali di variabile reale (per esempio la parabola con asse verticale). È inoltre generalmente possibile scriverle mediante una coppia di equazioni parametriche, ma questo esula dagli scopi di questa breve trattazione.

Si noti che, non potendo essere a; b; c contemporaneamente nulli, l'equazione contiene cinque parametri effettivi (basta ripetere il discorso fatto nel caso dell'equazione di primo grado) e dunque occorrono, in generale, cinque condizioni per determinare l'equazione di una conica.

Un minor numero di condizioni è richiesto nei casi particolari che tratteremo più avanti.

Le coniche non degeneri sono solo l'ellisse (e la circonferenza in particolare), l'iperbole, la parabola; le coniche degeneri sono l'insieme vuoto, un punto, una coppia di rette (incidenti o parallele, eventualmente coincidenti). La parabola ha un solo asse di simmetria, l'ellisse e l'iperbole ne hanno due. Se l'equazione è priva del termine misto, gli assi di simmetria sono paralleli agli assi coordinati.

Uno dei problemi più comuni nella teoria delle coniche è quello della determinazione delle rette tangenti condotte da un punto P(x0; y0) del piano. Il procedimento classico da seguire è quello del "$\Delta = 0$", che si può schematizzare così:

— si esamina separatamente la possibilità che una retta verticale (x = k) possa essere tangente alla conica;

— si considera il sistema di secondo grado tra l'equazione della conica e quella di una generica retta non verticale passante per P.

$$\begin{cases} ax^2 + bxy + cy^2 + dx + ey + f = 0 \\ y - y_o = m(x - x_o) \end{cases}$$

— si ricava la y dall'equazione della retta e la si sostituisce nell'equazione della conica, ottenendo un'equazione di secondo grado nella sola incognita x;

— si uguaglia a zero il discriminante di questa equazione, ottenendo un'equazione nell'incognita m, le cui soluzioni danno il coefficiente angolare della (o delle due) rette tangenti.

Nel caso in cui il punto P appartenga alla conica si possono seguire anche altre strategie, che saranno indicate in seguito.

Per quanto riguarda il numero delle tangenti valgono le stesse proprietà della circonferenza:

— per un punto della conica si può condurre una sola tangente alla conica stessa;

— per un punto esterno si possono condurre due tangenti;

— per un punto interno non si può condurre alcuna tangente.

4.2 *La parabola con asse verticale o orizzontale*

4.3 *Asse verticale*

In questo caso la parabola è anche grafico della funzione reale di variabile reale

$$x \rightarrow ax^2 + bx + c$$

4.4 *Equazione generale:*

$$y = ax^2 + bx + c .$$

4.5 *Equazione dell'asse:*

$$x = -\frac{b}{2a}$$

4.6 *Coordinate del vertice:*

$$x = \left(-\frac{b}{2a} ; \frac{-\Delta}{4a} \right)$$

Con Δ si indica, come è tradizione, il valore di $b^2 - 4ac$. Si noti che, essendo il vertice un punto della parabola, una volta nota l'ascissa se ne può trovare l'ordinata per semplice sostituzione.

4.7   *Coordinate del fuoco:*

$$x = \left(-\frac{b}{2a}; \frac{1-\Delta}{4a} \right)$$

4.8   *Equazione della direttrice:*

$$y = \frac{-1-\Delta}{4a}$$

4.9   *Coefficiente angolare della tangente in un punto P(xo; yo) appartenente alla parabola:*

$$m = 2ax_o + b$$

4.10   *Asse orizzontale*

Le formule relative a questo caso si ottengono semplicemente scambiando la x con la y nelle precedenti.

4.11   *Equazione generale:*

$$x = ay^2 + by + c$$

4.12   *Equazione dell'asse:*

$$y = -\frac{b}{2a}$$

4.13   *Coordinate del vertice:*

$$x = \left(\frac{-\Delta}{4a} - \frac{b}{2a} \right)$$

Con Δ si indica, come prima, il valore di b2 - 4ac. Si noti che, essendo il vertice un punto della parabola, una volta nota l'ordinata se ne può trovare l'ascissa per semplice sostituzione.

4.14   *Coordinate del fuoco:*

$$x = \frac{1-\Delta}{4a}, \frac{b}{2a}$$

4.15   *Equazione della direttrice:*

$$x = \frac{1-\Delta}{4a}$$

4.16 La circonferenza

4.17 Equazione generale, in forma canonica:

$$x^2 + y^2 + ax + by + c = 0$$

Si noti che l'equazione può anche essere data nella forma $mx^2 + my^2 + nx + py + q = 0$ prima di procedere conviene ridurla alla forma canonica precedente, dividendo ambo i membri per m.

4.18 Coordinate del centro:

$$C = (-\frac{a}{2}, -\frac{b}{2})$$

4.19 Raggio r:

$$R = \sqrt{(\frac{a}{2})^2 + (\frac{b}{2})^2 - c}$$

Se il radicando dell'espressione precedente è negativo l'equazione non ha soluzioni reali; se è nullo si tratta di una circonferenza degenere ridotta a un solo punto.

4.20 Tangente ad una circonferenza per un punto P(x0; y0) appartenente alla circonferenza:

$$xx_o + yy_o + a\frac{x + x_o}{2} + b\frac{y + y_0}{2} + c = 0$$

4.21 Circonferenza di centro $C(\alpha, \beta)$ e raggio r:

$$(x - \alpha)^2 + (y - \beta)^2 = r^2$$

4.22 Il "completamento dei quadrati".

Per rappresentare una circonferenza di equazione $x^2 + y^2 + ax + by + c = 0$, senza usare formule particolari, si può ricorrere alla tecnica del completamento dei quadrati, utile in molte circostanze.

$$x^2 + y^2 + ax + by + c = (x^2 + ax) + (y^2 + by) + c$$

$$= (x^2 + ax + \frac{a^2}{2}) + (y^2 + by + \frac{b^2}{4}) - \frac{a^2}{4} - \frac{b^2}{4} + c$$

$$= (x\frac{a}{2})^2 + (y + \frac{b}{2})^2 - \frac{a^2}{4} - \frac{b^2}{4} + c$$

quindi $\quad x^2 + y^2 + ax + by + c = 0 \quad \Leftrightarrow \quad (x\frac{a}{2})^2 + (y+\frac{b}{2})^2 = \frac{a^2}{4} + \frac{b^2}{4} - c$

Se il secondo membro dell'ultima equazione è minore di zero, non ci sono soluzioni reali, altrimenti si è riscritta l'equazione data in modo da rendere evidente che si tratta di una circonferenza con centro e raggio dati dalle formule sopra riportate.

4.23 Equazioni parametriche della circonferenza:

$$\begin{cases} x = r\cos\varphi \\ y = r\sin\varphi \end{cases}$$

In queste equazioni r è il raggio è fi è l'angolo indicato nella figura che segue: si tratta in

sostanza di un passaggio da coordinate cartesiane a polari.

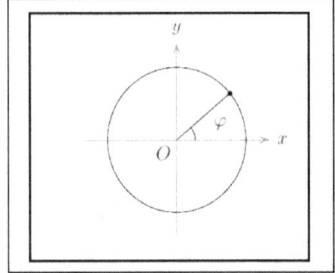

4.24   Ellisse e iperbole in forma canonica

Le equazioni dell'ellisse e dell'iperbole assumono una forma particolarmente semplice nel caso di curve con gli assi di simmetria paralleli agli assi coordinati.

4.25 Equazione canonica di ellisse e iperbole:

$$\pm\frac{(x - x_c)^2}{a^2} \pm \frac{(y - y_c)^2}{b^2} = 1$$

Si distinguono i seguenti casi, a seconda dei segni che compaiono a primo membro:

1. -- , -- :   nessuna soluzione;

2. + , + : ellisse;

3. +, -- : iperbole con l'asse principale orizzontale;

4. --, + : iperbole con l'asse principale verticale.

I numeri a e b misurano i semiassi, rispettivamente quello orizzontale e quello verticale,

$\pm C(X_C, y_C)$ è il centro.

4.26 *Formula per la semidistanza focale c:*

Ellisse: $c^2 = |a^2 + b^2|$ Iperbole: $c^2 = a^2 + b^2$:

Nell'ellisse i fuochi stanno sempre sull'asse maggiore, nell'iperbole sull'asse principale.

4.27. *Equazioni degli asintoti dell'iperbole:*

$$y - y_C = \pm \frac{b}{a}(x - x_C)$$

Iperbole	**Iperbole equilatera riferita agli asintoti**
» equazione cartesiana: $\dfrac{x^2}{a^2} - \dfrac{y^2}{b^2} = 1$	» equazione cartesiana: $y = \dfrac{c}{x}$
» fuochi: $F_1(-c, 0)$; $F_2(c, 0)$; $c = \sqrt{a^2 + b^2}$	» lunghezza del semiasse trasverso: $a = \sqrt{2|c|}$
» asintoti: , $y = \dfrac{b}{a}x$; $y = -\dfrac{b}{a}x$	» coordinate dei vertici sul semiasse trasverso: $A'(-\sqrt{c}, \sqrt{c})$ $A(\sqrt{c}, \sqrt{c})$, con *(c > 0)*
» eccentricità: $e = \dfrac{c}{a}$ » coefficiente angolare della	» coordinate dei fuochi: $F'(-\sqrt{2c}, -\sqrt{2c})$ $F(\sqrt{2c}, \sqrt{2c})$, con *(c > 0)*
retta tangente in un suo punto di ascissa x_o:	
$m = \pm \dfrac{b}{a} \bullet \dfrac{x_o}{\sqrt{x_o^2 \pm a^2}}$	
» equazione cartesiana: $\dfrac{x^2}{a^2} - \dfrac{y^2}{b^2} = -1$	
» fuochi: : $F_1(0, -c)$; $F_2(0, c)$; $c = \sqrt{a^2 + b^2}$	
» asintoti: $y = \dfrac{b}{a}x$; $y = -\dfrac{b}{a}x$	

4.28 *Regola pratica per tracciare l'ellisse o l'iperbole.*

Si costruisce un rettangolo che ha centro in $\pm C(X_C, y_C)$, lati paralleli agli assi coordinati e lunghi, rispettivamente, **2a** (quello orizzontale) e **2b** (quello verticale). A questo punto l'ellisse si inscrive facilmente nel rettangolo. Per l'iperbole si tracciano anche le diagonali del rettangolo (che sono gli asintoti dell'iperbole stessa), dopodiché la curva si traccia facilmente, tenendo conto delle due possibilità sopra indicate. Si vedano le figure sotto riportate che si riferiscono, nell'ordine, all'ellisse, all'iperbole con asse principale orizzontale e all'iperbole con asse principale verticale.

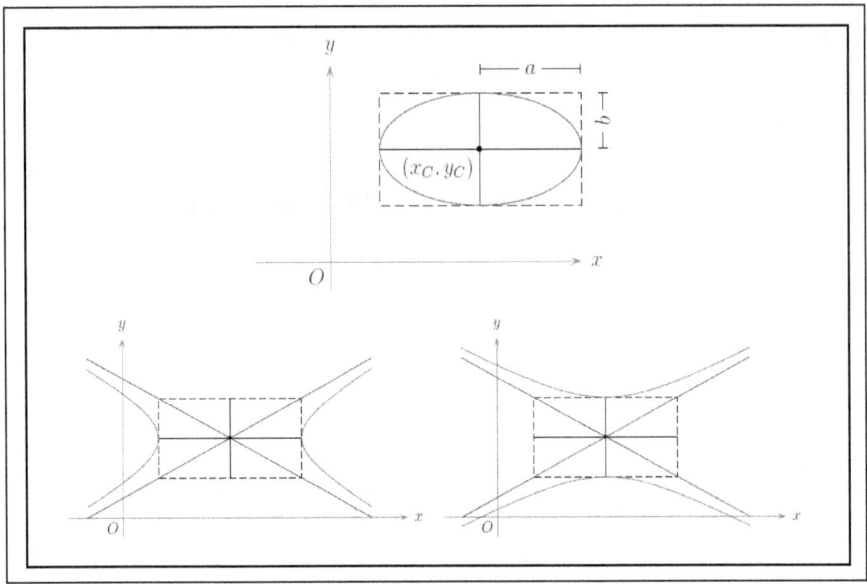

4.29 Il "completamento dei quadrati".

Anche per il caso dell'ellisse e dell'iperbole si può usare la tecnica del completamento dei quadrati, con limitate modifiche rispetto al caso della circonferenza, per tracciarne il grafico.

Supponiamo dunque di avere l'equazione $ax^2 + cy^2 + dx + by + ef + c = 0$, con a e c entrambi diversi da zero, e operiamo come di seguito indicato.

$$ax^2 + cy^2 + dx + cy + f = (ax^2 + dx) + (cy^2 + cy) + f =$$
$$= a\left(x^2 + \frac{d}{a}x\right) + c\left(y^2 + \frac{c}{c}y\right) + f =$$
$$= a\left(x^2 + \frac{d}{a}x + \frac{d^2}{4a^2}\right) + c\left(y^2 + \frac{c}{c}y + \frac{c^2}{4c^2}\right) - \frac{d^2}{4a^2} - \frac{c^2}{4b^2} + f$$
$$= a\left(x + \frac{d}{2a}\right)^2 + c\left(y + \frac{c}{2c}\right)^2 - \frac{d^2}{4a^2} - \frac{c^2}{4b^2} + f \, .$$

Ne segue che

$$ax^2 + cy^2 + dx + cy + f = 0 \Leftrightarrow a\left(x + \frac{d}{2a}\right)^2 + c\left(y + \frac{c}{2c}\right)^2 = \frac{d^2}{4a^2} + \frac{c^2}{4b^2} - f \, .$$

Se il secondo membro dell'ultima equazione vale zero, si ha una conica degenere (un punto o due rette incidenti), se il secondo membro è diverso da zero ci si riduce agevolmente, dividendo per il secondo membro, ad una delle situazioni di equazioni canoniche sopra considerate.

4.30 Eccentricità, 'e', dell'ellisse e dell'iperbole.

Ellisse => $e = \dfrac{c}{semiasse....maggiore}$ Iperbole => $e = \dfrac{c}{semiasse....principale}$

4.31. Equazioni parametriche dell'ellisse:

$$\begin{pmatrix} x = a.\cos\varphi \\ x = b.sin\varphi \end{pmatrix}$$

4.32   L'iperbole equilatera e la funzione omografica

Se (a = b) l'iperbole

$\dfrac{(x-xc)^2}{a^2} - \dfrac{(y-yc)^2}{a^2} = 1$ oppure $-\dfrac{(x-xc)^2}{a^2} + \dfrac{(y-yc)^2}{a^2} = 1$ si dice equilatera.

In questo caso gli asintoti sono tra di loro perpendicolari ed è conveniente assumerli come assi coordinati, eseguendo una rototraslazione degli assi. In questo caso si ottiene la

4.33 Iperbole equilatera riferita ai propri asintoti: $xy = \pm\dfrac{a^2}{2} = k$

equazione molto importante nelle applicazioni perché rappresenta la legge della proporzionalità inversa. Se invece si esegue solo una rotazione degli assi coordinati in modo da renderli

paralleli agli asintoti, si ottiene una funzione del tipo $x \rightarrow \dfrac{ax+b}{cx+d}$

con $c \neq 0$ e numeratore non divisibile per il denominatore. Si tratta del caso più importante della cosiddetta iperbole.

4.34. Funzione omografica: $x \rightarrow \dfrac{ax+b}{cx+d}$; *scritta anche nella forma, impropria,* $y = \dfrac{ax+b}{cx+d}$

Quest'ultima rappresenta

— una retta se $c = 0;... y = \dfrac{a}{d}x + \dfrac{b}{d}$

— una retta privata del punto

$$-\dfrac{d}{c} se(ad - bc = 0); c \neq 0; ovvero..se(b = \dfrac{ad}{c})$$

$$y = \frac{ax+d}{cx+d} = \frac{ax+\dfrac{ad}{c}}{cx+d} = \frac{a(cx+d)}{c(x+d)} = \boxed{\frac{a}{c}}$$

— un'iperbole equilatera di asintoti $y = \dfrac{a}{c}$ e $x = -\dfrac{d}{c}$ negli altri casi

5 Trasformazioni del piano

5.1 Trasformazioni lineari

5.2 *Affinità*

Una affinità è una trasformazione lineare che ad ogni punto P(x; y) del piano fa corrispondere

un altro punto P'(x' , y') le cui coordinate sono date $\begin{pmatrix} x' = ax + by + p \\ x' = cx + dy + q \end{pmatrix}$

con la condizione $\Delta = ad - bc \neq 0$

il numero $r_a = |\Delta|$ è detto rapporto di affinità; se $\Delta > 0$ l'affinità si dice diretta o positiva; se

$\Delta < 0$ l'affinità si dice inversa o negativa.

— L'affinità trasforma rette in rette, rette parallele in rette parallele, rette incidenti in rette incidenti

— In un'affinità il rapporto tra le aree di regioni corrispondenti è costante ed uguale al rapporto di affinità.

— I punti P che coincidono con i loro trasformati si chiamano punti uniti o invarianti.

— Le rette i cui punti hanno immagine appartenente alla retta stessa si chiamano rette unite o invarianti. Le rette unite possono essere puntualmente unite se formate da punti uniti, globalmente unite se i loro punti, pur non essendo uniti hanno immagini appartenenti alla stessa retta.

5.3. *Una affinità particolare.*

L'affinità del tipo $\begin{pmatrix} x'= ax \\ x'= dy \end{pmatrix}$

ha l'origine come punto unito e gli assi cartesiani come rette unite. Alcuni testi chiamano queste affinità dilatazioni, ma la nomenclatura non è universale e di solito il termine dilatazione è riservato ad un caso successivo.

5.4. *Similitudini.*

Si chiamano similitudini le affinità del tipo $\begin{pmatrix} x'= ax - by + p \\ x'= cx + dy + q \end{pmatrix}$ oppure $\begin{pmatrix} x'= ax + by + p \\ x'= cx - dy + q \end{pmatrix}$

Nel primo caso si ha una similitudine diretta, nel secondo caso una similitudine inversa. La radice quadrata del rapporto di affinità si chiama rapporto di similitudine, k:

$$k = \sqrt{a_2 + b^2}$$

— Una similitudine trasforma circonferenze in circonferenze (proprietà caratteristica delle similitudini).

— Il rapporto di segmenti corrispondenti è costante ed uguale al rapporto di similitudine.

— Angoli corrispondenti sono isometrici ("uguali"). Di conseguenza in una similitudine a rette perpendicolari corrispondono rette perpendicolari.

Si può osservare che, posto $\dfrac{a}{\sqrt{a^2 + b^2}} = k = \cos\alpha$ e $\dfrac{a}{\sqrt{a^2 + b^2}} = k = \sin\alpha$

le similitudini si possono scrivere nella forma

$$\begin{pmatrix} x'= kx \bullet \cos\alpha - ky \bullet \sin\alpha + p \\ x'= kx \bullet \sin\alpha + kx \bullet \cos\alpha + q \end{pmatrix} \text{ oppure } \begin{pmatrix} x'= kx \bullet \cos\alpha + ky \bullet \sin\alpha + p \\ x'= kx \bullet \sin\alpha - kx \bullet \cos\alpha + q \end{pmatrix}$$

5.5. Omotetie.

Sono le similitudini del tipo $\begin{pmatrix} x'= ax + p \\ x'= ay + q \end{pmatrix}$ con $a^2 \neq 1$

Il punto $C\left(\dfrac{p}{1-a}, \dfrac{q}{1-a}\right)$,

è l'unico punto unito ed è detto centro dell'omotetia. Tutte le rette per C sono rette unite.

Il numero a è detto rapporto di omotetia; se a > 0 due punti corrispondenti stanno sulla stessa semiretta di origine C, se a < 0 stanno su semirette opposte, sempre con origine in C. Se |a| > 1 l'omotetia è un ingrandimento, se |a| < 1 è una riduzione.

Una trasformazione del tipo considerato, ma con $a^2 = 1$, è una particolare isometria.

5.6 Isometrie.

Sono le similitudini piane di rapporto k = 1, e si distinguono in dirette (dette anche rototraslazioni) o inverse (tra cui le simmetrie), esattamente come le similitudini.

Le isometrie dirette sono dunque del tipo: $\begin{cases} x'= \cos\alpha - \sin\alpha + p \\ x'= \sin\alpha + \cos\alpha + q \end{cases}$

Tra esse si distinguono le seguenti.

Identità $(a = p = q = 0)$:

$$\begin{cases} x'= x \\ y'= y \end{cases}$$

Traslazioni $(\alpha = 0)$:

$$\begin{cases} x'= x + p \\ y'= y + q \end{cases}$$

— Rotazioni $(p = q = 0)$: $\_\begin{cases} x'= x.\cos\alpha - y.\text{sen}\,\alpha \\ y'= y.\sin\alpha - y.\cos\alpha \end{cases}$

Simmetrie di centro $C(x_c, y_c) \Longrightarrow (\alpha = \pi; p = 2x_c; q = 2y_c)$;

$$\begin{cases} x'= -x + 2x_c \\ y'= -y + 2y_c \end{cases}$$

Le similitudini inverse sono del tipo:

$$\begin{cases} x'= x.\cos\alpha - y.\sin\alpha + p \\ y'= y.\sin\alpha - y.\cos\alpha + q \end{cases}$$

Tra esse si distinguono le seguenti.

— Simmetria rispetto all'asse x $(\alpha = p = q = 0)$

$$\begin{cases} x' = x \\ y' = -y \end{cases}$$

Simmetria rispetto alla retta $y = y_o (\alpha = p = 0; q = 2y_o)$

$$\begin{cases} x' = x \\ y' = -y + 2y_o \end{cases}$$

— Simmetria rispetto all'asse $y = (\alpha = \pi; p = q = 0)$

$$\begin{cases} x' = -x \\ y' = y \end{cases}$$

— Simmetria rispetto alla retta $x = x_o (\alpha = \pi, p2x_o, = q = 0)$

$$\begin{cases} x' = -x + 2x_o \\ y' = y \end{cases}$$

— Simmetria rispetto alla bisettrice $y = {}_{-x}(\alpha\frac{\pi}{2}, p = q = 0)$:

$$\begin{cases} x' = y \\ y' = x \end{cases}$$

— Simmetria rispetto alla bisettrice $y = -x(\alpha = -\frac{\pi}{2}, p = q = 0)$:

$$\begin{cases} x' = -y \\ y' = -x \end{cases}$$

5.7. *Ricerca degli eventuali punti uniti.*

Nel sistema $\begin{cases} x' = ax + by + p \\ y' = cx + dx + q \end{cases}$

sostituire x' con x e y' con y, ottenendo:

$$\begin{cases} x = ax + by + p \\ y = cx + dx + q \end{cases}$$

Le soluzioni di questo sistema di primo grado sono gli eventuali punti uniti, e si possono presentare le seguenti situazioni:

— nessuna soluzione, cioè nessun punto unito;

— una sola soluzione, cioè un solo punto unito;

— infinite soluzioni, che stanno sempre su una retta, unita, tutta costituita da punti uniti.

5.8 *Ricerca delle eventuali rette unite.*

Data l'affinità _

$$\begin{cases} x' = ax + by + p \\ y' = cx + dy + q \end{cases}$$

trovarne l'inversa (cioè ricavare x e y in funzione di x' e y':

$$\begin{cases} x = ax' + \beta y' + r \\ y = \gamma x' + \delta y' + s \end{cases}$$

— Considerare poi una generica retta, distinguendo due casi, retta verticale (x = h) e retta non verticale (y = mx + n).

— Sostituire nell'equazione della retta la x e la y con le espressioni date dal secondo sistema.

— Imporre le condizioni affinché la "nuova" retta sia identica alla prima, cioè con gli stessi coefficienti (si ottiene una equazione in h per il caso della retta verticale, due equazioni in m e n per l'altro caso). Se da queste condizioni si trovano soluzioni, esistono rette unite, altrimenti no.

6 Trigonometria piana
Misura degli angoli

6.1. *Grado sessagesimale è l'angolo uguale a 1/360 dell'angolo giro.*

Se si usa questa unità, la misura degli angoli è indicata con $\alpha°$.

6.2. *Grado centesimale è l'angolo uguale a 1/400 dell'angolo giro, ovvero 1/100 dell'angolo retto.*

Se si usa questa unità, la misura degli angoli è indicata con α gra o α grad.

6.3. *Radiante è l'angolo al centro corrispondente a un arco di circonferenza uguale al raggio.*

Misura in radianti di un angolo è il rapporto tra l'arco individuato dall'angolo su una qualunque circonferenza avente il centro nel vertice dell'angolo e il raggio della circonferenza. Questo significa che la misura degli angoli e degli archi di circonferenza è legata dalla semplice formula che segue.

6.4. Angoli in radianti e archi di circonferenza:

$$\text{arco} = \text{angolo per raggio} :$$

Se si usa questa unità, la misura degli angoli è indicata con α^r o semplicemente α, in quanto nella maggior parte delle questioni di interesse applicativo gli angoli devono essere misurati esclusivamente in radianti.

6.5 Passaggio da un'unità ad un'altra.

$$\alpha : 360 = \alpha_{\text{grad}} : 400_{\text{grad}} = \alpha : 2\pi$$

6.6. Angoli orientati.

Un angolo orientato è una delle due parti di piano delimitate da una coppia di semirette aventi l'origine in comune: si intende cioè che i due lati dell'angolo vengano considerati in un ben determinato ordine.

Se nel piano è fissato un verso di rotazione, si diranno positivi gli angoli orientati nello stesso verso, negativi gli altri. Anche alla misura degli angoli viene allora attribuito un segno. Se nel piano è fissato un sistema di coordinate cartesiane, si sceglie normalmente come verso prefissato quello che porta il semiasse positivo delle ascisse su quello delle ordinate compiendo l'angolo di 90°: esso è, di solito, quello "antiorario" (espressione non molto chiara per la verità, ma di uso comune. . .).

La misura degli angoli in radianti porta naturalmente ad identificare gli angoli stessi con archi di circonferenza di raggio unitario, tant'è che spesso si usa il termine arco al posto di angolo.

Riassumendo, il procedimento che si usa abitualmente per trattare gli angoli e la loro misura è quello di seguito descritto.

— Nel piano in cui si sia introdotto un sistema di coordinate cartesiane ortogonali monometrico,

si considera la circonferenza di centro l'origine O e raggio 1, detta circonferenza goniometrica.

— Considerato poi un angolo generico, lo si può pensare con vertice nell'origine O del sistema cartesiano e con il primo lato coincidente con il semiasse positivo delle ascisse.

— Si immagina che il secondo lato dell'angolo ruoti attorno al vertice "spazzando" l'intero angolo a partire dal primo lato.

— Un punto P sul secondo lato dell'angolo, a distanza 1 dal vertice, nella rotazione descrive un arco di circonferenza la cui lunghezza è proprio la misura in radianti dell'angolo stesso, presa col segno più se la rotazione avviene in senso antiorario, col segno meno se in senso orario.

— A questo punto è facile immaginare che il secondo lato dell'angolo, nella rotazione attorno al vertice, possa continuare a ruotare anche dopo aver compiuto un intero giro, oppure muoversi in senso orario: la lunghezza, con segno, dell'arco descritto dal punto P si può chiamare "Angolo generalizzato", con misura espressa da un qualunque numero reale.

Sarà ora possibile identificare l'insieme degli angoli con l'insieme dei numeri reali: ad ogni numero reale x si può far corrispondere l'angolo generalizzato descritto come sopra indicato e quindi un ben determinato punto P(x) sulla circonferenza goniometrica.

Le funzioni trigonometriche

Considerata la circonferenza goniometrica e il punto *P(x)* corrispondente al numero reale x, consideriamo anche i punti *T(x)* e *C(x)* indicati nella figura di seguito:

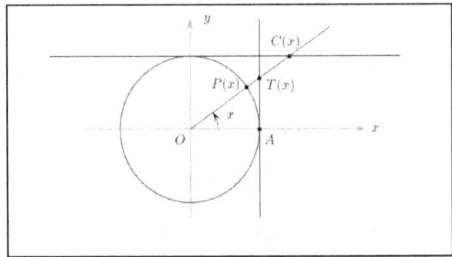

6.7. Seno di un angolo o di un numero reale x, sin x, è:
l'ordinata del punto P(x).

6.8. Coseno di un angolo o di un numero reale x, cos x, è:
l'ascissa del punto P(x).

6.9. Tangente di un angolo o di un numero reale x, tg x, è:
l'ordinata del punto T(x), che ha ascissa 1.

Si ha anche $$tgx=\frac{sinx}{cosx}$$

6.10. Cotangente di un angolo o di un numero reale x, ctg x, è:
l'ascissa del punto C(x), che ha ordinata 1.

Si ha anche $$ctgx=\frac{cosx}{sinx}$$

6.11. Domini, periodicità.
— Le funzioni sin e cos hanno dominio □ e minimo periodo 2π

— La funzione tg ha dominio $\Re \backslash \left\{ \dfrac{\pi}{2} + k\pi, k \in Z \right\}$ e minimo periodo π .

— La funzione ctg ha dominio $\Re \backslash \{ k\pi, k \in Z \}$ e minimo periodo π .

6.12 Secante, sec, e cosecante, cosec. $\quad \sec x \overset{def}{=} \dfrac{1}{\cos x} ; \quad \text{cos}ec x \overset{def}{=} \dfrac{1}{\sin x}$

6.13. Grafici delle funzioni trigonometriche.

Nei grafici che seguono la misura degli angoli è sempre in radianti. Si deve notare che solo misurando gli angoli in radianti ha senso usare sistemi cartesiani monometrici. Per quanto riguarda i grafici di sin e tg è molto importante il fatto che la bisettrice del primo e terzo quadrante, y = x, è tangente ai rispettivi grafici nell'origine, sempre solo se gli angoli sono misurati in radianti.

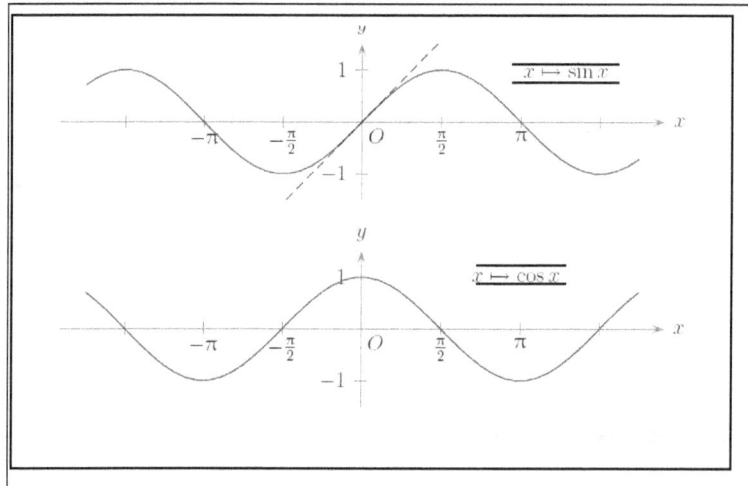

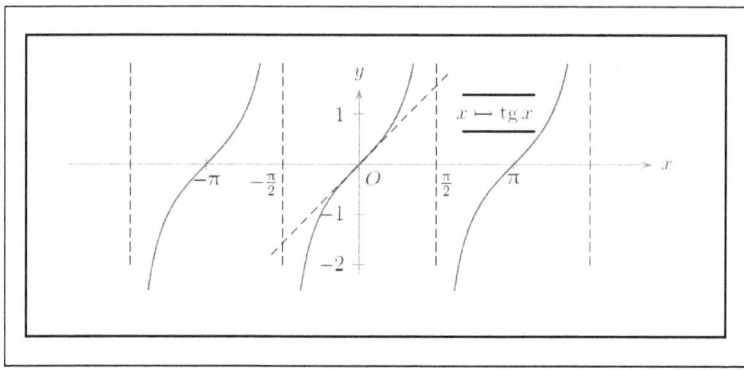

6.14. *Valori notevoli delle funzioni trigonometriche.*

La tabella che segue riporta i valori delle funzioni trigonometriche per alcuni angoli acuti notevoli. Considerazioni elementari sulla circonferenza goniometrica permettono di calcolare gli stessi valori per angoli maggiori di un angolo retto.

$x°$	x	$\sin x$	$\cos x$	$\operatorname{tg} x$
$0°$	0	0	1	0
$30°$	$\dfrac{\pi}{6}$	$\dfrac{1}{2}$	$\dfrac{\sqrt{3}}{2}$	$\dfrac{\sqrt{3}}{3}$
$45°$	$\dfrac{\pi}{4}$	$\dfrac{\sqrt{2}}{2}$	$\dfrac{\sqrt{2}}{2}$	1
$60°$	$\dfrac{\pi}{3}$	$\dfrac{\sqrt{3}}{2}$	$\dfrac{1}{2}$	$\sqrt{3}$
$90°$	$\dfrac{\pi}{2}$	1	0	$\nexists$
$9°$	$\dfrac{\pi}{20}$	$\dfrac{\sqrt{3+\sqrt{5}}-\sqrt{5-\sqrt{5}}}{4}$	$\dfrac{\sqrt{3+\sqrt{5}}+\sqrt{5-\sqrt{5}}}{4}$	$\dfrac{4-\sqrt{10+2\sqrt{5}}}{\sqrt{5}-1}$
$15°$	$\dfrac{\pi}{12}$	$\dfrac{\sqrt{6}-\sqrt{2}}{4}$	$\dfrac{\sqrt{6}+\sqrt{2}}{4}$	$2-\sqrt{3}$
$18°$	$\dfrac{\pi}{10}$	$\dfrac{\sqrt{5}-1}{4}$	$\dfrac{\sqrt{10+2\sqrt{5}}}{4}$	$\dfrac{\sqrt{25-10\sqrt{5}}}{5}$
$22°\,30'$	$\dfrac{\pi}{8}$	$\dfrac{\sqrt{2-\sqrt{2}}}{2}$	$\dfrac{\sqrt{2+\sqrt{2}}}{2}$	$\sqrt{2}-1$

continua nella pagina successiva

continua dalla pagina precedente

$x°$	x	$\sin x$	$\cos x$	$\operatorname{tg} x$
$36°$	$\dfrac{\pi}{5}$	$\dfrac{\sqrt{10-2\sqrt{5}}}{4}$	$\dfrac{\sqrt{5}+1}{4}$	$\sqrt{5-2\sqrt{5}}$
$54°$	$\dfrac{3\pi}{10}$	$\dfrac{\sqrt{5}+1}{4}$	$\dfrac{\sqrt{10-2\sqrt{5}}}{4}$	$\dfrac{\sqrt{25+10\sqrt{5}}}{5}$
$72°$	$\dfrac{2\pi}{5}$	$\dfrac{\sqrt{10+2\sqrt{5}}}{4}$	$\dfrac{\sqrt{5}-1}{4}$	$\sqrt{5+2\sqrt{5}}$
$75°$	$\dfrac{5\pi}{12}$	$\dfrac{\sqrt{6}+\sqrt{2}}{4}$	$\dfrac{\sqrt{6}-\sqrt{2}}{4}$	$2+\sqrt{3}$

6.15 Funzioni trigonometriche inverse.

Le funzioni trigonometriche non sono né iniettive né suriettive: per poterle invertire è necessario

operare opportune restrizioni, sia sul dominio che sul codominio. La restrizione sul

codominio per le funzioni seno e coseno è, naturalmente, all'intervallo [-1; 1]; per il dominio le

convenzioni comunemente adottate sono:

— funzione seno, restrizione all'intervallo $[-\frac{\pi}{2}, \frac{\pi}{2}]$

— funzione coseno, restrizione all'intervallo $[0, \pi]$

— funzione tangente, restrizione all'intervallo $\left]-\frac{\pi}{2}, \frac{\pi}{2}\right[$

Le funzioni inverse sono:

— arcsin : $[-\frac{\pi}{2}, \frac{\pi}{2}] \rightarrow [-1,1]$

— arccos: $[0, \pi] \rightarrow [-1,1]$

— arctg : $\Re \rightarrow \left]-\frac{\pi}{2}, \frac{\pi}{2}\right[$

6.16 Grafici delle funzioni trigonometriche inverse.

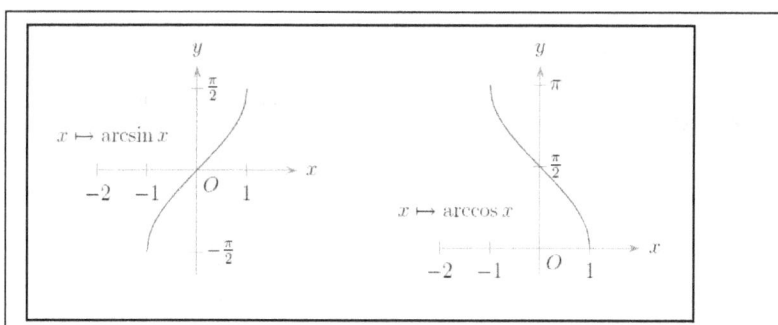

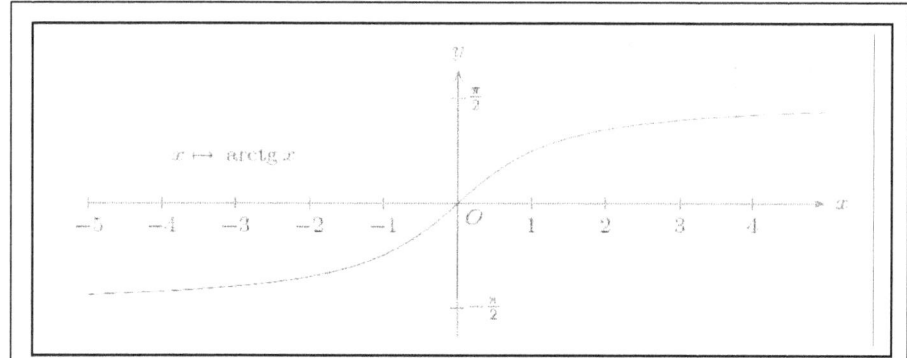

Tabella n. 9
TRIANGOLI TRIGONOMETRICI

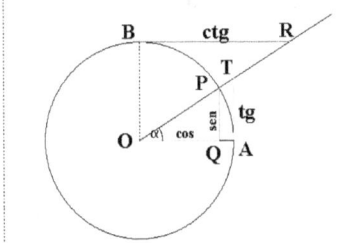

SIGNIFICATO GEOMETRICO DELLE FUNZIONI GONIOMETRICHE

sen α = PQ

cos α = OQ

tg α = AT

ctg α = BR

Teorema dei seni (o di Eulero):

In un triangolo è costante il rapporto tra la misura di un lato e il seno dell'angolo opposto:

$$\frac{a}{\operatorname{sen}\alpha} = \frac{b}{\operatorname{sen}\beta} = \frac{c}{\operatorname{sen}\lambda}$$

Teorema della corda:

In un triangolo il rapporto tra la misura di un lato e il seno dell'angolo opposto è uguale mal diametro della circonferenza circoscritta

$$\frac{a}{\operatorname{sen}\alpha} = \frac{b}{\operatorname{sen}\beta} = \frac{c}{\operatorname{sen}\lambda} = 2r$$

Teorema delle proiezioni:

In un triangolo qualunque, la misura di un lato è uguale alla somma dei prodotti delle misure di ciascuno degli altri due per il coseno degli angoli che essi formano con il primo.

$a = b \bullet \cos\gamma + c \bullet \cos\beta$;

$b = a \bullet \cos\gamma + c \bullet \cos\alpha$;

$c = a \bullet \cos\beta + c \bullet \cos\gamma$;

Teorema del coseno (o di Carnot):

In un triangolo il quadrato di un lato è uguale alla somma dei quadrati degli altri due diminuita del prodotto di questi due lati per il coseno dell'angolo fra essi compreso.

$$a^2 = b^2 + c^2 - 2bc \bullet \cos\alpha ;$$

$$b^2 = a^2 + c^2 - 2ac \bullet \cos\beta ;$$

$$c^2 = a^2 + b^2 - 2ab \bullet \cos\gamma$$

teorema delle tangenti (o di Nepero):

In un triangolo qualsiasi la somma di due lati sta alla loro differenza come la tangente della semi somma degli angoli opposti ai suddetti lati sta alla tangente della loro semi differenza.

$$\frac{a+b}{a-b} = \frac{tg\dfrac{\alpha+\beta}{2}}{tg\dfrac{\alpha-\beta}{2}}$$ che si può scrivere: $$\frac{a+b}{a-b} = \frac{ctg\dfrac{\gamma}{2}}{tg\dfrac{\alpha-\beta}{2}}$$

Tabella n. 10 FORMULARIO DI TRIGONOMETRIA

DEFINIZIONI: SIGNIFICATO GEOMETRICO DELLE FUNZIONI GONIOMETRICHE *sen* α = PQ *cos* α = OQ *tg* α = AT *ctg* α = BR	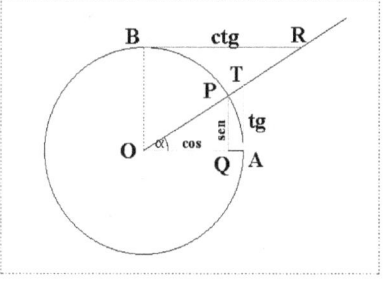	$-1 \le sen\, \alpha \le 1$ $-1 \le \cos \alpha \le 1$ $sen^2 \alpha + \cos^2 \alpha = 1$

$sen^2 \alpha + \cos^2 \alpha = 1$

Limitazioni => $-1 \le sen\, \alpha \le 1$; $\;-1 \le \cos \alpha \le 1$

Significato geometrico => $sen\, \alpha = \boldsymbol{PQ}$; $\cos \alpha = \boldsymbol{OQ}$; $\boldsymbol{tg}\, \alpha = \boldsymbol{AT}$; $\boldsymbol{ctg}\, \alpha = \boldsymbol{BR}$

Funzioni trigonometriche	$sen\, \alpha = \dfrac{PQ}{OP}$; $\cos \alpha = \dfrac{OQ}{OP}$; $\boldsymbol{tg}\, \alpha = \dfrac{sen\, \alpha}{\cos \alpha} = \dfrac{PQ}{OQ}$
Funzioni *inverse* ========➔	$\cos ec\, \alpha = \dfrac{1}{sen\, \alpha}$; $\sec \alpha = \dfrac{1}{\cos \alpha}$; $\boldsymbol{ctg}\, \alpha = \dfrac{\cos \alpha}{sen\, \alpha} = \dfrac{OQ}{PQ}$

Archi associati	*Angoli che differiscono di un angolo retto*	*Angoli che hanno per somma tre angoli retti*	*Angoli che differiscono di tre angoli retti*
$sen(\dfrac{\pi}{2}-\alpha)=\cos\alpha$	$sen(\dfrac{\pi}{2}+\alpha)=\cos\alpha$	$sen(\dfrac{3\pi}{2}-\alpha)=-\cos\alpha$	$sen(\dfrac{3\pi}{2}+\alpha)=-\cos\alpha$
$\cos(\dfrac{\pi}{2}-\alpha)=sen\alpha$	$\cos(\dfrac{\pi}{2}+\alpha)=-sen\,\alpha$	$\cos(\dfrac{3\pi}{2}-\alpha)=-sen\alpha$	$\cos(\dfrac{3\pi}{2}+\alpha)=-sen\alpha$
$tg(\dfrac{\pi}{2}-\alpha)=ctg\alpha$	$tg(\dfrac{\pi}{2}-\alpha)=-ctg\,\alpha$	$tg(\dfrac{3\pi}{2}-\alpha)=-ctg\alpha$	$tg(\dfrac{3\pi}{2}+\alpha)=-ctg\alpha$
$ctg(\dfrac{\pi}{2}-\alpha)=tg\alpha$	$ctg(\dfrac{\pi}{2}+\alpha)=-ctg\,\alpha$	$ctg(\dfrac{3\pi}{2}-\alpha)=-tg\alpha$	$ctg(\dfrac{3\pi}{2}+\alpha)=-tg\alpha$

Tabella n.11   ESPRESSIONI DELLE FUNZIONI GONIOMETRICHE

Noto	$\operatorname{sen}\alpha$	$\cos\alpha$	$tg\,\alpha$	$ctg\,\alpha$
$\operatorname{sen}\alpha$	$\operatorname{sen}\alpha$	$\pm\sqrt{1-\cos^2\alpha}$	$\dfrac{tg\,\alpha}{\pm\sqrt{1+tg^2\alpha}}$	$\dfrac{1}{\pm\sqrt{1+ctg^2\alpha}}$
$\cos\alpha$	$\pm\sqrt{1-\operatorname{sen}^2\alpha}$	$\cos\alpha$	$\dfrac{1}{\pm\sqrt{1+tg^2\alpha}}$	$\dfrac{ctg\,\alpha}{\pm\sqrt{1+ctg^2\alpha}}$
$tg\,\alpha$	$\dfrac{\operatorname{sen}\alpha}{\pm\sqrt{1-\operatorname{sen}\alpha^2}}$	$\dfrac{\pm\sqrt{1-\cos^2\alpha}}{\cos\alpha}$	$tg\,\alpha$	$\dfrac{1}{ctg\,\alpha}$
$ctg\,\alpha$	$\dfrac{\pm\sqrt{1-\operatorname{sen}^2\alpha}}{\operatorname{sen}\alpha}$	$\dfrac{\cos\alpha}{\pm\sqrt{1-\cos\alpha^2}}$	$\dfrac{1}{tg\,\alpha}$	$ctg\,\alpha$

Tabella n. 12

ANGOLI CHE DIFFERISCONO DI UN ANGOLO PIATTO	ANGOLI SUPPLEMENTARI
$\operatorname{sen}(\pi+\alpha)=-\operatorname{sen}\alpha$	$\operatorname{sen}(\pi-\alpha)=\operatorname{sen}\alpha$
$\cos(\pi+\alpha)=-\cos\alpha$	$\cos(\pi-\alpha)=-\cos\alpha$
$tg(\pi+\alpha)=tg\,\alpha$	$tg(\pi-\alpha)=-tg\,\alpha$
$ctg(\pi+\alpha)=ctg\,\alpha$	$ctg(\pi-\alpha)=-ctg\,\alpha$

Tabella n. 13

ANGOLI ESPLEMENTARI	AMGOLI OPPOSTI
$\operatorname{sen}(2\pi-\alpha)=-\operatorname{sen}\alpha$	$\operatorname{sen}(-\alpha)=-\operatorname{sen}\alpha$
$\cos(2\pi-\alpha)=\cos\alpha$	$\cos(-\alpha)=\cos\alpha$
$tg(2\pi-\alpha)=-tg\,\alpha$	$tg(-\alpha)=-tg\,\alpha$
$ctg(2\pi-\alpha)=-ctg\,\alpha$	$ctg(2\pi-\alpha)=-ctg\,\alpha$

Tabella n. 14

FORMULE DI ADDIZIONE E SOTTRAZIONE	FORMULE DI DUPLICAZIONE	FORMULE DI BISEZIONE
$\operatorname{sen}(\alpha\pm\beta)=\operatorname{sen}\alpha\cos\beta\pm\operatorname{sen}\beta\cos$	$\operatorname{sen}2\alpha=2\operatorname{sen}\alpha\cos\alpha$	$\operatorname{sen}\dfrac{\alpha}{2}=\pm\sqrt{\dfrac{1-\cos\alpha}{2}}$
$\cos(\alpha\pm\beta)=\cos\alpha\cos\beta\pm\operatorname{sen}\alpha\operatorname{sen}$	$\cos 2\alpha=\cos^2\alpha-\operatorname{sen}^2\alpha=1-2\operatorname{sen}^2\alpha=2\cos^2\alpha-1$	$\cos\dfrac{\alpha}{2}=\pm\sqrt{\dfrac{1+\cos\alpha}{2}}$
$tg(\alpha\pm\beta)=\dfrac{tg\,\alpha\pm tg\,\beta}{1\pm tg\,\alpha\,tg\,\beta}$	$tg\,2\alpha=\dfrac{2\,tg\,\alpha}{1-tg^2\alpha}$	$tg\dfrac{\alpha}{2}=\pm\sqrt{\dfrac{1-\cos\alpha}{1+\cos\alpha}}$

FORMULE PARAMETRICHE	$\operatorname{sen}\alpha = \dfrac{2tg\dfrac{\alpha}{2}}{1+tg^2\dfrac{\alpha}{2}}$; $\cos\alpha = \dfrac{1-tg^2\dfrac{\alpha}{2}}{1+tg^2\dfrac{\alpha}{2}}$; $tg\alpha = \dfrac{2tg\dfrac{\alpha}{2}}{1-tg^2\dfrac{\alpha}{2}}$; $\boxed{\alpha \neq \pi + 2K\pi}$
FORMULE DI WERNER	$\operatorname{sen}\alpha \operatorname{sen}\beta = \dfrac{1}{2}[\cos(\alpha-\beta) - \cos(\alpha+\beta)]$ $\cos\alpha \cos\beta = \dfrac{1}{2}[\cos(\alpha+\beta) + \cos(\alpha-\beta)]$ $\operatorname{sen}\alpha \cos\beta = \dfrac{1}{2}[\operatorname{sen}(\alpha+\beta) + \operatorname{sen}(\alpha-\beta)]$
FORMULE DI PROSTAFERESI	$\operatorname{sen}\alpha + \operatorname{sen}\beta = 2\operatorname{sen}\dfrac{(\alpha+\beta)}{2}\cos\dfrac{(\alpha-\beta)}{2}$ $\operatorname{sen}\alpha - \operatorname{sen}\beta = 2\operatorname{sen}\dfrac{(\alpha-\beta)}{2}\cos\dfrac{(\alpha+\beta)}{2}$ $\cos\alpha + \cos\beta = 2\operatorname{sen}\dfrac{(\alpha+\beta)}{2}\cos\dfrac{(\alpha-\beta)}{2}$ $\cos\alpha - \cos\beta = -2\operatorname{sen}\dfrac{(\alpha+\beta)}{2}\operatorname{sen}\dfrac{(\alpha-\beta)}{2}$

Segue da tabella 14	
FORMULE DI BRIGGS **..p = semi perimetro, cioè P/2**	$sea\dfrac{\alpha}{2} = \sqrt{\dfrac{(p-b)(p-c)}{bc}}$; $sea\dfrac{\beta}{2} = \sqrt{\dfrac{(p-a)(p-c)}{ac}}$; $sea\dfrac{\gamma}{2} = \sqrt{\dfrac{(p-a)(p-b)}{ab}}$; $\cos\dfrac{\alpha}{2} = \sqrt{\dfrac{p(p-a)}{bc}}$; $\cos\dfrac{\beta}{2} = \sqrt{\dfrac{p(p-b)}{bc}}$ $\cos\dfrac{\gamma}{2} = \sqrt{\dfrac{p(p-c)}{bc}}$; $tg\dfrac{\alpha}{2} = \sqrt{\dfrac{(p-b)(p-c)}{p(p-a)}}$; $tg\dfrac{\beta}{2} = \sqrt{\dfrac{(p-a)(p-c)}{p(p-b)}}$; $tg\dfrac{\gamma}{2} = \sqrt{\dfrac{(p-a)(p-b)}{p(p-c)}}$ $ctg\dfrac{\alpha}{2} = \sqrt{\dfrac{p(p-a)}{(p-b)(p-c)}}$; $ctg\dfrac{\beta}{2} = \sqrt{\dfrac{p(p-b)}{(p-b)(p-c)}}$; $ctg\dfrac{\gamma}{2} = \sqrt{\dfrac{p(p-c)}{(p-a)(p-b)}}$
FORMULE DI NEPERO	$\dfrac{a+b}{a-b}\cos\alpha = \dfrac{tg\dfrac{\alpha+\beta}{2}}{tg\dfrac{\alpha-\beta}{2}}$; $\dfrac{a+b}{a-b} = \dfrac{ctg\dfrac{\gamma}{2}}{tg\dfrac{\alpha-\beta}{2}}$

Tabella n. 15 FUNZIONI GONIOMETRICHE DI ANGOLI PARTICOLARI

Gradi	Radianti	sen	cos	tg	ctg
0°	0	0	1	0	non esiste
15°	$\dfrac{\pi}{12}$	$\dfrac{\sqrt{6}-\sqrt{2}}{4}$	$\dfrac{\sqrt{6}+\sqrt{2}}{4}$	$2-\sqrt{3}$	$2+\sqrt{3}$
18°	$\dfrac{\pi}{10}$	$\dfrac{\sqrt{5}-1}{4}$	$\dfrac{\sqrt{10+2\sqrt{5}}}{4}$	$\dfrac{\sqrt{25-10\sqrt{5}}}{5}$	$\sqrt{5+2\sqrt{5}}$
22°,30'	$\dfrac{\pi}{8}$	$\dfrac{\sqrt{2-\sqrt{2}}}{2}$	$\dfrac{\sqrt{2+\sqrt{2}}}{2}$	$\sqrt{2}-1$	$\sqrt{2}+1$
30°	$\dfrac{\pi}{6}$	$\dfrac{1}{2}$	$\dfrac{\sqrt{3}}{2}$	$\dfrac{\sqrt{3}}{2}$	$\sqrt{3}$
36°	$\dfrac{\pi}{5}$	$\dfrac{\sqrt{10-2\sqrt{5}}}{4}$	$\dfrac{\sqrt{5}+1}{4}$	$\sqrt{5-2\sqrt{5}}$	$\dfrac{\sqrt{25+10\sqrt{5}}}{5}$
45°	$\dfrac{\pi}{4}$	$\dfrac{\sqrt{2}}{2}$	$\dfrac{\sqrt{2}}{2}$	1	1
60°	$\dfrac{\pi}{3}$	$\dfrac{\sqrt{3}}{2}$	$\dfrac{1}{2}$	$\sqrt{3}$	$\dfrac{\sqrt{3}}{2}$
75°	$\dfrac{5}{12}\pi$	$\dfrac{\sqrt{6}+\sqrt{2}}{4}$	$\dfrac{\sqrt{6}-\sqrt{2}}{4}$	$2+\sqrt{3}$	$2-\sqrt{3}$
90°	$\dfrac{\pi}{2}$	1	0	non esiste	0
180°	π	0	-1	0	non esiste
270°	$\dfrac{3\pi}{2}$	-1	0	non esiste	0
360°	2π	0	1	0	non esiste

6.18. *Relazione fondamentale (teorema di Pitagora).*

$$sin^2 x + cos^2 x = 1$$

6.19 *Formule di addizione e sottrazione.*

$$sin(x \pm y) = sinx \bullet cosx \pm cosx \bullet siny$$

$$cos(x \pm y) = cosx \bullet cosy \pm sinx \bullet siny$$

$$tg(x \pm y) = \frac{tgx \pm tgy}{1 \mp tgx * tgy} cosx \bullet cosy \pm sinx \bullet siny$$

L'ultima formula richiede che x, y, x - y siano diversi da $\dfrac{x}{2} + k\pi$

6.20 Formule di duplicazione.

$$sin2x = 2sinx \bullet cosx,$$

$$cos2x = cos^2 - sin^2 x = 1 - 2sin^2 x cos = 2cos^2 x - 1$$

$$tg2x = \frac{2tgx}{1 - tgx^2 x}$$

L'ultima formula richiede che x e 2x siano diversi da $\frac{x}{2} + k\pi$

6.21 Formule di bisezione.

$$sin\frac{x}{2} = \pm\sqrt{\frac{1 - cosx}{2}}, \quad sin^2 x = \frac{1 - con2x}{2},$$

$$cos\frac{x}{2} = \pm\sqrt{\frac{1 + cosx}{2}}, \quad cos^2 x = \frac{1 + con2x}{2},$$

$$tag\frac{x}{2} = \pm\sqrt{\frac{1 - cosx}{1 + cosx}} = \frac{senx}{1 + cosx} = \frac{1 - conx}{sinx}$$

6.22 Formule di prostaferesi.

$$sinp + sinq = 2sin\frac{p+q}{2}cos\frac{p-q}{2}$$

$$sinp - sinq = 2sin\frac{p+q}{2}sin\frac{p-q}{2}$$

$$cosp + cosq = 2sin\frac{p+q}{2}cos\frac{p-q}{2}$$

$$cosp - cosq = 2sin\frac{p+q}{2}cos\frac{p-q}{2}$$

6.23 Formule di Werner.

$$sinx \bullet siny = \frac{1}{2}[cos(x-y) - cos(x+y)]$$

$$sinx \bullet cosy = \frac{1}{2}[sin(x-y) + sin(x+y)]$$

6.24 Formule "parametriche".

$$sinx = \frac{2tg\frac{x}{2}}{1+tg^2\frac{x}{2}} \; ; \qquad sin2x = \frac{2tgx}{1+tg^2x}$$

$$cosx = \frac{1-tg^2\frac{x}{2}}{1+tg^2\frac{x}{2}} \; ; \qquad cos2x = \frac{1-tg^2x}{1+tg^2x}$$

Le formule scritte richiedono che x sia diverso da $\pi + 2k\pi$ o, rispettivamente, da $\frac{x}{2} + k\pi$.

6.25. *Risoluzione dei triangoli rettangoli.*

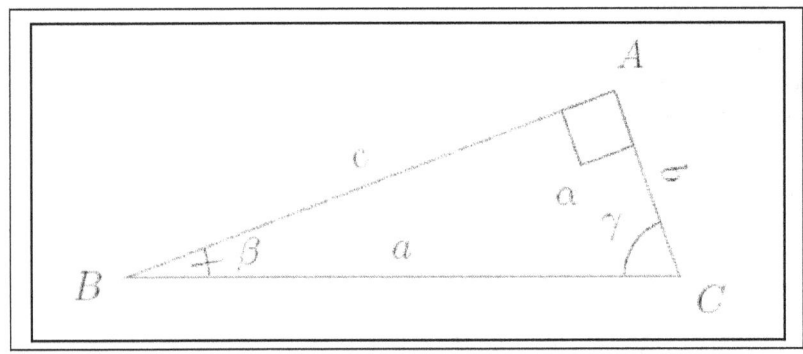

cateto = ipotenusa per sin(angolo opposto) ;

cateto = ipotenusa per cos(angolo acuto adiacente) ;

cateto = altro cateto per tg(angolo acuto opposto al primo cateto) :

6.26. *Teorema della corda.*

In una circonferenza di raggio r, data una corda a e uno degli angoli α alla circonferenza (tra di loro supplementari) che insistono sulla corda, si ha:

$a = 2r \bullet sin\alpha$

Convenzioni sui triangoli qualunque

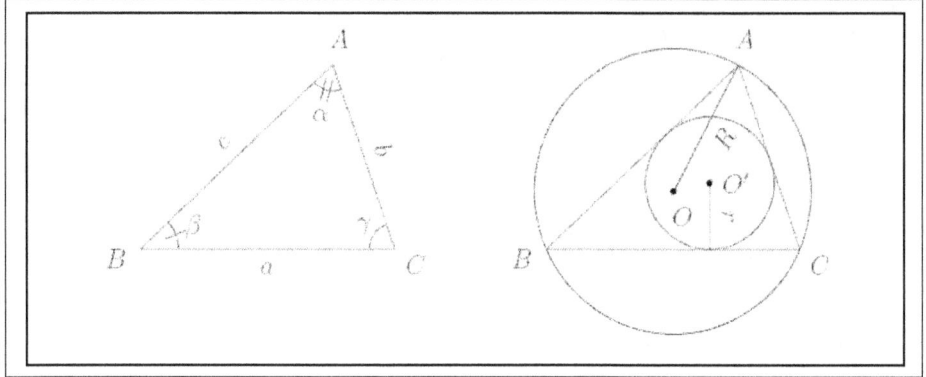

6.27 Teorema dei seni.

$$\frac{\alpha}{\sin\alpha}=\frac{b}{\sin\beta}=\frac{c}{\mathrm{sen}\gamma}=2R$$

6.28 Teorema del coseno, o di Carnot (teorema di Pitagora generalizzato).

$$a^2=b+c^2-2bc\cos\alpha$$
$$b^2=a+c^2-2bc\cos\beta$$
$$c^2=a+b^2-2bc\cos\gamma$$

6.29 Area di un triangolo.

$$S=\frac{1}{2}ab\sin\gamma=\frac{1}{2}bc\sin\alpha=\frac{1}{2}ac\sin\beta$$

$S=\sqrt{p(p-a)(p-b)(p-c)}$ *(dove p è il semi perimetro, formula di Erone).*

6.30. Raggio dei cerchi inscritto e circoscritto ad un triangolo.

$$r=\frac{S}{p}\ \text{et}\ R=\frac{abc}{4S}$$

6.31 Raggi dei cerchi ex-inscritti ad un triangolo.

$$r_a=\frac{S}{p-a};\ r_b=\frac{S}{p-b};\ r_c=\frac{S}{p-c}$$

ove ra; rb; rc sono i raggi dei cerchi tangenti ai lati a; b; c rispettivamente.

6.32 Altre formule sui triangoli qualunque.

— Teorema delle proiezioni.
$$a=b\cos\gamma+c\cos\beta;\ b=c\cos\alpha+a\cos\gamma;\ b=a\cos\beta+a\cos\alpha$$
— Teorema delle tangenti o di Nepero.

$$\frac{a-b}{a+b}\frac{tg\frac{\alpha-\beta}{2}}{tg\frac{\alpha+\beta}{2}};\quad \frac{b-c}{b+c}\frac{tg\frac{\beta-\gamma}{2}}{tg\frac{\beta+\gamma}{2}};\quad \frac{a-c}{a+c}\frac{tg\frac{\alpha-\gamma}{2}}{tg\frac{\alpha+\gamma}{2}}$$

— Formule di Briggs.

$$sin\frac{\alpha}{2}=\sqrt{\frac{(p-b)(p-c)}{bc}};\quad cos\frac{\alpha}{2}=\sqrt{\frac{p(p-a)}{bc}};\quad tg\frac{\alpha}{2}=\sqrt{\frac{(p-b)(p-c)}{p(p-a)}}$$

(formule analoghe per gli altri due angoli).

6.33 Lati dei poligoni regolari inscritti (ln) e circoscritti (Ln) a una circonferenza.

$$l_3=r\sqrt{3};\ L_3=2r\sqrt{3};$$

$$l_4=r2;\ L_4=2r;$$

$$l_5=\frac{r}{2}\sqrt{10-2\sqrt{5}};\ L_5=2r\sqrt{5-2\sqrt{5}}$$

$$l_6=r;\ L_6=2r\frac{\sqrt{3}}{3}$$

$$l_{10}=\frac{r}{2}(\sqrt{5}-1)\quad L_{10}=2r\sqrt{1-\frac{2}{5}\sqrt{5}}$$

7 Radicali, potenze ed esponenziali

Radicali e loro proprietà

7.1. Radice n-esima aritmetica di un numero reale positivo.

Se $a\geq0$; $a\in R$, e n è un numero naturale ≥2, si considera l'equazione nell'incognita reale *x*:

$$(*)\ x^n=a(\geq0)$$

L'unica soluzione maggiore o uguale a zero di (*) si chiama radice n-esima aritmetica di a e si indica con $\sqrt[n]{a}$

7.2 Proprietà dei radicali aritmetici. Se $x\geq0$ **e** $y\geq0$**, ed m; n; p sono numeri naturali**

$y>2$ allora: $\sqrt[mp]{x^{np}}...=...\sqrt[m]{x^n}$

$$\sqrt[m]{x\bullet y}...=...\sqrt[m]{x}\bullet\sqrt[m]{y};$$

$$\sqrt[m]{\frac{x}{y}}...=...\frac{\sqrt[m]{x}}{\sqrt[m]{y}}..(qui..y>0)$$

$$(\sqrt[m]{x})^n \ldots = \ldots \sqrt[m]{x^n}$$

$$\sqrt[m]{\sqrt[n]{x}} \ldots = \ldots \sqrt[mn]{x}$$

7.3.   *Attenzione:* $\sqrt{x^2} = . |x|$

7.4   *Radici dispari di un numero reale negativo.*

Se $a < 0, a \in \Re$, e n è un numero naturale dispari ≥ 3, si considera l'equazione nell'incognita reale x:

$$(*) \quad x^n = a(<0)$$

L'unica soluzione minore di zero di (*) si chiama radice n-esima algebrica di a e si indica con $\sqrt[n]{a}$.

Si noti che, purtroppo, il simbolo usato è lo stesso già usato per i radicali aritmetici, e questo può ingenerare notevoli confusioni. È molto importante segnalare, in particolare, che non valgono, per questi radicali, le proprietà dei radicali aritmetici.

Per esempio $\sqrt[6]{x^2} \neq \sqrt[3]{x}$ in quanto il primo membro è un numero non negativo, il secondo può anche essere negativo.

Richiami sulle potenze e le loro proprietà

7.5   *Potenze ad esponente naturale maggiore o uguale a 2.*

$$\forall a \in \Re . a^n \overset{def}{=} \underbrace{a \bullet a \ldots .. a}_{n}$$

Attenzione: in questa formula n deve essere maggiore o uguale a 2 perché il prodotto abbia senso.

7.6   *Potenze con esponente intero minore di 2.*

$$\forall a \in \Re a^1 \underset{=}{def} a \; ;$$

$$\forall a \in \Re \setminus \{0\} a^o \underset{=}{def} 1$$

$$\forall a \in \Re \setminus \{0\} a^{-n} \underset{=}{def} \frac{1}{a^n} \; ; \quad \text{dove n} > 0$$

N.B. Si noti che le tre formule sopra riportate sono delle definizioni: non esiste alcuna possibilità di dimostrarle (esiste invece una possibilità di giustificarle, che è tutto un altro discorso!). Lo stesso vale per le successive definizioni.

7.7 *Potenze con esponente razionale.*

$$\forall \in \mathfrak{R}, a > 0, \quad a^{\frac{m}{n}} \overset{def}{=} \sqrt[n]{a^m}$$

$$se\frac{m}{n} > 0, \quad 0^{\frac{m}{n}} \overset{def}{=} 0$$

Si noti che le potenze con esponente razionale non sono definite per basi negative. Questo significa che, per esempio,

$$-8^{\frac{1}{3}} \neq \sqrt[3]{(-8)}$$

in quanto il secondo membro vale -2, mentre il primo non può avere senso, altrimenti si avrebbe $\quad -8^{\frac{2}{6}} \neq (-8)^{\frac{1}{3}} \quad$ cosa palesemente impossibile perché il primo membro dovrebbe essere positivo, il secondo negativo.

7.8 *Potenze con esponente reale non razionale.*

La definizione di potenza in questo caso è decisamente più complessa ed esula dagli scopi di questo testo. Ci interessa solo quanto segue:

— la potenza a^α è definita solo ed esclusivamente per a > 0, salvo l'eccezione seguente;

— $\forall \alpha \in R,..\alpha > 0,..0^\alpha = 0$

— la definizione di potenza viene data sostanzialmente ricorrendo alle approssimazioni successive del numero reale _ mediante espansioni decimali finite; per esempio, sapendo che

$$\sqrt{2} = 1,41421356$$

si definisce $a^{\sqrt{2}},...a > 0$, come limite a cui tende la successione di numeri

$$a^1, a^{1.4}, a^{1.41}, a^{1.414}, a^{1.4142}, \ldots\ldots$$

al tendere dell'esponente al numero $\sqrt{2}$

N.B. Si presti particolare attenzione al fatto, già segnalato, che mentre con esponenti interi la base delle potenze può essere un numero reale qualunque, eventualmente diverso da zero se l'esponente è nullo o negativo, con gli altri esponenti razionali o reali la base deve essere un numero strettamente positivo (solo eccezionalmente nullo).

7.9. *Proprietà delle potenze.*

---- $a^1 = a$

---- $a^0 = 1$

---- $a^m \bullet a^n = a^{m+n}$

---- $\dfrac{a^{m,}}{a_n} = a^{m-n}$

---- $(a^m)^n = a^{m \bullet n}$

7.10   *Ordine di precedenza nelle operazioni.*

La convenzione generale sulle espressioni contenenti diverse operazioni è che si eseguono per prime le operazioni con ordine di precedenza più elevato e via via tutte le altre; nel caso di operazioni con lo stesso ordine di precedenza, esse si eseguono nell'ordine in cui si presentano.

Le parentesi alterano l'ordine, obbligando ad eseguire per prime le operazioni al loro interno.

La potenza ha ordine di precedenza più elevato della moltiplicazione e della divisione:

$3 \bullet 2^2 = 12$ e non 36. Un'ambiguità è però presente nella scrittura:

a^{m^n} .

Rispettando la regola generale essa dovrebbe significare $(a^m)^n = a^{m \bullet n}$, e in effetti così si comportano molte calcolatrici tascabili. Abitualmente invece la scrittura si interpreta come,

$a^{(m^n)}$

e quasi tutti i software di calcolo simbolico la leggono in questo modo. Prestare la massima attenzione

Funzioni potenza e radice

7.11   *Funzioni potenza.*

Per ogni $a \in \Re$ le funzioni reali $x \to x^2$ si chiamano funzioni potenza. Tutte sono definite per x > 0, alcune anche per x ≤ 0, a seconda del tipo di esponente, precisamente:

— Se a è un intero > 0, il dominio è $\Re$.

— Se a è un intero < 0, il dominio è $\Re \setminus \{0\}$

— Se a è non intero e > 0, il dominio è [0;+∞[.

— Se a è non intero e < 0, il dominio è]0;+∞[.

— Il caso a = 0 è particolare: x°0 non è definita per x = 0, ma si può ritenerla prolungata per continuità anche in zero, senza per questo affermare che 0° = 1 .

7.12   *Funzioni radici*

Grafici delle funzioni potenza, per x > 0.

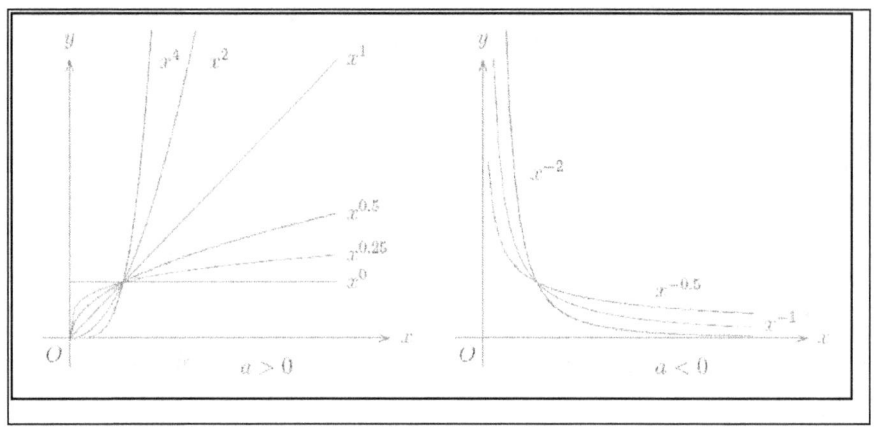

Funzioni esponenziali e logaritmo

7.13   Funzioni esponenziali.

Se $a \in \Re$ $0 < a < 1 \forall a > 1$, la funzione $x \to a^x$, di $\Re.in.\Re$, si chiama funzione esponenziale

di base a, e si indica, a volte, con $\exp_a(x)$. Il caso più importante è quello in cui a = e (numero

di Nepero); in questo caso, oltre a e^x, si scrive anche, semplicemente, exp(x).

7.14.   Proprietà delle funzioni esponenziali.

$$a^x > 0,....\forall x \in R$$

$$a^0 = 1$$

$$(a^{x_1 + x_2} = a^{x_1} \bullet a^{x_2}$$

$$(a^{x_1})^{x_2} = a^{x_1 \bullet x_2}$$

Inoltre:

se $0 < a < 1$ la funzione $x \to a^x$, è strettamente decrescente;

se $a > 1$ la funzione $x \to a^x$, è strettamente crescente:

7.15   Funzioni logaritmo

La proprietà di stretta monotonia (crescenza o decrescenza) delle funzioni esponenziali

consente di introdurre le funzioni logaritmo in base a, come inverse delle funzioni esponenziali,

e indicate con $(x \to \log_a x)$, $x > 0$; $(0 < a < 1 \forall a > 1)$.

Nel caso (a = e) si parla di logaritmo naturale e si scrive, semplicemente, $(x \to \ln x)$.

Nel caso a = 10 si parla di logaritmo decimale e si scrive $(x \to \log x)$.

Queste notazioni (raccomandate dalle norme ISO) non sono comunque universali.

In sostanza, se $(0 < a < 1 \forall a > 1)$ e $(b > 0)$, l'equazione $(a^x = b)$,

ammette una ed una sola soluzione

$$(x = \log_a b)$$

Si può anche dire, ma con locuzione abbastanza impropria e che richiede la massima attenzione, che:

Il logaritmo in base a di b è l'esponente da dare ad a per avere b: $a^{\log_a b} = b$

7.16   Proprietà dei logaritmi. *Se x > 0 e y > 0,*

$$\log_a(xy) = \log_a x + \log_b y$$

$$\log_a x^m = m \bullet \log_a x$$

$$\log_a \frac{x}{y} = \log_a x - \log_a y$$

7.17   Formule del cambiamento di base.

$$a^b = c^{b \log_c a}, \quad \log_a ba^b = \frac{\log_c b}{\log_c a}$$

in particolare:

$$a^b = e^{b \ln a} \quad \log_a b = \frac{\ln b}{\ln a}$$

7.18.   Attenzione:

$$\log_a x^2 = 2 \log_a |x|$$

7.19   Grafici delle funzioni esponenziali.

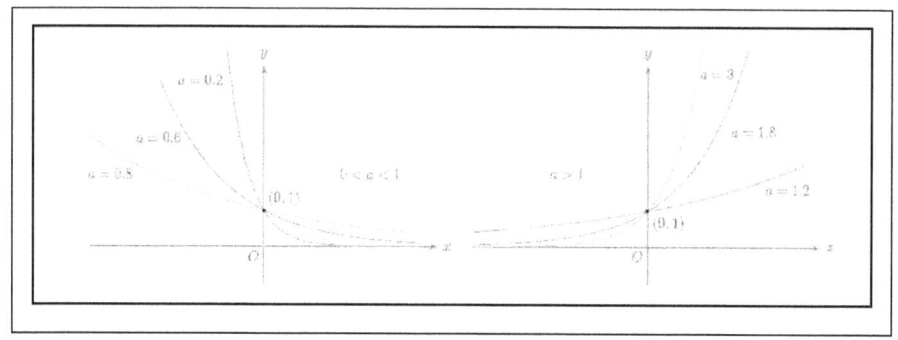

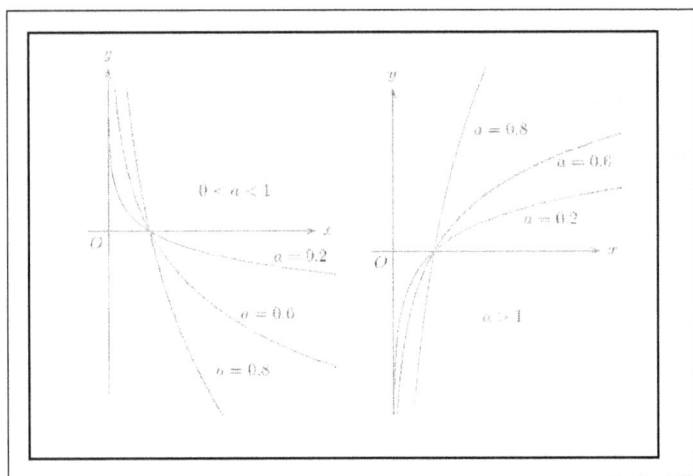

8 Le Disequazioni

Generalità

Risolvere una disequazione in un'incognita reale significa trovare l'insieme $S \subseteq \Re$ dove

$$f(x) \underset{>}{\overset{<}{-}} g(x),$$ essendo f e g due funzioni reali di variabile reale.

Se la disequazione è nella forma $f(x) \underset{>}{\overset{<}{-}} 0$, la diremo ridotta a forma normale.

Strettamente connesso è il problema della determinazione del segno di una funzione f reale di variabile reale, dove è richiesto di trovare:

— l'insieme degli x dove f(x) è definita (dominio naturale di f) ;

— l'insieme degli x dove f(x) = 0 ;

— l'insieme degli x dove f(x) > 0 ;

— l'insieme degli x dove f(x) < 0 .

8.1   Proprietà delle disuguaglianze e delle disequazioni.

— È sempre possibile aggiungere e togliere ad ambo i membri di una disequazione una stessa quantità, purché non si modifichi il dominio naturale dei due membri.

— È sempre possibile moltiplicare o dividere ambo i membri di una disequazione per una stessa quantità, strettamente positiva, purché non si modifichi il dominio naturale dei due membri.

— Se si moltiplicano ambo i membri di una disequazione per una stessa quantità strettamente negativa, che non modifichi il dominio naturale dei due membri, si deve cambiare il verso della disequazione.

— Si possono moltiplicare membro a membro due disequazioni dello stesso verso solo se tutti i quattro membri sono positivi.

— Si possono elevare al quadrato (in generale ad una potenza pari) ambo i membri di una disequazione, solo se entrambi i membri sono positivi.

— Si possono sempre elevare al cubo (in generale ad una potenza dispari) ambo i membri di una disequazione.

8.2 Il binomio di primo grado

8.3 *Risoluzione di una disequazione di primo grado.*

Si procede applicando le proprietà delle disequazioni.

$$ax + b \underset{>}{\overset{<}{-}} 0 \Leftrightarrow ax \underset{>}{\overset{<}{-}} -b \Leftrightarrow \begin{cases} x \underset{>}{\overset{<}{-}} -\dfrac{b}{a} \; se..a > 0 \\ x \underset{<}{\overset{>}{-}} -\dfrac{b}{a} \; se..a < 0 \end{cases}$$

8.4 *Segno del binomio.*

È sufficiente risolvere la disequazione $ax + b > 0$, che fornisce l'insieme di positività; è poi immediato trovare di conseguenza quando il binomio è negativo e quando è nullo.

8.5 *Il trinomio di secondo grado*

determinare preventivamente il segno del trinomio a primo membro, dopodiché la risoluzione della disequazione è immediata.

8.6 *Segno del trinomio*

Conviene usare il "metodo della parabola": un trinomio di secondo grado $ax^2 + bx + c$ ha come grafico una parabola con la concavità verso l'alto o il basso a seconda del valore di a, ed interseca eventualmente l'asse delle ascisse nei due punti corrispondenti alle radici del trinomio.

Questa osservazione permette di decidere subito il segno del trinomio.

8.7 *Risoluzione di una disequazione di secondo grado:* $ax^2 + bx + c \underset{>}{\overset{<}{-}} 0$.

Conviene determinare preventivamente il segno del trinomio a primo membro, dopodiché la risoluzione della disequazione è immediata.

8.8 **Disequazioni di grado superiore al secondo, o fratte - sistemi di disequazioni.**

8.9 *Disequazioni di grado superiore al secondo o fratte*

Procedere nel seguente modo:

— Determinare il dominio naturale.

— Ridurre a forma normale: f(x) $f(x) = \overset{\leq}{\underset{>}{-}} 0$

— Scomporre (sia il numeratore che l'eventuale denominatore) in fattori di cui si sappia trovare il segno.

— Determinare il segno complessivo utilizzando la regola dei segni, e servendosi di una opportuna rappresentazione grafica.

— Trarre le conclusioni.

8.10 *Sistemi di disequazioni.*

Si tratta di trovare le soluzioni comuni a tutte le disequazioni. È utile servirsi di un'opportuna rappresentazione grafica, prestando particolare attenzione alla differenza tra il tipo di grafico utilizzato per le disequazioni di grado superiore al secondo o fratte (che possiamo chiamare "grafico di segno") e quello utilizzato in questo caso (che possiamo chiamare "grafico vero-falso").

8.11 **Disequazioni irrazionali**

L'idea base per risolvere le disequazioni irrazionali è quella di elevare ad opportune potenze, in modo da ridurre la disequazione irrazionale ad una razionale. L'eventuale elevazione ad una potenza dispari non comporta problemi, mentre l'elevazione ad una potenza pari è possibile solo se ambo i membri sono positivi. Inoltre un'elevazione non ben "programmata" può complicare le cose anziché semplificarle.

8.12 *Metodo generale.*

Procedere nel seguente modo:

— Determinare il dominio naturale.

— Riscrivere la disequazione in modo che una successiva elevazione di ambo i membri

ad una opportuna potenza semplifichi la risoluzione.

— Se si deve elevare ad una potenza dispari non ci sono problemi.

— Se si deve elevare ad una potenza pari, valutare il segno di ambo i membri, tenendo conto che si può elevare solo se essi sono positivi. Nel caso in cui entrambi siano negativi basta cambiare il segno (e quindi il verso!); nel caso in cui siano di segno discorde, è facile trarre le conclusioni tenendo conto del verso della disequazione.

I casi più frequenti nelle applicazioni sono quelli trattati nei seguenti due "casi speciali".

8.13 Un primo caso speciale: $f(x) \geq g(x)$ oppure $f(x) > \sqrt{g(x)}$

La disequazione è equivalente al sistema:

$$\begin{cases} g(x) \geq 0 \\ f(x) \geq 0 \\ (f(x))^2 \geq g(x) \end{cases} \text{ oppure } \begin{cases} g(x) \geq 0 \\ f(x) \geq 0 \\ (f(x))^2 > g(x) \end{cases}$$

8.14 Un secondo caso speciale: $f(x) \leq \sqrt{g(x)}$ oppure $f(x) < \sqrt{g(x)}$

La disequazione è equivalente all'unione delle soluzioni dei due sistemi:

$$\begin{cases} f(x) \geq 0 \\ (f(x))^2 \leq g(x) \end{cases} \bigcup \begin{cases} g(x) \geq 0 \\ f(x) < 0 \end{cases}$$

oppure

$$\begin{cases} f(x) \geq 0 \\ (f(x))^2 < g(x) \end{cases} \bigcup \begin{cases} g(x) \geq 0 \\ f(x) < 0 \end{cases}$$

8.15 Disequazioni con valori assoluti

8.16 Disequazioni elementari.

$$\ldots |x| < a \Leftrightarrow \begin{cases} nessuna..soluzione..se..(a \leq 0) \\ -a < x < a \ldots \ldots se..(a > 0) \end{cases}$$

$$\ldots |x| \leq a \Leftrightarrow \begin{cases} nessuna..soluzione..se..(a < 0) \\ -a \leq x \leq a \ldots \ldots se..(a \geq 0) \end{cases}$$

$$\ldots |x| > a \Leftrightarrow \begin{cases} -\infty < x < +\infty \ldots \ldots se..(a < 0) \\ x < -a \forall x > a \ldots \ldots se..(a \geq 0) \end{cases}$$

$$\ldots\mid x\mid\,\gtreqless a\Leftrightarrow\begin{cases}-\infty<x<+\infty\ldots\ldots se..(a\le0)\\ x\le-a\,\forall x\le a\ldots\ldots se..(a>0)\end{cases}$$

8.17 Le altre disequazioni.

Non sono richieste tecniche particolari per le disequazioni contenenti valori assoluti. Basta ricordare la definizione di valore assoluto,

$$abs(x)=\mid x\mid=\begin{cases}x\ldots\ldots se..(x\ge0)\\ -x\ldots se...(x>0)\end{cases}$$

e distinguere opportunamente tutti i casi che si possono presentare, facendo alla fine l'unione dei risultati trovati nei vari casi.

8.18 Disequazioni trigonometriche

8.19 Disequazioni elementari.

$$sin(x)\,\genfrac{}{}{0pt}{}{<}{>}=a;\qquad\qquad\cos(x)\,\genfrac{}{}{0pt}{}{<}{>}=a;\qquad\qquad tg(x)\,\genfrac{}{}{0pt}{}{<}{>}=a;$$

Conviene ricordare la definizione delle funzioni trigonometriche mediante la circonferenza goniometrica, oppure i grafici delle funzioni stesse, ed operare come nei seguenti esempi.

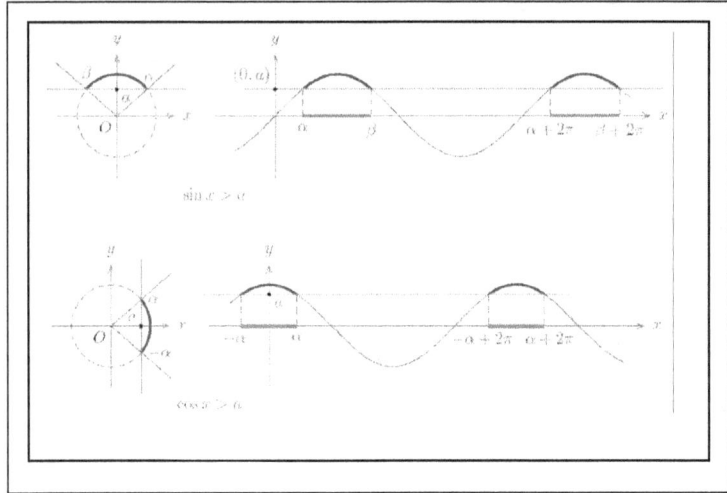

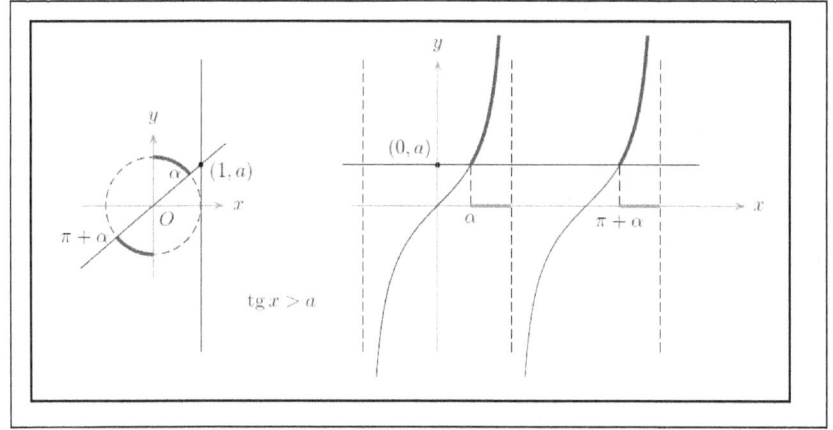

8.20 Disequazioni di secondo grado in sin, cos, tg.

$$a \bullet sin^2(x) + b \bullet sin(x) + c \overset{<}{\underset{>}{-}} 0$$

$$a \bullet cos^2(x) + b \bullet cos(x) + c \overset{<}{\underset{>}{-}} 0$$

$$a \bullet tg^2(x) + b \bullet tg(x) + c \overset{<}{\underset{>}{-}} 0$$

Si risolvono ponendo sin x = t, oppure cos x = t, oppure tg x = t, e riconducendosi a disequazioni elementari.

8.21 *Disequazioni lineari in sin e cos.*

$$a \bullet cos(x) + b \bullet sin(x) + c \overset{<}{\underset{>}{-}} 0:$$

Si risolvono ponendo cos x = s, sin x = t e rappresentando graficamente, nel piano Ost, la retta as + bt + c = 0 e la circonferenza (goniometrica) $s^2 + t^2 = 1$. Successivamente è facile controllare se la disequazione è verificata "sopra" o "sotto" la retta, individuando così l'arco di circonferenza in cui la disequazione data è verificata. Si veda l'esempio proposto di seguito.

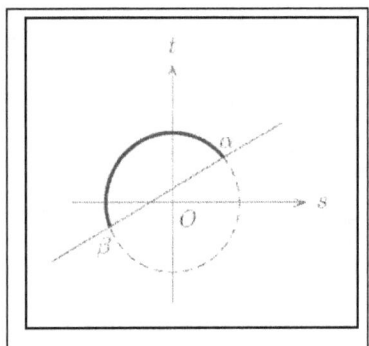

Le stesse disequazioni si possono alternativamente ridurre a disequazioni elementari come segue:

$$a \bullet \cos(x) + b \bullet \sin(x) + c = \sqrt{a^2 + b^2}\left(\frac{a}{\sqrt{a^2+b^2}}\cos(x) + (\frac{b}{\sqrt{a^2+b^2}}\sin(x)\right) + c$$

Detto (α) l'unico angolo $(con..0 \le \alpha < 2\pi)$ tale che:

$$\sin(\alpha) = \frac{a}{\sqrt{a^2+b^2}}; \qquad \cos(\alpha) = \frac{b}{\sqrt{a^2+b^2}} \quad \text{si ottiene}$$

$$a \bullet \cos(x) + b \bullet \sin(x) + c = \sqrt{a^2 + b^2}\left(\text{sen}(\alpha)\cos(x) + \cos(\alpha)\sin(x)\right) + c = \sqrt{a^2+b^2}\left(\sin(\alpha + x)\right) + c$$

e a questo punto la disequazione si riduce ad un elementare con la posizione $x + \alpha = t$.

8.22   *Disequazioni omogenee di secondo grado in sin e cos.*

$$a \bullet \cos^2(x) + b.\sin(x) \bullet \cos(x) + c.\sin^2(x) + d \underset{>}{\overset{<}{-}} 0$$

Si risolvono usando le formule di bisezione e duplicazione:

$$\sin^2(x) = \frac{1 - \cos(2x)}{2}; \quad \cos^2(x) = \frac{1 + \cos(2x)}{2}; \quad \sinb(x) \bullet \cos(x) = \frac{1}{2}\sin(2x);$$

che permettono di trasformare la disequazione in una lineare in seno e coseno, con la variabile 2x.

8.23   *Disequazioni simmetriche o semisimmetriche in seno e coseno.*

$$\alpha(sin(x) \pm \cos(x)) + b\sin(x) \bullet \cos(x) + c \underset{>}{\overset{<}{-}} 0$$

Si risolvono con la sostituzione x = t + _=4, che le trasforma in una disequazione di secondo grado in seno e coseno.

8.24   Le altre disequazioni.

Si risolvono cercando di trasformarle in uno dei tipi predetti, usando opportunamente le formule trigonometriche, oppure cercando di scomporle in fattori.

8.25 Disequazioni logaritmiche ed esponenziali

8.26   Disequazioni esponenziali elementari.

$$\alpha^x \underset{>}{\overset{<}{-}} b$$

Se $b \le 0$ la risoluzione è immediata, tenendo conto che a^x è strettamente maggiore di 0 per ogni x.   Se $b > 0$, basta prendere i logaritmi in base a di ambo i membri, tenendo conto che se a > 1 si mantiene il verso, se 0 < a < 1 si deve cambiare il verso. Successivamente si deve ricordare che $\log_a \alpha^x = x$

8.27   Disequazioni logaritmiche elementari.

$$\log_a \alpha^x \underset{>}{\overset{<}{-}} = b$$

Bisogna innanzitutto tenere conto che deve essere x > 0 (dominio naturale). Poi basta prendere l'esponenziale in base a di ambo i membri, tenendo conto che se a > 1 si mantiene il verso, se 0 < a < 1 si deve cambiare il verso. Successivamente si deve ricordare che

$$a^{\log_a x} = x \ ; \qquad \forall x a > 0$$

L'uso dei grafici delle funzioni esponenziali e logaritmo è molto utile e facilita la risoluzione. Si vedano gli esempi che seguono.

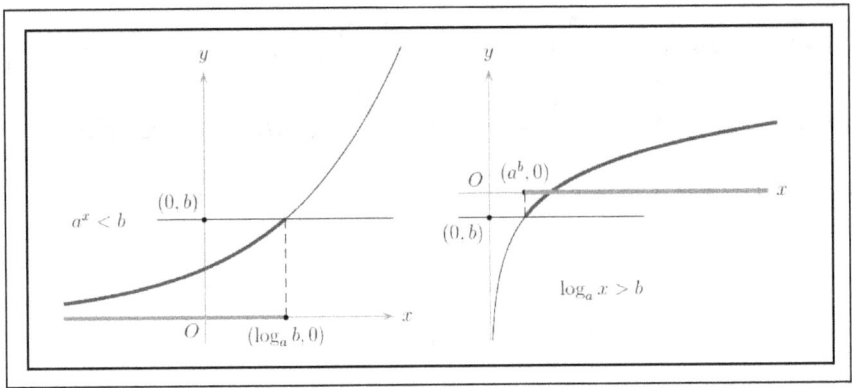

8.28 *Disequazioni del tipo*

$$\alpha \bullet a^{2x} + \beta \bullet a^x + \gamma \underset{>}{\overset{<}{-}} = 0 \quad \text{oppure} \quad \alpha \bullet \log_a^2 x a^{2x} + \beta \bullet \log_a x + \gamma \underset{>}{\overset{<}{-}} = 0$$

Basta porre $a^x = t$ oppure $\log_a x = t$ poi ridursi a disequazioni elementari.

8.29 *Le altre disequazioni.*

Occorre procedere utilizzando opportunamente le proprietà delle potenze e dei logaritmi o scomponendo in fattori. Si ricordi sempre di trovare preventivamente il dominio naturale.

8.30 Funzioni elementari e dominio naturale

8.31 *Ricerca del dominio naturale di una funzione reale di variabile reale.*

Le funzioni reali di variabile reale più comuni nelle applicazioni sono le funzioni elementari, ovvero i polinomi, le funzioni radici, potenza, esponenziali, logaritmo, trigonometriche, le loro inverse, e quelle ottenute da esse mediante operazioni di somma, prodotto, quoziente, composizione. Per la ricerca del dominio naturale di queste funzioni ci si può servire del seguente schema.

— I denominatori devono essere diversi da 0.

— I radicandi di radici di indice pari devono essere maggiori od uguali a 0.

— L'argomento dei logaritmi deve essere maggiore di 0.

— La base dei logaritmi deve essere maggiore di 0 e diversa da 1.

— L'argomento delle funzioni arcsin e arccos deve essere compreso tra -1 ed 1, compresi gli estremi.

---- Potenze con base variabile ed esponente fisso.

---- Se l'esponente è un intero maggiore di zero, non ci sono limitazioni.
---- Se l'esponente è un intero minore od uguale a zero la base deve essere diversa da 0.
---- Se l'esp.te è non intero e maggiore di zero la base deve essere maggiore o uguale a 0.

---- Se l'esponente è non intero e minore o uguale a zero, la base deve essere maggiore di 0.

---- Potenze con base fissa (reale positiva) ed esponente variabile: non ci sono limitazioni.

---- Potenze con base ed esponente variabile: si tratta di un caso complesso, in cui bisognerebbe valutare accuratamente le varie possibilità sia per la base che per l'esponente. In genere si accetta che la base debba essere maggiore di zero e non si pongono condizioni sull'esponente (tranne ovviamente le condizioni perchè l'esponente stesso sia definito!): questa scelta consente di sfruttare la formula, assai utile, del cambiamento di base

$$(f(x))^{g(x)} = e^{g(x)\ln(f(x))}$$

8.32 Disequazioni in due incognite

Si tratta di disequazioni riducibili al tipo $f(x, y) \underset{>}{\overset{<}{-}} 0$, ove f è un'opportuna funzione di due variabili. La loro risoluzione richiede la rappresentazione grafica dell'insieme, generalmente una curva, $f(x, y) = 0$, dopodiché le conclusioni sono in genere immediate. Si noti che di solito per le soluzioni di queste disequazioni si può dare solo una rappresentazione grafica in un piano cartesiano. Si vedano gli esempi che seguono.

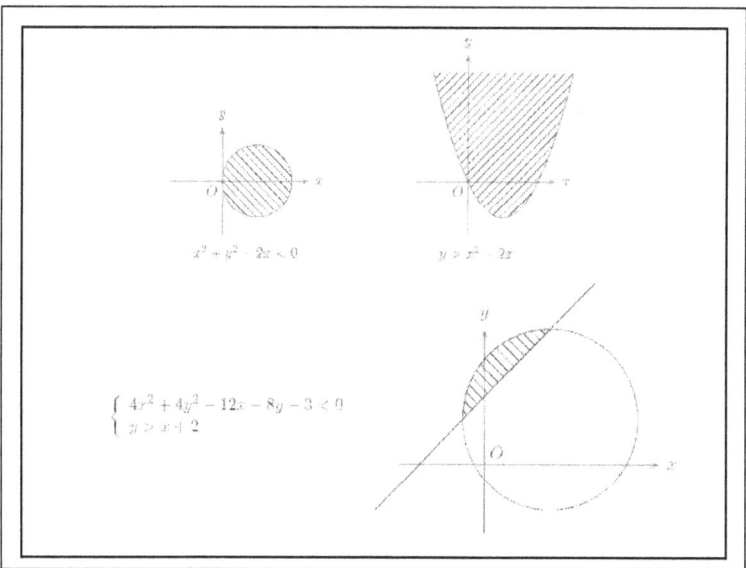

9 Geometria euclidea

9.1   Rette parallele tagliate da una trasversale.

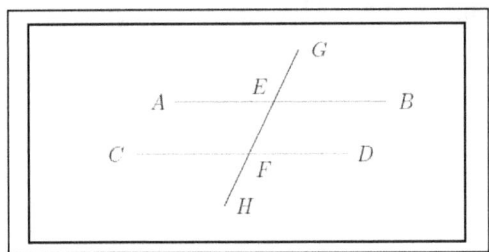

Proprietà:

Coppie di angoli alterni interni: $B\hat{E}H = C\hat{F}G$; $A\hat{E}H = D\hat{F}G$

Coppie di angoli alterni esterni: $B\hat{E}G = C\hat{F}H$; $A\hat{E}G = D\hat{F}H$.

Coppie di angoli alterni corrispondenti: $B\hat{E}G = D\hat{F}G$ = angolo piatto; $A\hat{E}G = C\hat{F}G$;

$A\hat{E}H = C\hat{F}H$;

Coppie di angoli coniugati interni: $B\hat{E}H = D\hat{F}G$ = angolo piatto; $A\hat{E}H = C\hat{F}G$; = angolo

piatto ;

Coppie di angoli coniugati esterni: $B\hat{E}G = D\hat{F}H$ = angolo piatto $A\hat{E}G = C\hat{F}H$

9.2   *Bisettrici di due angoli adiacenti.*

Le bisettrici di due angoli adiacenti sono semirette tra di loro perpendicolari.

9.3   *Bisettrici degli angoli di due rette incidenti.*

Le bisettrici degli angoli formati da due rette incidenti sono due rette tra di loro

perpendicolari.

9.4   *Alcune proprietà dei triangoli.*

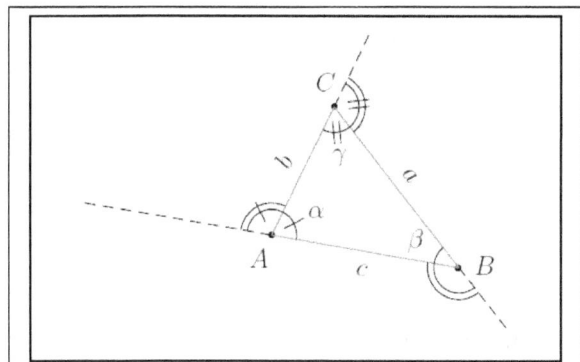

— In ogni triangolo ciascun lato è minore della somma e maggiore della differenza degli altri due.

— In ogni triangolo a lato maggiore sta opposto angolo maggiore.

— In ogni triangolo ciascuno angolo esterno è congruente alla somma dei due angoli interni ad esso non adiacenti.

9.5   Convenzioni sui triangoli rettangoli.

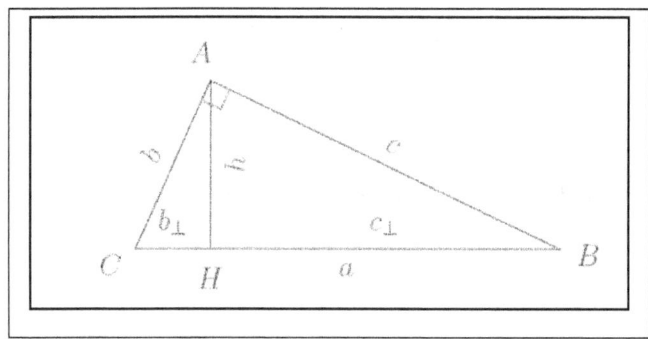

9.6   Teorema di Pitagora.

$$a^2 = b^2 + c^2$$

9.7   Teoremi di Euclide.

$$b^2 = b_\perp \bullet a \; ; \qquad c^2 = b_\perp \bullet a \; ; \qquad h^2 = b_\perp \bullet c\perp$$

9.8   Inscrivibilità in una semicirconferenza.

Ogni triangolo rettangolo si può inscrivere in una semicirconferenza e ogni triangolo inscritto in una semicirconferenza è rettangolo.

9.9 Punti notevoli di un triangolo.

— Circocentro: punto d'incontro degli assi dei lati (rette perpendicolari nel punto medio). È il centro della circonferenza circoscritta al triangolo. È interno al triangolo per i triangoli acutangoli, esterno per quelli ottusangoli, nel punto medio dell'ipotenusa per i triangoli rettangoli.

— Baricentro: punto d'incontro delle mediane (segmenti che congiungono ciascun vertice con il punto medio del lato opposto). È sempre interno al triangolo.

— Ortocentro: punto di incontro delle altezze o dei loro prolungamenti; le altezze di un triangolo si ottengono tirando da ciascun vertice la perpendicolare al lato opposto o al suo prolungamento e considerando il segmento di perpendicolare compreso tra il vertice e l'intersezione con il lato opposto o il suo prolungamento. È interno al triangolo per i triangoli acutangoli, esterno per quelli ottusangoli, nel vertice dell'angolo retto per i triangoli rettangoli.

— Incentro: punto d'incontro delle bisettrici degli angoli interni. È il centro della circonferenza inscritta nel triangolo. È sempre interno al triangolo.

— Ex-centri: punti di incontro delle semirette bisettrici di due angoli esterni e dell'angolo interno ad essi non adiacente. Sono i tre centri delle circonferenze ex-inscritte nel triangolo.

9.10 Retta di Eulero.

In ogni triangolo l'ortocentro H, il baricentro G e il circocentro C sono allineati. Inoltre

$$HG = 2GC.$$

9.11 Bisettrici degli angoli interni ed esterni.

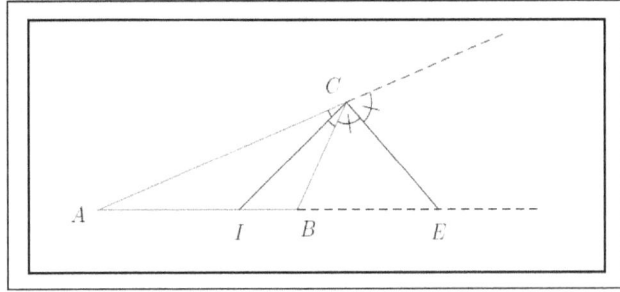

— La bisettrice di un angolo interno di un triangolo divide il lato opposto in parti proporzionali ai lati rimanenti: $AI : IB = AC : CB$.

— La bisettrice di un angolo esterno di un triangolo incontra il prolungamento del lato opposto in un punto tale che le sue distanze dagli altri vertici sono proporzionali agli altri lati: $AE : EB = AC : CB$.

9.12 *Somma degli angoli interni.*

La somma degli angoli interni di un poligono di n lati è n - 2 angoli piatti. In particolare la somma degli angoli interni di un triangolo è 1 angolo piatto.

9.13. *Parallelogrammi.*

Un parallelogramma è un quadrilatero convesso che ha le due coppie di lati opposti paralleli.

Ogni parallelogramma gode delle seguenti proprietà caratteristiche (cioè equivalenti alla definizione):

— Le due coppie di lati opposti sono congruenti.

— Ciascuna diagonale divide il parallelogramma in due triangoli congruenti.

— Le due diagonali si dividono scambievolmente a metà.

— Il quadrilatero ha due coppie di angoli opposti congruenti.

— Il quadrilatero ha un centro di simmetria.

Casi particolari:

— Rombo: un parallelogramma che abbia i quattro lati congruenti è un rombo. Un parallelogramma è un rombo se e solo se le sue diagonali sono perpendicolari oppure se e solo se le sue diagonali sono bisettrici degli angoli interni.

— Rettangolo: un parallelogramma con un angolo retto (e quindi con tutti gli angoli retti) è un rettangolo. Un parallelogramma è un rettangolo se e solo se le sue diagonali sono congruenti.

— Quadrato: un rettangolo che sia anche un rombo è un quadrato. Un quadrilatero è un quadrato se e solo se ha i quattro lati congruenti e i quattro angoli congruenti, oppure se e solo se ha le diagonali congruenti e perpendicolari, o infine se e solo se ha le diagonali congruenti e bisettrici degli angoli interni.

9.14 *Angoli al centro e alla circonferenza.*

Angoli alla circonferenza che insistono sullo stesso arco sono tutti tra di loro congruenti e congruenti alla metà del corrispondente angolo al centro. Tra gli angoli alla circonferenza sono da considerare anche i due che hanno una lato secante e uno tangente.

Come conseguenza si ha che angoli alla circonferenza che insistono sulla stessa corda sono congruenti se hanno il vertice sullo stesso arco $\overset{\frown}{AB}$, sono supplementari se non hanno il vertice sullo stesso arco $\overset{\frown}{AB}$.

Le figure che seguono si riferiscono a situazioni con archi minori e, rispettivamente, maggiori di una semicirconferenza.

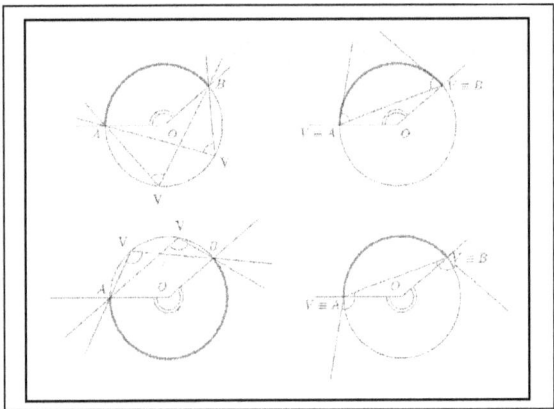

9.15 Quadrilateri inscrivibili.

Un quadrilatero convesso è inscrivibile in una circonferenza se e solo se gli angoli opposti sono supplementari.

9.16 Quadrilateri circoscrivibili.

Un quadrilatero convesso è circoscrivibile ad una circonferenza se e solo se le somme delle due coppie di lati opposti sono congruenti.

9.17 Teorema di Tolomeo.

In un quadrilatero convesso inscritto in una circonferenza il prodotto delle diagonali è uguale alla somma dei prodotti dei lati opposti.

9.18 Trapezi circoscritti ad una circonferenza.

9.19

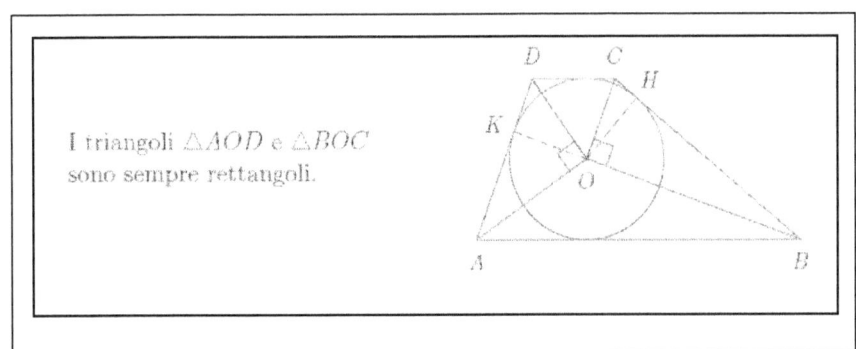

I triangoli $\triangle AOD$ e $\triangle BOC$ sono sempre rettangoli.

9.19 *Trapezi circoscritti ad una semicirconferenza.*

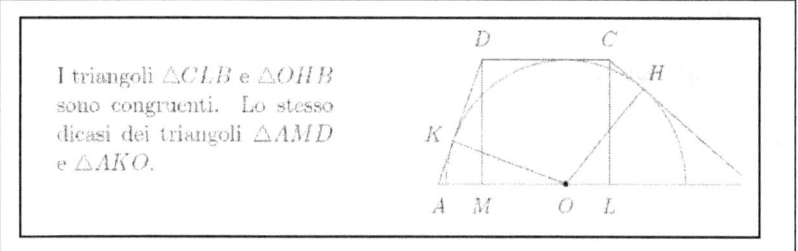

I triangoli $\triangle CLB$ e $\triangle OHB$ sono congruenti. Lo stesso dicasi dei triangoli $\triangle AMD$ e $\triangle AKO$.

9.20 *Teorema delle due corde.*

Date due corde AB e CD di una circonferenza, si ha

$$MA : MC = MD : MB :$$

Ovvero le due parti di una corda sono gli estremi, le due parti dell'altra i medi di una proporzione.

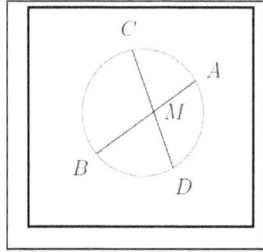

9.21 *Teorema delle due secanti (analogo al precedente).*

Date due secanti MB e MC ad una circonferenza, si ha

$$MA : MD = MB : MC :$$

Ovvero le due parti di una secante sono gli estremi, le due parti dell'altra i medi di una proporzione.

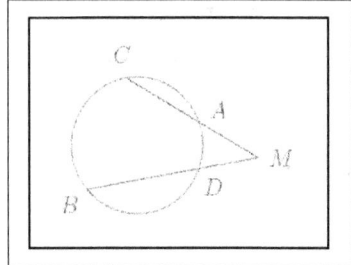

9.22 *Teorema della secante e della tangente.*

Date una tangente MA ed una secante MB ad una circonferenza, si ha

$$MD : MA = MA : MB :$$

Ovvero le due parti della secante sono gli estremi, la
tangente il medio proporzionale di una proporzione.

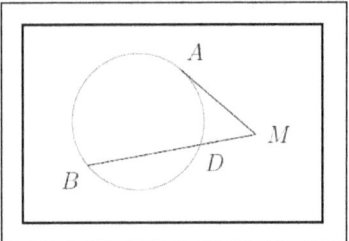

9.23 *Sezione aurea di un segmento.*

Dato un segmento AB, si chiama sua sezione aurea il segmento AC che è medio proporzionale
tra l'intero segmento AB e la parte restante CB:

$$AB : AC = AC : CB :$$

Se l è la lunghezza di AB, la sezione aurea è

$$\frac{1}{2}\sqrt{5} - 1.$$

Tra le applicazioni importanti di questo concetto è il teorema sul lato del decagono regolare
inscritto in una circonferenza.

9.24 *Lato del decagono regolare inscritto in una circonferenza.*

Il lato del decagono regolare inscritto in una circonferenza è la sezione aurea del raggio.

9.25 *Luoghi geometrici.*

Luogo geometrico è l'insieme di tutti i punti (del piano o dello spazio), che godono di una
determinata proprietà di tipo geometrico.

Tra i luoghi geometrici importanti figurano i seguenti.

— Circonferenza: luogo dei punti del piano equidistanti da un punto fisso detto centro.

— Cerchio: luogo dei punti del piano aventi distanza minore od uguale ad un dato numero reale
r da un punto detto centro.

— Asse di un segmento: luogo dei punti del piano equidistanti dagli estremi del segmento.

— Bisettrice di un angolo: luogo dei punti del piano equidistanti dai lati dell'angolo. Il
luogo dei punti del piano equidistanti da due rette incidenti è costituito dalle due rette,
perpendicolari tra loro, che sono bisettrici delle coppie di angoli opposti al vertice ed
individuati dalle due rette date.

— Luogo dei punti del piano che vedono un dato segmento AB sotto un angolo assegnato: è costituito da due archi di circonferenza, aventi AB come corda.

—

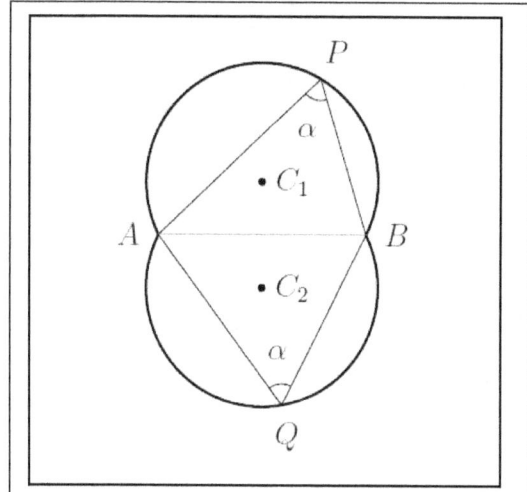

9.26 *Qualche altra lunghezza, area o volume notevole.*

— Area del rombo: semi prodotto delle diagonali.

— Area del trapezio: semi somma delle basi per l'altezza.

— Volume di un parallelepipedo, di un prisma o di un cilindro di area di base S e altezza h:

$$V = S \bullet h$$

Se il parallelepipedo, prisma, o cilindro è retto, l'altezza coincide con uno degli spigoli laterali.

Un cilindro circolare retto si dice equilatero se l'altezza è lunga quanto il diametro di base, ovvero se la sua sezione con un piano per l'asse è un quadrato.

— Volume di una piramide o di un cono di area di base S e altezza h:

$$V = \frac{1}{3} S \bullet h$$

Se la base della piramide è un poligono circoscrivibile ad una circonferenza che ha centro coincidente con la proiezione del vertice sulla base, la piramide si dice retta. In questo caso si chiama apotema l'altezza di una qualunque delle facce laterali della piramide.

Se il poligono di base è regolare, la piramide si dice regolare. Un cono circolare si dice retto se la proiezione del vertice sulla base coincide col centro della circonferenza di base.

Un cono circolare retto si dice equilatero se l'apotema è lunga quanto il diametro di base, ovvero se la sua sezione con un piano passante per l'asse è un triangolo equilatero.

— Superficie laterale di un cono circolare retto: se r è il raggio di base e a è l'apotema:

$$Sl = 2\pi ra$$

— Volume di un tronco di cono o di piramide. Se S ed S0 sono le aree delle due basi e h è l'altezza, si ha:

$$V = \frac{h}{3}(S + S' + \sqrt{S \bullet S'}$$

— Superficie laterale di un tronco di cono circolare retto. Se r1 ed r2 sono i due raggi di base e a è l'apotema, si ha:

$$Sl = 2\pi ra$$

— Area della superficie sferica: $\qquad A = 4\pi r^2$

— Volume della sfera: $\qquad\qquad V = \frac{4}{3}\pi r^3$

— Area della calotta sferica e della zona sferica. Se r è il raggio della sfera a cui appartengono la calotta o la zona, e h è l'altezza, si ha:

$$Sl = 2\pi rh$$

Ricordiamo che si chiama calotta sferica ciascuna delle due parti individuate su una superficie sferica da un piano; si chiama zona sferica la parte di superficie sferica compresa tra due piani paralleli.

— Volume del segmento sferico a due basi. Se R1 ed R2 sono i due raggi delle basi, e h l'altezza si ha:

$$V = \frac{\pi h}{6}(h^2 + 3R_1^2 + 3R_2^2)$$

Ricordiamo che si chiama segmento sferico a due basi la parte di sfera compresa tra due piani paralleli (è cioè il volume corrispondente alla zona sferica).

— Volume del segmento sferico ad una base. Se R è il raggio della base e h l'altezza, basta porre R2 = 0 nella formula precedente:

$$V = \frac{\pi h}{6}(h^2 + 3R^2)$$

Detto r il raggio della sfera, la formula si può anche scrivere:

$$V = \frac{\pi h^2}{3}(3R - h)$$

— Volume del settore sferico. Se r è il raggio della sfera e h l'altezza del settore, si ha:

$$V = \frac{2}{3}(\pi R^2 - h)$$

Ricordiamo che si chiama settore sferico il solido generato dalla rotazione di un settore circolare attorno ad un diametro del cerchio a cui il settore appartiene, con la condizione che il diametro non attraversi il settore. Si tratta in sostanza di un segmento sferico a una o due basi, con l'aggiunta, o la sottrazione di opportuni coni.

10 Formulario di
(Integrali Derivate e grafici)

10.1

FORMULARIO: tavola degli integrali indefiniti	
Definizione $\int f(x)dx = F(x) + c \Leftrightarrow F'(x) = f(x)$ Proprietà dell'integrale indefinito $\int kf(x)dx = k \int f(x)dx$	$\int [f_1(x) + f_2(x) + ... + f_n(x)]dx = \int f_1(x)dx + \int f_2(x)dx + \int f_n(x)dx$

10.2

Integrali indefiniti fondamentali	Integrali notevoli
$\int f'(x)dx = f(x) + c$ $\int a\,dx = ax + c$ $\int x^n dx = \frac{x^{n+1}}{n+1} + c...con...n^{\neq 1}$ $\int \frac{1}{x}dx = \log|x| + c$ $\int \operatorname{sen} x\,dx = -\cos x + c$ $\int \cos x\,dx = \operatorname{sen} x + c$ $\int (1 + tg^2 x)dx = \int \frac{1}{\cos^2}dx = tgx + c$	$\int \frac{1}{\operatorname{sen} x}dx = \log|tg\frac{x}{2}| + c$ $\int \frac{1}{\cos x}dx = \log|tg(\frac{x}{2} + \frac{x}{4})| + c$ $\int \frac{1}{\sqrt{1-x^2}}dx = \begin{cases} \arccos x + c \\ -\arccos x + c \end{cases}$ $\int \frac{-1}{\sqrt{1-x^2}}dx = \begin{cases} \arccos x + c \\ -\arcsin x + c \end{cases}$ $\int \frac{1}{1+x^2}dx = \arctan x + c$ $\int \frac{1}{1-x^2}dx = \frac{1}{2}\log|\frac{1+x}{1-x}| + c$

$$\int (1+tg^2 x)dx = \int \frac{1}{sen^2} dx = -ctgx + c$$

$$\int Shxdx = Ch.x + c$$

$$\int Ch..xdx = Sh.x + c$$

$$\int e^x dx = e^x + c$$

$$\int e^{kx} dx = \frac{e^{kx}}{k} + c$$

$$\int a^x dx = \frac{a^x}{\log_e a} + c$$

$$\int \frac{1}{\sqrt{x^2 - 1}} dx = \log|x + \sqrt{x^2 - 1}| + c$$

$$\int \frac{1}{\sqrt{1 + x^2}} dx = \begin{cases} arcsShx + c \\ \log(x + \sqrt{1 + x^2}) + c \end{cases}$$

$$\int \frac{1}{\sqrt{x^2 \pm a^2}} dx = \log|x + \sqrt{x^2 \pm a^2}| + c$$

$$\int \sqrt{x^2 \pm a^2} dx = \frac{x}{2} \sqrt{x^2 \pm a^2} \pm \frac{a^2}{2} \log(x + \sqrt{x^2 \pm a^2} + c$$

$$\int \sqrt{a^2 - x^2} dx = \frac{1}{2}(a^2 \arcsen \frac{x}{a} + x \bullet \sqrt{a^2 - x^2}) + c$$

$$\int sen^2 xdx = \frac{1}{2}(x - sen\, x \cos x) + c$$

$$\int \cos^2 xdx = \frac{1}{2}(x + sen\, x \cos x) + c$$

$$\int \frac{1}{Ch^2 x} dx = \int (1 - Th^2)dx + c = Thx + c$$

Integrali indefiniti riconducibili a quelli immediati:

$$\int f^n(x) f'(x)dx = \frac{f^{n+1}(x)}{n+1} + c$$

$$\int \frac{f'(x)}{f(x)} dx = \log|f(x)| + c$$

$$\int f'(x) \cos f(x)dx = sen\, f(x) + c$$

$$\int f'(x) sen\, f(x)dx = -\cos f(x) + c$$

$$\int f e^{n(x)} f'(x)dx = e^{f(x)} + c$$

$$\int f a^{f(x)} f'(x)dx = \frac{a^{f(x)}}{\log_e a} + c$$

$$\int \frac{f'(x)}{\sqrt{1 - f^2(x)}} dx = \begin{cases} arcsen.f(x) + c \\ -arccos.f(x) + c \end{cases}$$

$$\int \frac{f'(x)}{1 + f^2(x)} dx = arctg\, f(x) + c$$

10.3

Tecniche di integrazione:

Integrazione per sostituzione	Integrazione per parti
Per il calcolo di integrali del tipo $\int f(x)dx$, talvolta può essere vantaggioso sostituire alla variabile d'integrazione x una funzione di un'altra variabile t, purchè tale funzione sia derivabile e invertibile. Ponendo $x = g(t)$, da cui deriva $dx = g'(t)dt$, si ha che: $$\int f(x)dx = \int f[g(t)] \bullet g'(t)dt$$	$$\int f'(x)g(x)dx = f(x)g(x) - \int f(x)g'(x)dx$$ Si integrano per parti funzioni del tipo $P(x) \bullet e^x$, $P(x) \bullet sen\, x$, $P(x) \bullet \cos x$, $e^{\alpha x} \bullet sen\, \beta x$, $e^{\alpha x} \bullet \cos \beta x$, dove $P(x)$ è un polinomio.

Segue Tecniche di integrazione:
Integrazione per sostituzione
Per il calcolo di integrali del tipo
$\int f(x)dx$ talvolta può essere

vantaggioso sostituire alla variabile d'integrazione x una funzione di un'altra variabile t, purchè tale funzione sia derivabile e invertibile.Ponendo $x = g(t)$, da cui deriva $dx = g'(t)dt$, si ha che:

$$\int f(x)dx = \int f[g(t)] \bullet g'(t)dt$$

Integrazione per parti

$$\int f'(x)g(x)dx = f(x)g(x) - \int f(x)g'(x)dx$$

Si integrano per parti funzioni del tipo $P(x) \bullet e^x$, $P(x) \bullet \operatorname{sen} x$, $P(x) \bullet \cos x$, $e^{\alpha x} \bullet \operatorname{sen} \beta x$, $e^{\alpha x} \bullet \cos \beta x$, dove
$P(x)$ è un polinomio.

10.4

FORMULARIO: tavola delle derivate fondamentali→

$y = f(x)$	$y' = f'(x)$
funzione costante:	
$y = k$	$y' = 0$
funzione potenza:	
$y = x^n,,,,,n \in \Re$	$y' = nx^{n-1}$
in particolare:	
$y = x$	$y' = 1$
$y = \|x\|$	$y' = \dfrac{x}{\|x\|}$
$y = \dfrac{1}{x}$	$y' = -\dfrac{1}{x^2}$
$y = \sqrt{x}$	$y' = \dfrac{1}{2\sqrt{x}}$
$y = \sqrt[n]{x}$	$y' = \dfrac{1}{n\sqrt[n]{x^{n-1}}}$
funzione logaritmica:	
$y = \log_a x$	$y' = \dfrac{1}{x}\log_a e = \dfrac{1}{x} \bullet \dfrac{1}{\ln a}$
in particolare:	
$y = \ln x$	$y' = \dfrac{1}{x}$
funzione esponenziale:	
$y = a^x$	$y' = a^x \ln a$
in particolare:	
$y = e^x$	$y' = e^x$
funzioni goniometriche:	
$y = \operatorname{sen} x$	$y' = \cos x$
$y = \cos x$	$y' = -\operatorname{sen} x$
$y = tgx$	$y' = \dfrac{1}{\cos^2 x} = 1 + tg^2 x$
$y = ctgx$	$y' = -\dfrac{1}{\operatorname{sen}^2 x}$
Funzioni goniometriche inverse:	

$y = \text{arcsen } x$	$y' = \dfrac{1}{\sqrt{1-x^2}}$
$y = \text{arccos } x$	$y' = -\dfrac{1}{\sqrt{1-x^2}}$
$y = \text{arctg } x$	$y' = \dfrac{1}{1+x^2}$
$y = arcctgx$	$y' = -\dfrac{1}{1+x_2}$

10.5

REGOLE DI DERIVAZIONE

derivata di una somma di funzioni: $D(k \bullet f(x) + h \bullet g(x)) = k \bullet f'(x) + h \bullet g'(x)$

derivata di un prodotto: $D(f(x) \bullet g(x)) = f'(x) \bullet g(x) + f(x) \bullet g'(x)$

derivata di un rapporto: $D(\dfrac{f(x)}{g(x)}) = \dfrac{f'(x) \bullet g(x) - f(x) \bullet g'(x)}{[g(x)]^2}$

derivata di una funzione composta (funzione di funzione): $D(g(f(x)) = g'(f(x)) \bullet f'(x)$

in particolare:

$y = \ln|x|$	$y' = \dfrac{1}{x}$
$y = [f(x)]^n$	$y' = n \bullet [f(x)]^{n-1} \bullet f'(x)$
$y = a^{f(x)}$	$y' = a^{f(x)} \bullet \ln a \bullet f'(x)$
$y = e^{f(x)}$	$y' = e^{f(x)} \bullet f'(x)$
$y = \ln|f(x)|$	$y' = \dfrac{f'(x)}{f(x)}$

derivata di una funzione composta esponenziale:

$$D[f(x)]^{g(x)} = [f(x)]^{g(x)} \bullet [g'(x) \bullet \ln f(x) + \frac{g(x) \bullet f'(x)}{f(x)}$$

derivata di una funzione inversa: $D(f^{-1}(y)) = [\dfrac{1}{f(x)}]_{x-f^{-1}(y)}$

10.6

FORMULARIO: grafici delle principali
funzioni analitiche→

DEFINIZIONI

Dati due insiemi A e B non vuoti, diciamo che è data una funzione f di A in B se è assegnata una legge che ad ogni elemento dell'insieme A fa corrispondere **uno ed un solo** elemento dell'insieme B.

L'insieme A si dice **DOMINIO** della funzione, l'insieme B si dice **CODOMINIO**.

$f : A \to B$

$x \to y - f(x)$

Ad ogni elemento x dell'insieme A, la funzione f fa corrispondere un elemento *f(x)* detto **immagine** di *x* mediante *f*.

L'elemento *x* , tale che *y = f(x)* , si dice **controimmagine** di *f(x)* in *A*.

LEGENDA

A = dominio della funzione

B = codominio della funzione

I = intervallo in cui la funzione può essere invertita.

FUNZIONI ALGEBRICHE

Funzione costante

$y = c$

$A = \mathbf{R}$

$B = \{c\}$

$I = \emptyset$

Retta parallela all'asse *x*

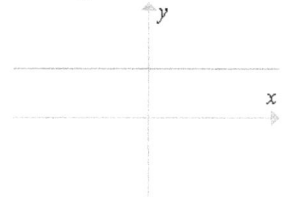

Retta diagonale del I e III quadrante

Funzione di 1° grado

$y = x ;$ $\qquad A = \mathbf{R};$

$B = \mathbf{R} ;$ $\qquad I = \mathbf{R}.$

Parabola

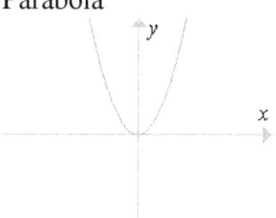

Funzione di 2° grado

$y = x^2$

$A = \mathbf{R}$

$B = [0 , +\infty)$

$I = [0 , +\infty)$

Radice di x

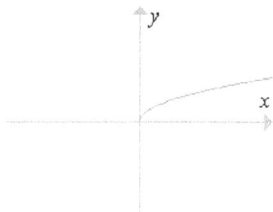

$y = \sqrt{x}$

$A = [0 , +\infty)$

$B = [0 , +\infty)$

$I = [0 , +\infty)$

Cubica

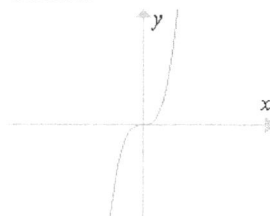

Funzione di 3° grado

$y = x^3$

$A = \mathbf{R}$

$B = \mathbf{R}$

$I = \mathbf{R}$

$y = \sqrt[3]{x}$
$A = \mathbf{R}$
$B = \mathbf{R}$
$I = \mathbf{R}$

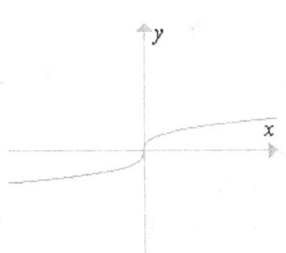

Iperbole equilatera

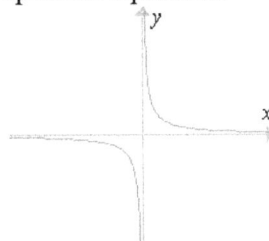

$y = \dfrac{1}{x}$
$A = \mathbf{R} - \{0\}$
$B = \mathbf{R} - \{0\}$
$I = \mathbf{R} - \{0\}$

Funzione valore assoluto

$y = |x|$
$A = \mathbf{R}$
$B = [0, +\infty)$
$I = [0, +\infty)$

FUNZIONI ESPONENZIALE E LOGARITMO

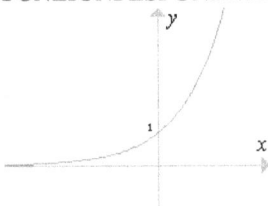

$y = a^x, a > 1$
$A = \mathbf{R}$
$B = (0, +\infty)$
$I = \mathbf{R}$

$y = a^x, 0 < a < 1$
$A = \mathbf{R}$
$B = (0, +\infty)$
$I = \mathbf{R}$

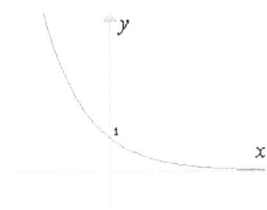

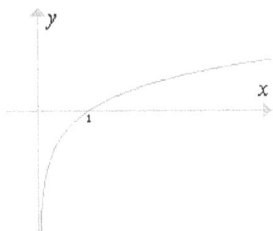

$y = \log_a x, a > 1$
$A = (0, +\infty)$
$B = \mathbf{R}$
$I = (0, +\infty)$

$y = \log_a x$, $0 < a < 1$
$A = (0 , +\infty)$
$B = \mathbf{R}$
$I = (0 , +\infty)$

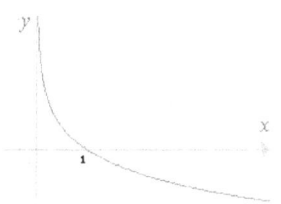

FUNZIONI GONIOMETRICHE

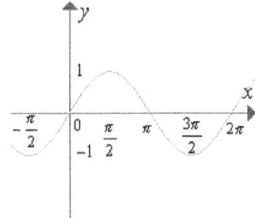

$y = sen\ x$
$A = \mathbf{R}$
$B = [-1 , 1]$
$I = \left[-\dfrac{\pi}{2}, \dfrac{\pi}{2} \right]$

$y = cos\ x$
$A = \mathbf{R}$
$B = [-1 , 1]$
$I = [0, \pi]$

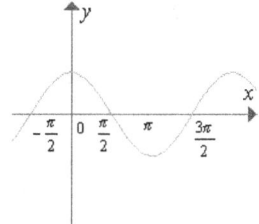

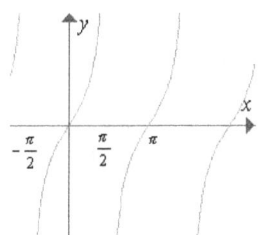

$y = tg\ x$
$A = \mathbf{R} - \left\{ \dfrac{\pi}{2} + k\pi \right\}$
$B = \mathbf{R}$
$I = \left(-\dfrac{\pi}{2}, \dfrac{\pi}{2} \right)$

$y = ctg\ x$
$A = \mathbf{R} - (k\pi)$
$B = \mathbf{R}$
$I = (0, \pi)$

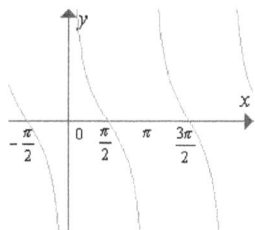

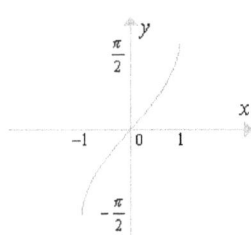

$y = arcsen\ x$
$A = [-1 , 1]$
$B = \left[-\dfrac{\pi}{2}, \dfrac{\pi}{2} \right]$
$I = [-1 , 1]$

$y = arccos\ x$
$A = [-1 , 1]$
$B = [0, \pi]$
$I = [-1 , 1]$

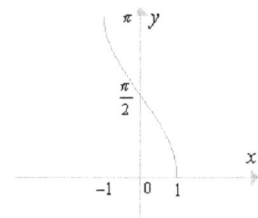

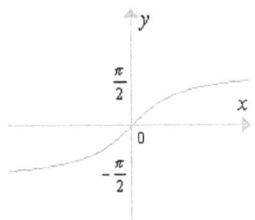

$$y = arctg\ x$$
$$A = \mathbf{R}$$
$$B = \left(-\frac{\pi}{2}, \frac{\pi}{2}\right)$$
$$I = \mathbf{R}$$

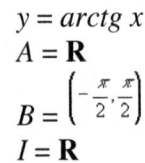

$$y = arcctg\ x$$
$$A = \mathbf{R}$$
$$B = (0, \pi)$$
$$I = \mathbf{R}$$

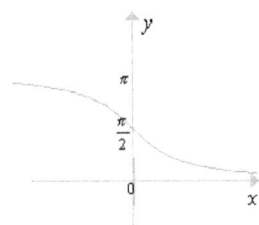

10.7

TABELLA Ma:	(FORMULE E TEOREMI IMPORTANTI)		
(M1) Un fascio di rette parallele tagliate da due trasversali forma segmenti ordinatamente proporzionali. $AB:BC = A'B':B'C'$	**(M2)** Se due rette parallele vengono tagliate da una trasversale si formano angoli: - alterni uguali α - corrispondenti uguali α - coniugati supplementari α β	**(M3)** Se da un punto esterno ad una circonferenza si conducono due secanti, una di queste e la sua parte esterna sono medi di una proporzione, mentre l'altra secante e la sua parte esterna sono gli estremi. $OA:OD = OC:OB$	**(M4)** Se due corde di una circonferenza si incrociano, le parti dell'una corda sono i medi e le parti dell'altra sono gli estremi di una proporzione. $OA:OC = OD:OB$
(M5) In un cerchio, le corde uguali hanno distanza uguale dal centro. $OA = OB$	**(M6)** I segmenti tangenti condotti da un punto esterno ad una circonferenza sono uguali. $OA = OB$	**(M7)** Se da un punto esterno ad una circonferenza si conducono una tangente ed una secante, il segmento tangente è medio proporzionale tra l'intera secante e la sua parte esterna. $OB:OA = OA:OC$	**(M8)** In una stessa circonferenza, tutti gli angoli alla circonferenza che insistono sullo stesso arco, (su archi uguali) sono uguali. $\alpha = \beta = \gamma$
(M9) Un angolo al centro è il doppio dell'angolo alla circonferenza che insiste sullo stesso arco	**(M10)** Il raggio della circonferenza inscritta in un triangolo si ottiene dividendo l'area per il semiperimetro. $r = \dfrac{S}{(P:2)}$	**(M11)** Il raggio della circonferenza circoscritta ad un triangolo si ottiene dividendo il prodotto dei tre lati per il quadruplo dell'area. $R = \dfrac{a \bullet b \bullet c}{4 \bullet S}$	**(M12)** La lunghezza del raggio della circonferenza inscritta in un triangolo rettangolo si ottiene sottraendo dalla somma dei cateti l'ipotenusa e dividendo tutto per 2. $r = \dfrac{a+b-c}{2}$
(M13) Un triangolo inscritto in una semicirconferenza è sempre rettangolo. $\alpha = 90°$	**(M14)** In un quadrilatero qualunque, inscritto in una circonferenza, gli angoli opposti sono supplementari. $\alpha + \beta = \gamma + \delta$	**(M15)** La lunghezza del raggio della circonferenza inscritta in un trapezio rettangolo dividendoli prodotto delle basi per la loro somma. $r = \dfrac{a \bullet b}{a + b}$	**(M16)** Dato un trapezio circoscritto ad una circonferenza i segmenti che uniscono il centro con gli estremi di uno dei lati non paralleli, sono perpendicolari.
(M17) In un quadrilatero qualsiasi circoscritto ad una circonferenza, la somma dei lati opposti è uguale alla somma degli altri due. $AB + CD = AD + BC$	**(M18)** Il centro della circonferenza inscritta ad un poligono qualsiasi, dista ugualmente da tutti i lati del poligono	**(M19)** Il centro della circonferenza circoscritta ad un poligono qualsiasi, dista ugualmente da tutti i vertici del poligono	**(M20)** Due triangoli sono uguali se hanno: - Due lati e l'angolo compreso uguali. - Due angoli ed il lato compreso uguali. - I tre lati rispettivamente uguali. - Un lato e due angoli ordinatamente uguali.

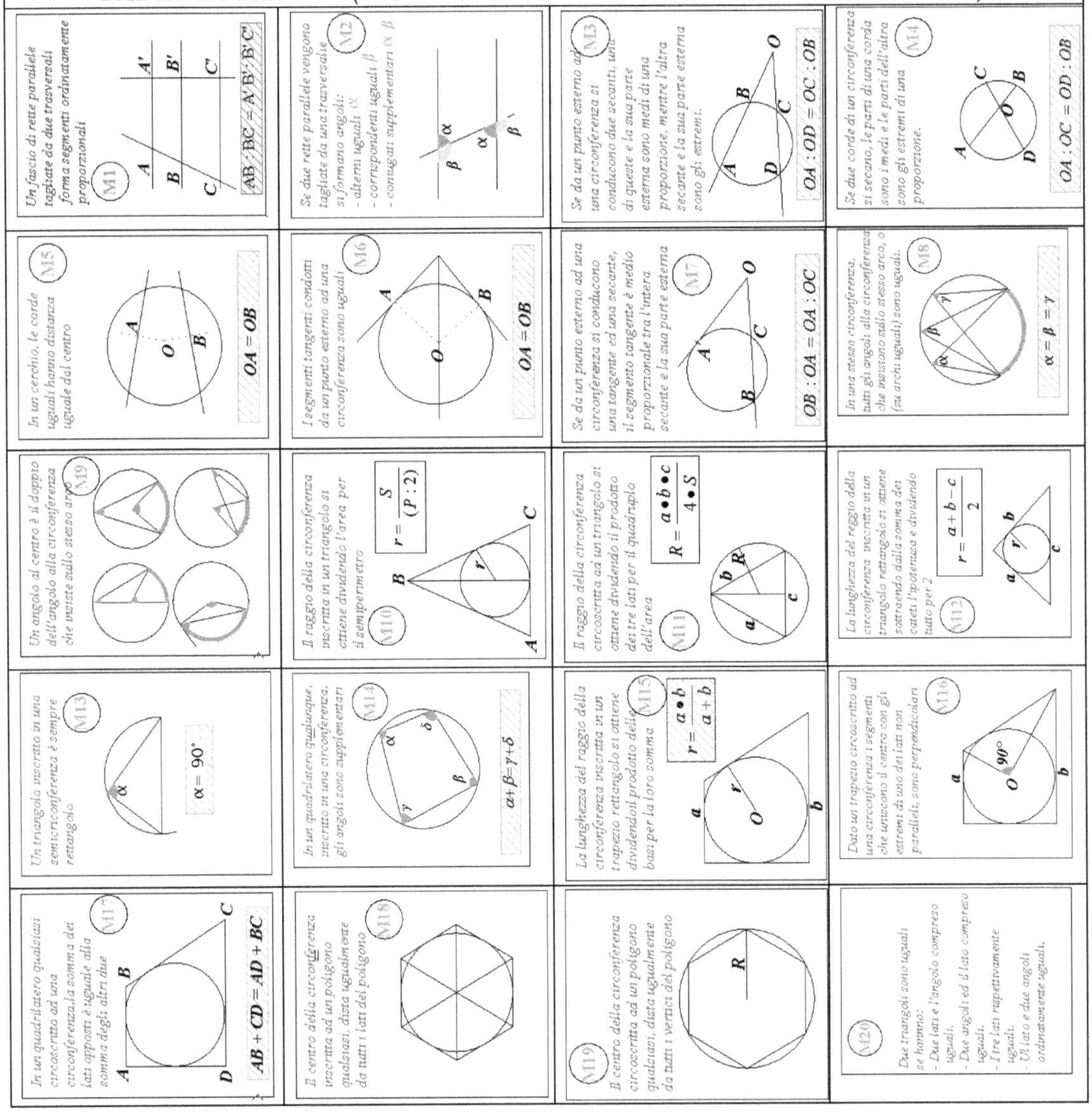

280

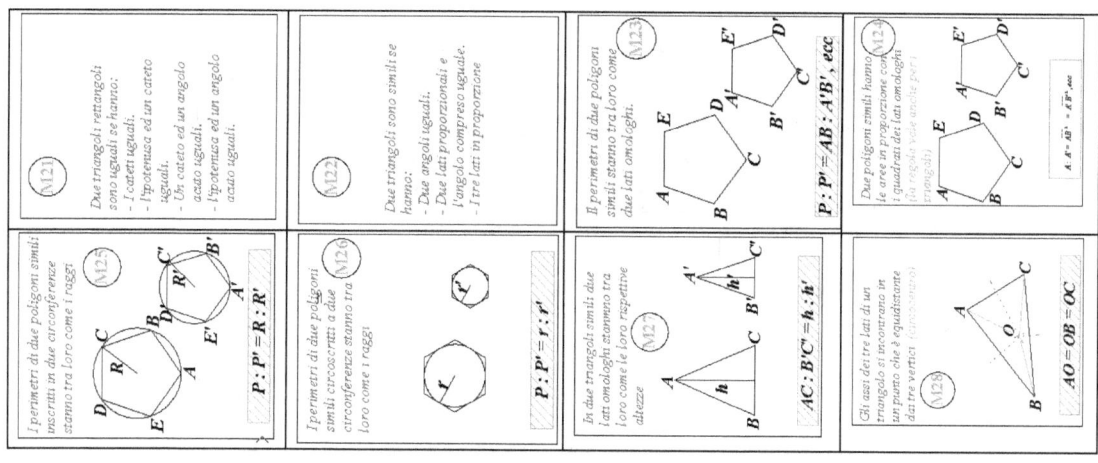

(M21) Due triangoli rettangoli sono uguali se hanno:
- I cateti uguali.
- l'ipotenusa ed un cateto uguali.
- Un cateto ed un angolo acuto uguali.
- l'ipotenusa ed un angolo acuto uguali.

(M22) Due triangoli sono simili se hanno:
- Due angoli uguali.
- Due lati proporzionali e l'angolo compreso uguale.
- I tre lati in proporzione.

(M23) Il perimetro di due poligoni simili stanno tra loro come due lati omologhi.
$$P:P'=AB:A'B'$$

(M24) Due poligoni simili hanno: le aree in proporzione con i quadrati dei lati che i quadrati dei lati omologhi (la regola vale anche con i perimetri).
$$A:A'=\overline{AB}^2:\overline{A'B'}^2, \ ecc$$

(M25) I perimetri di due poligoni simili inscritti in due circonferenze stanno tra loro come i raggi.
$$P:P'=R:R'$$

(M26) I perimetri di due poligoni simili circoscritti a due circonferenze stanno tra loro come i raggi.
$$P:P'=r:r'$$

(M27) In due triangoli simili due lati omologhi stanno tra loro come le loro rispettive altezze.
$$AC:B'C'=h:h'$$

(M28) Gli assi dei tre lati di un triangolo si incontrano in un punto che è equidistante dai tre vertici (circocentro).
$$AO=OB=OC$$

TABELLA Mb: (FORMULE E TEOREMI IMPORTANTI)

(M29) Il circocentro di un triangolo rettangolo è il punto medio dell'ipotenusa. 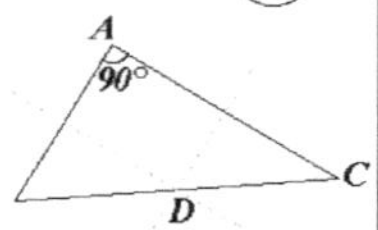
$$BD=DC$$

(M30) Le bisettrici di un angolo interno di un triangolo divide il lato opposto in parti proporzionali agli altri due lati. 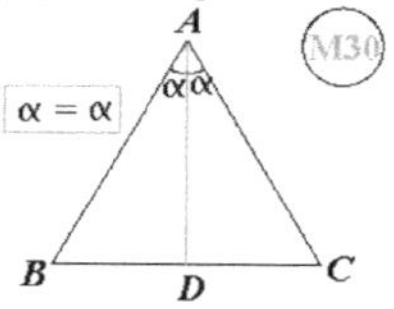
$$BD:DC=AB:AC$$

(M31) Una retta parallela ad un lato di un triangolo divide gli altri due in parti proporzionali (ed in trasversali).
$$AM:MB=AN:NC$$

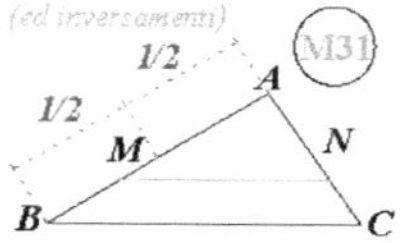

(M32) L'altezza di un triangolo rettangolo (relativa all'ipotenusa) è data dal rapporto tra il prodotto dei cateti e l'ipotenusa. 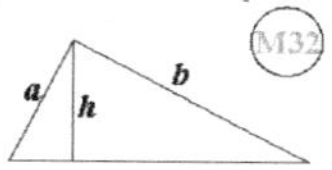
$$h=\frac{a\bullet b}{c}$$

(M33) Il segmento che congiunge i punti medi di due lati di un triangolo è parallelo al terzo lato ed è uguale alla metà di esso. 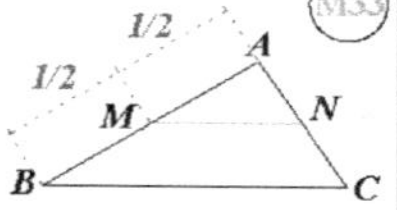
$$MN=\frac{BC}{2}$$

(M34) Le bisettrici degli angoli interni di un triangolo si incontrano in un punto equidistante dai lati (incentro). 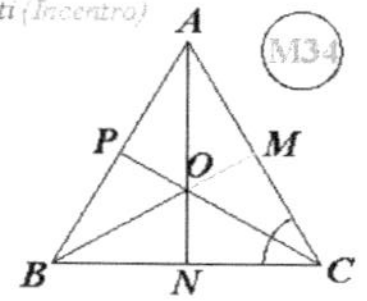
$$ON=OP=OM$$

(M35) Le tre mediane di un triangolo passano per un punto che divide ciascuna mediana in due parti tali che una è doppia dell'altra. 
$$(OA=2OA) \ (OB=2OB) \ (OC=2OM)$$

(M36) Dicesi parte aurea di un segmento, una parte del segmento stesso, che sia media proporzionale tra l'intero segmento e la parte rimanente. 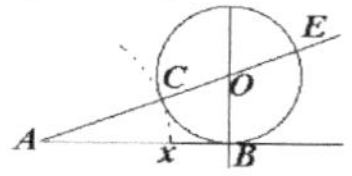
$$Ax=\frac{AB}{2}(\sqrt{5}-1)$$

(M37) Il lato del decagono regolare inscritto in una circonferenza è uguale alla parte aurea del raggio. 
$$l=\frac{1}{2}R(\sqrt{5}-1)$$

(M38) Il lato di un pentagono regolare inscritto in una circonferenza è l'ipotenusa di un triangolo rettangolo avente per cateti il raggio e la sua parte aurea. 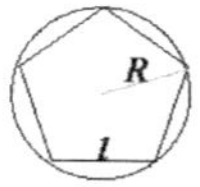
$$l=\frac{1}{2}R\sqrt{10-2\sqrt{5}}$$

(M39) I volumi di due coni stanno tra loro come i cubi dei raggi: delle apoteme: delle altezze. 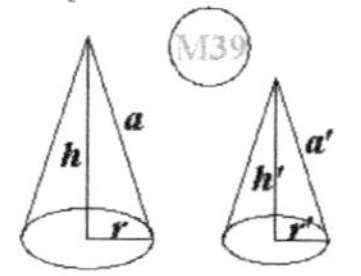
$$\frac{V}{V'}=\frac{r^3}{r'^3}=\frac{h^3}{h'^3}$$

(M40) Le superfici laterali di due coni stanno tra loro come i quadrati dei raggi: delle apoteme: delle altezze. 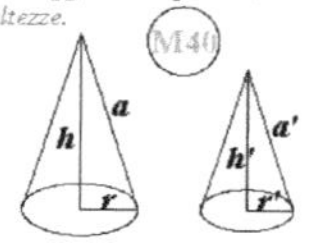
$$\frac{S}{S'}=\frac{r^2}{r'^2}=\frac{a^2}{a'^2}=\frac{h^2}{h'^2}$$

(M41) I volumi di due sfere stanno tra loro come i cubi dei rispettivi raggi.
$$V=\frac{4}{3}\pi\bullet r^3 \qquad \frac{V}{V'}=\frac{r^3}{r'^3}$$

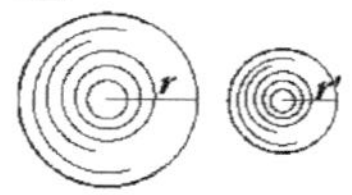

(M42) Le superfici di due sfere stanno tra loro come i quadrati dei rispettivi raggi.
$$S=4\bullet\pi\bullet r^2 \qquad \frac{S}{S'}=\frac{r^2}{r'^2}$$

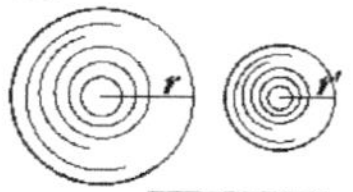

(M43) Sezionando una piramide con un piano parallelo si ha: 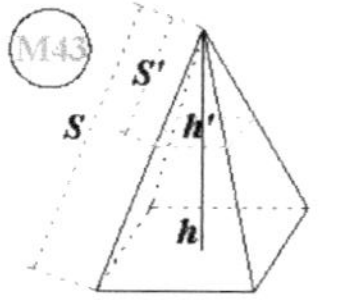
$$\frac{P}{P'}=\frac{h}{h'} \ ossia \ \frac{S}{S'}=\frac{h^2}{h'^2}$$

(M44) Due circonferenze stanno tra loro come i rispettivi raggi. 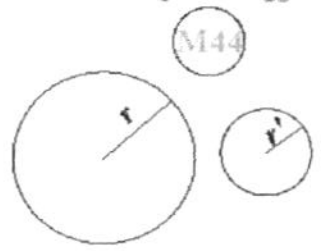
$$\frac{C}{C'}=\frac{r}{r'}$$

(M45) Se in un triangolo isoscele l'ampiezza dell'angolo al vertice è di 36°, la base è la parte aurea del lato. 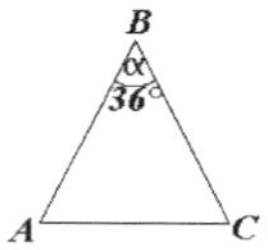
$$AC=\frac{AB}{2}(\sqrt{5}-1)$$

(M46) 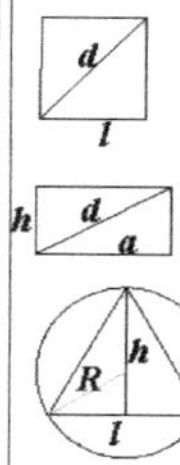
$$P=4l$$
$$d=l\sqrt{2}=>1,41\,l$$
$$S=l^2$$
$$P=2a+2h$$
$$d=\sqrt{a^2+h^2}$$
$$S=a\bullet h$$
$$P=3l$$
$$h=\frac{\sqrt{3}}{2}=0,866l$$
$$S=\frac{b\bullet h}{2} \quad l=R\sqrt{3}$$

(M47) 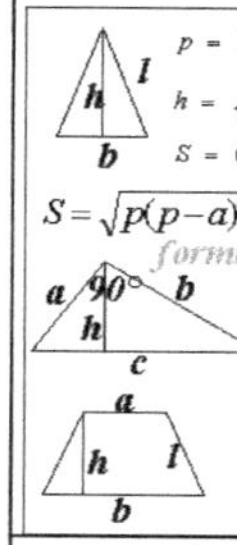
$$P=2l+b \qquad h=\sqrt{l^2-\left(\frac{b}{2}\right)^2}$$
$$S=(b\bullet h)/2$$
$$C=\sqrt{a^2+b^2}$$
$$S=\frac{a\bullet b}{2}$$
$$S=\sqrt{p(p-a)(p-b)(p-c)} \quad formula \ di \ Erone$$
$$P=a+b+2l$$
$$S=a\bullet b$$

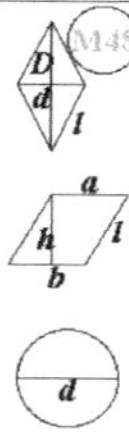

(M48)
$$C=\pi\bullet d$$
$$S=\frac{\pi d^2}{4}$$
$$d=\frac{D\bullet d}{2}$$
$$P=a+b+2l$$
$$S=b\bullet h$$
$$C=\pi\bullet d$$
$$S=\pi\bullet r^2$$

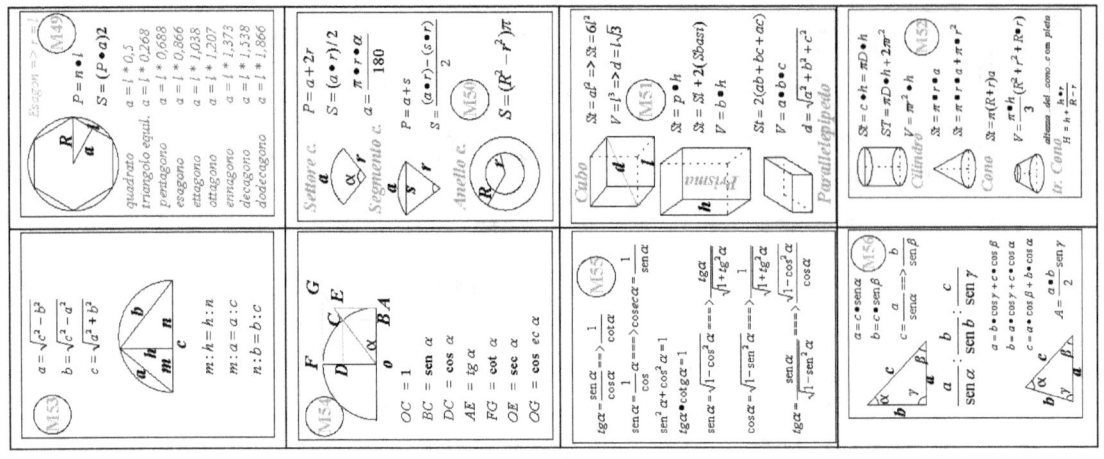

Esagono => r = i

$p = n \cdot i$

$S = (P \bullet a)2$

quadrato	$a = i * 0,5$
triangolo equil.	$a = i * 0,268$
pentagono	$a = i * 0,688$
esagono	$a = i * 0,866$
ottagono	$a = i * 1,038$
ottagono	$a = i * 1,207$
ennagono	$a = i * 1,373$
decagono	$a = i * 1,538$
dodecagono	$a = i * 1,866$

Settore c.

$P = a + 2r$

$S = (a \bullet r)/2$

$a = \dfrac{\pi \bullet \alpha}{180}$

Segmento c.

$P = a + s$

$S = \dfrac{(a \bullet r) - (s \bullet r)}{2}$

Anello c.

$S = (R^2 - r^2)\pi$

Cubo

$St = a^2 => St = 6i^2$

$V = i^3 => d = i\sqrt{3}$

Prisma

$St = p \bullet h$

$St = St + 2(St_{bast})$

$V = b \bullet h$

Parallelepipedo

$St = 2(ab + bc + ac)$

$V = a \bullet b \bullet c$

$d = \sqrt{a^2 + b^2 + c^2}$

Cilindro

$St = c \bullet h = \pi D \bullet h$

$ST = \pi D \bullet h + 2\pi^2$

$V = \pi r^2 \bullet h$

Cono

$St = \pi r \bullet a$

$St = \pi r \bullet a + \pi r^2$

tr. Cono

$V = \dfrac{\pi \bullet h}{3}(R^2 + r^2 + R \bullet r)$

altezza del cono.s con pista

$H = h + r \dfrac{h \bullet r}{R - r}$

$a = \sqrt{c^2 - b^2}$

$b = \sqrt{c^2 - a^2}$

$c = \sqrt{a^2 + b^2}$

$m : h = h : n$

$m : a = a : c$

$n : b = b : c$

$OC = 1$

$BC = \mathbf{sen}\ \alpha$

$DC = \mathbf{cos}\ \alpha$

$AE = \mathbf{tg}\ \alpha$

$FG = \mathbf{cot}\ \alpha$

$OE = \mathbf{sec}\ \alpha$

$OG = \mathbf{cos\ ec}\ \alpha$

$tg\alpha = \dfrac{sen\,\alpha}{cos\,\alpha} ===> \dfrac{1}{cot\,\alpha}$

$sen\,\alpha = \dfrac{1}{cos\,\alpha} ===> cosec\alpha = \dfrac{1}{sen\,\alpha}$

$sen^2\,\alpha + cos^2\,\alpha = 1$

$tg\alpha \bullet cotg\alpha = 1$

$sen\alpha = \sqrt{1 - cos^2\,\alpha} = \dfrac{tg\alpha}{\sqrt{1 + tg^2\alpha}}$

$cos\alpha = \sqrt{1 - sen^2\,\alpha} = \dfrac{1}{\sqrt{1 + tg^2\alpha}}$

$tg\alpha = \dfrac{sen\,\alpha}{\sqrt{1 - sen^2\,\alpha}} ===> \dfrac{\sqrt{1 - cos^2\,\alpha}}{cos\,\alpha}$

$a = c \bullet sen\alpha$

$b = c \bullet sen\beta$

$c = \dfrac{a}{sen\alpha} ==> \dfrac{b}{sen\beta}$

$\dfrac{a}{sen\,\alpha} : \dfrac{b}{sen\,b} : \dfrac{c}{sen\,\gamma}$

$a = b \bullet cos\gamma + c \bullet cos\beta$

$b = a \bullet cos\gamma + c \bullet cos\alpha$

$c = a \bullet cos\beta + b \bullet cos\alpha$

$A = \dfrac{a \bullet b}{2} = sen\gamma$

Fine Capitolo 8

INDICE GENERALE

29. Dato un triangolo ABC di lati: BC = cm 30, AC = cm 80; AB = cm 90. condurre da un punto D di BC la parallela ad AC sino ad incontrare AB in E. Determinare D in modo che il triangolo BDE e il trapezio stiano fra loro come 4 sta a 5 e calcolare le misure di BC. Di DE e di BE.

[20; 160/3; 60]   pag. 49

30. I lati di un triangolo rettangolo sono proporzionali ai numeri 20. 21, 29 e il perimetro è di 240. Calcolare l'altezza relativa all'ipotenusa di un triangolo simile al dato, il cui cateto minore è di m 8. [2472; 5,79]   pag. 51

31. Nel triangolo ABC, isoscele sulla base BC. il perimetro misura cm 320.

Sapendo che il rapporto tra l'altezza BK e l'altezza AD è 6/5. calcolare

la misura dei segmenti in cui si dividono scambievolmente tali altezze.

[75: 21 : 35 : 45]   pag. 52

32. I cateti AB e AC di un triangolo rettangolo misurano rispettivamente m 18 e m 24. Un punto P divide l'ipotenusa in parti proporzionali ai numeri 4 eli. Calcolare le distanze del punto P dai cateti e dal vertice dell'angolo retto. [$\frac{32}{5}$;....$\frac{66}{5}$;......$\frac{2}{5}\sqrt{1345}$]   pag. 53

33. In un triangolo rettangolo l'ipotenusa misura m. 45 e il cateto minore è ¾ del maggiore.
Conducendo da un punto del cateto minore la perpendicolare alla ipotenusa, si ottiene un triangolo che ha il cateto giacente sull'ipotenusa lungo m. 6/5. Calcolare il perimetro e l'area del quadrato che viene a formarsi. [$P = \frac{532}{5}$; $A = \frac{12126}{25}$ pag. 55

34. In un triangolo isoscele la cui base è lunga m 36. il lato obliquo supera l'altezza di m. 6. un punto P divide l'altezza relativa al lato obliquo, a partire dal vertice, nel rapporto 2/7. Calcolare l'area delle due parli in cui il triangolo dato viene diviso dalla parallela condotta per P al lato obliquo su cui cade l'altezza considerata. [$\frac{64}{3}$;.......$\frac{1232}{3}$]   pag. 57

35. Determinare il lato del quadrato inscritto in un triangolo rettangolo di cateti cm 21 e cm 28. Distinguere il caso in cui due lati del quadrato giacciono sui cateti del triangolo, dal caso in cui un lato del quadrato giaccia sull'ipotenusa. [12; 11.35]   pag. 59

36. In un trapezio rettangolo, la cui altezza è m. 3, il lato obliquo, la diagonale minore e la base maggiore sono uguali fra loro. Calcolare il perimetro del trapezio e l'area del triangolo che si ottiene prolungando i Iati non paralleli e avente per base la base minore del trapezio. [$5\sqrt{3} + 3$;...]   pag. 60

CAPITOLO 3

PROBLEMI SULLE CORDE SECANTI E TANGENTI

1. Si consideri il triangolo A.BC ; siano AD ed *AM* ordinatamente la bisettrice e la mediana condotte da A. La circonferenza per A, *M* e D intersechi ulteriormente *AB* in *E* ed AC in .F. Provare che BE == *CF e che* $BD = \sqrt{AB \bullet BE}$

2. In un cerchio, il cui raggio misura 15 cm., due corde si intersecano " e il prodotto dei rispettivi segmenti misura 200 cm'. Trovare la misura della distanza del punto di intersezione dal centro. [R. 5 cm.] Pag. 78

3. Due corde perpendicolari misurano 16 cm ciascuna e si intersecano in un cerchio il cui raggio misura 10 cm. Quale è la lunghezza dei segmenti in cui si dividono le due corde? R- 14 cm. *e* 2 cm.] Pag. 79

4. Nella circonferenza di centro O e di diametro $AB = 2a\sqrt{2}$, la corda CD, parallela ad AB, sta con la sua distanza dal centro nel rapporto $2\sqrt{3}:3$. Le rette AC e BD s'intersechino esternamente in P.

1) Calcolare PA e PC.

2) *2)* Calcolare PT, essendo T il punto in cui una tangente per P alla circonferenza incontra la circonferenza, stessa.

[R. 1) $PA = 2a\sqrt{2}$, $PC = a\sqrt{2}$. 2) $PT = 2a$.] Pag. 80

5. In una circonferenza di centro O la corda CD divide il diametro AB in due parti, AE ed EB, che stanno fra loro come 1 :3. Sapendo che AB divide a sua volta la corda nei segmenti $CE = (3 + 2\sqrt{21})a$ ed $ED = (2\sqrt{21} - 4)\,a$,

1) Calcolare la misura del raggio della circ.nza e quella della distanza di O da CD.

2) Fare la costruzione geometrica di CD e giustificarla.

[1) r = 10a; 4 a. 2) *Centro in O si descriva la...*] Pag. 83

6. In una circonferenza di. Centro O è inscritto il quadrilatero convesso $ABCD$. In esso la diagonale AC è bisettrice dell'angolo BAD e perpendicolare al lato BC. Detto E il punto di intersezione delle diagonali, si sa che $AE = 28$ cm., $DE = 7$ cm. Ed $EC = 2$ cm.

1) Calcolare la misura del raggio della circonferenza, la" misura del perimetro e l'area del quadrilatero.

2) I Iati AD e BC s'intersecano in D [R = 15,5; P = 73,59; A = 217,8] Pag. 84

7. In una circonferenza di. Centro O è inscritto il quadrilatero convesso $ABCD$. La diagonale maggiore del quadrilatero AC è bisettrice dell'angolo BAD. La diagonale minore interseca la maggiore AC nel punto E che la divide in due segmenti cm. 28 e cm. 2. Calcolare il perimetro, i lati, il raggio, i lati BD e CD e l'area del quadrilatero. [R = 15; P = 73,46; A = 224,4] Pag. 86

8. In un triangolo isoscele ABC, la base BC misura $2a\sqrt{2}$; ed il rettangolo, che ha per dimensioni il raggio del cerchio circoscritto e l'altezza relativa alla base del triangolo, ha l'area 49/9 a². Calcolare l'altezza sulla base BC **[4/3a $\sqrt{5}$]** Pag. 87

9. Due corde di cerchio si intersecano ; i segmenti di una misurano 12 cm e 8 cm. Quanto sono lunghi i segmenti dell'altra, sapendo che stanno fra loro come 8 : 3. [R. 16 cm. e 6 cm.] Pag. 88

10. Una circonferenza di centro O ha il raggio che misura 3 cm. Determinare sulla tangente ad essa condotta per un suo punto A un punto P, in modo che la congiungente il centro O con P abbia la parte esterna uguale alla metà del segmento AP.

11. Dal punto _P_, esterno ad una circonferenza, si conducono due secanti; una di esse passa per il centro O e interseca la circonferenza in A e _B_, con PA <_PB;_ l'altra interseca la circonferenza in C e _D, con PC < PD._ Sapendo che è _PB = 12 a,_ che

5PA = _AB_ e che _PC_ = 2 ($\sqrt{10}$ -2) a,

1) Calcolare _PD e_ la misura della distanza di O dalla retta _PD._

2) Calcolare la misura della distanza di - D da _PB e_ provare che _BD = AC_ ($\sqrt{10}$ +2)

[1] PD $= \dfrac{12a}{\sqrt{10-2}}$; _la distanza misura_ 3 a. 2) _La distanza di_ D _da_ PB _misura_ 4,9;

Facilmente si prova la relazione.]   Pag. 90

12. Dal punto _P,_ esterno **ad** una circonferenza, si conducono due secanti alla stessa. La prima interseca la circonferenza in C ed A. con PC<PA, e la seconda in _D e B,_ con _PD < PB._ Sapendo che è PA = 8 $\sqrt{15}$ cm., _PD = 2$\sqrt{15}$ cm._ ed "AB = 8 $\sqrt{15}$ cm,

1) Calcolare la misura **del** perimetro del quadrangolo _ABCD,_ sapendo che _ADB è retta._

2) Detto _E_ il punto d'intersezione delle diagonali AD e _BC_ et ED = 2 cm calcolare EB, EC, ED ed EA.

[1) P = 19$\sqrt{15}$ cm. 2) EB = 8 cm; EC = 7 cm; ED = 2 cm; AE = 28 cm.]   Pag. 92

13. In una circonferenza di centro O sono date le corde AB e CD che s'intersecano perpendicolarmente in E. Sapendo che _CD = 144 a,_ che _13CE = 3 ED e_ che _AE: EB_ = 13:27,

1) Provare che si ha "_ADE = EBC_".

2) Calcolare CE, _ED, AE_ ed _EB_ e la misura del raggio della circonferenza

3) Calcolare _EO._

[1) Invero....2) CE = 27 a ; ED = 117a ; AE = 39 a ; EB = 81 a; r= 75 a. **3)**

EO = 3 a $\sqrt{274}$.]   Pag. 93

14. E' dato un angolo alla circonferenza di vertice V. Su di un suo lato si fissano i segmenti adiacenti VB = 3 cm., e BA = 17 cm. e sull'altro i segmenti adiacenti VC= 2 cm e _CD = 28 cm._ Calcolare la lunghezza dei punti AD.

Provare che i punti A, V, B formano un triangolo rettangolo. [AD = 36,06]   Pag. 94

15. Un triangolo isoscele _ABC_ è inscritto in un cerchio il cui raggio è dm 41 ; l'altezza del triangolo relativa alla base BC è 25/41 del diametro. Calcolare le misure dei lati e l'area

del triangolo.   **[80; 10$\sqrt{41}$; 2000]**   Pag. 96

CAPITOLO 4
CERCHI INSCRITTI E SOTTOSCRITTI **pag. 97**

1. Il perimetro del triangolo equilatero, circoscritto ad una circonferenza,

è lungo 2 7a$\sqrt{3}$. Calcolare **il** valore del raggio della circonferenza

inscritta e i quello del perimetro dell'esagono regolare circoscritto

alla stessa circonferenza, nonché l'area delle due figure.

$$[R = 9a; r = \frac{9}{2}a; At = \frac{243}{4}a^2\sqrt{3}; Ae = \frac{243}{2}a^2\sqrt{3}$$

pag. 97

---

2. Calcolare la lunghezza del lato del decagono regolare inscritto nella
circonferenza, che è inscritta nell'esagono regolare, il cui perimetro è
lungo metri 4 $\sqrt{3}$ ($\sqrt{5}$ + 1). [2]

pag. 98

---

3. La differenza fra il perimetro del quadrato e quello del triangolo equilatero, inscritti
in una circonferenza, è uguale a m 27. Calcolare la lunghezza del raggio della
circonferenza.   [101,52/$\sqrt{3}$; R = 58,61]

pag. 99

---

4. La somma dei perimetri dei due triangoli equilateri, l'uno inscritto e
l'altro circoscritto ad una circonferenza, è uguale a m 243. Calcolare
il valore del lato di ciascuno dei triangoli. [27; 54]

pag. 101

---

5. I lati di un triangolo sono m 10$\sqrt{3}$; m l2V3; m 15$\sqrt{3}$. Calcolare le tre

altezze **e il** raggio del cerchio inscritto   [h1 = 20,7; h2 = 17,26;   A3 = 13,8; r = 5,59;

[R = 13,08] pag. 102

---

6. In un triangolo un lato misura dm 14$\sqrt{5}$ ed è diviso dall'altezza ad

esso relativa in parti che stanno fra di loro come 3:4.

Conoscendo l'area del triangolo che è dcm. 140, calcolare la misura del

raggio del cerchio circoscritto.   [r = 5,02; R = 5$\sqrt{14}$]

pag. 103

---

7. In un triangolo i lati sono proporzionali ai numeri 10, 17, 21.
Conoscendo un lato dm. 60 e il raggio del cerchio inscritto che è lungo dm 21,
calcolare i lati e l'area del triangolo [60; 102; 126; 30241]

pag. 104

---

8. Il triangolo isoscele *ABC* è inscritto in un cerchio di centro O e di   raggio 5k$\sqrt{3}$.
Conoscendo che il lato *AB* è 5/6 della base *BC*,   calcolare la misura del perimetro del
triangolo e la distanza tra il   centro del cerchio dato e quello del cerchio inscritto nel

triangolo   isoscele. [128/5; K$\sqrt{3}$] pag. 105

---

9. Date le basi e l'altezza h di un triangolo isoscele, si determinino i raggi
del cerchio inscritto e circoscritto al triangolo. [dimostrare le formule] pag. 108

10. Dato il lato di un triangolo equilatero, determinare il raggio r del cerchio inscritto ; e dato il raggio r del cerchio inscritto in un triangolo equilatero determinarne il lato. [solo le formule di dimostrazione] pag. 109

11. Un triangolo isoscele inscritto in un cerchio ha l'area $768/25a^2$ e il lato è i 4/5de diametro. Determinare la misura del perimetro e il rapporto tra le aree dei due cerchi circoscritto e inscritto nel triangolo.
      [33,2a; 28,02]   pag. 111

12. Un triangolo isoscele è inscritto in un cerchio di raggio 9a-$\sqrt{3}$, sapendo che la sua altezza è i 5/6 del diametro, calcolare:
   1) i lati del triangolo;
   2) il rapporto fra l'area del triangolo e quella dell'esagono regolare inscritto nello stesso cerchio ;
   3) il perimetro del triangolo che si ottiene conducendo nei vertici del triangolo dato le tangenti al cerchio.
      [l = 13,27; h1 = 7,3; ($137,37a^2/65,62a^2$); P = 37,37]   pag. 112

13. Un triangolo isoscele è inscritto in una circonferenza il cui raggio è lungo cm 27,2. La base del triangolo è 6/5 del lato. Trovare la distanza fra il centro della circonferenza inscritta e quello della circonferenza circoscritta.   [OO' = 5,44]   pag. 115

14. Un triangolo isoscele con la base sul diametro è inscritto in un cerchio di area $2390a^2$ ha i lati uguali a 1=d/$\sqrt{2}$ del diametro. Determinare la misura del perimetro e il rapporto delle aree del triangolo e del cerchio inscritto.
      [P=133,17; A=761,35]   pag. 116

15. In un triangolo isoscele di area dm² 1297,92 la base misura dm 62,4. Calcolare a che distanza dal vertice il cerchio inscritto tocca i lati uguali.
Risultato [20,8]   pag. 118

16. In un triangolo isoscele il segmento compreso fra il vertice e il punto di tangenza del cerchio inscritto misura m 9,6 e il raggio del cerchio inscritto dm 72. Calcolare l'area e la misura del perimetro del triangolo.
      [276,48 ; 76,8]   pag. 119

17.   Un triangolo equilatero è circoscritto ad un cerchio avente il raggio uguale a 27a $\sqrt{3}$. Determinare l'area di questo triangolo e il rapporto fra essa e l'area del quadrato circoscritto allo stesso cerchio.
      [A = 2835a ^{2}; l = 81a; rapporto = 1,35]   pag. 120

18 il rapporto tra l'altezza di un triangolo isoscele e il diametro del suo cerchio circoscritto è ¾. Sapendo che la misura del suo lato è 14/3a$\sqrt{3}$, qual è la dimensione del perimetro, dell'area e del raggio del triangolo circoscritto? Dimostrare che tipo di rettangolo stiamo trattando? E verificare che il rapporto AD/diametro sia corretto. **[14a$\sqrt{3}$; 49/3a²$\sqrt{3}$]**   pag. 121

19. Una circonferenza di centro O e raggio r risulta nell'interno di un triangolo B'A'C' ed è tangente alla sua base. Questo triangolo B'A'C' è circoscritto da una circonferenza di area 256 π che a sua volta questa circonferenza è circoscritta da un altro triangolo isoscele BAC il cui lato AB è i 9/7 dell'altezza. La distanza del punto di tangenza di questa circonferenza con il triangolo fino al vertice A misura cm. 20. Calcolare tutti i dati possibili e Dimostrare che tipo di triangoli sono.

[16; h = 41,61; AB = 53,5]

pag. 123

---

20. Una semi circonferenza di centro di raggio $r = 7a\sqrt{3}$ è intersecata da una corda parallela al diametro della circonferenza nei punti P e Q. Un punto M giacente sul prolungamento del diametro della semi circonferenza dista da Q $28/3\ a\sqrt{3}$ e dalla semi circonferenza $14/3\ a\sqrt{3}$. Calcolare l'area della semi circonferenza e l'area del trapezio che forma il punto M con la mezzeria della corda e il punto PQ. Inoltre calcolare il perimetro del trapezio. $[\dfrac{147a^2\pi}{2}; ..... \dfrac{1154a^2\sqrt{3}}{15}]$

pag. 126

---

21 Un triangolo isoscele AVB è intersecato ad una altezza h dalla sua base da una retta passante per i punti D e C tale da formare un triangolo sormontato alla retta e un trapezio di area $448a^2\sqrt{3}$. Questo trapezio a sua volta e circoscritto da una circonferenza. Il punto di tangenza P della circonferenza con il lato maggiore "CB" del trapezio è $\dfrac{PB}{CP} = 3$.

Calcolare l'area delle tre figure piane (triangolo DVC sormontato dalla retta DC, triangolo AVB e cerchio inscritto nel trapezio.

[56a$\sqrt{3}$; 504$\sqrt{3}$; 504πa^2]

pag. 129

---

22. Un trapezio rettangolo la le seguenti misure: l'altezza AD a$\sqrt{6}$; la base minore DC = a$\sqrt{3}$; la base maggiore AB = 4$\sqrt{3}$. Inoltre una retta di dimensioni uguale al lato obliquo del trapezio congiunge il punto A ed interseca il lato obliquo e il prolungamento della base minore del trapezio nei rispettivi punti P e Q. Il punto P genera un triangolo isoscele con la base AB del trapezio. Determinare l'area del triangolo e l'area del trapezio.

$[A_{1t} = \dfrac{15}{2}a^2\sqrt{2}\ ;\ \ A_1 = \dfrac{a^2\sqrt{18}}{3}\ ;\ \ A_1 = 4a^2\sqrt{2}\ ]$

pag. 132

---

23. Un esagono regolare ha il perimetro di 36 cm. Quanto misura il raggio della circonferenza circoscritta? Quanto misura il raggio della circonferenza iscritta e l'area? $[R = 6cm; ..... A = .93,6; .... (r = 3\sqrt{3})cm,]$

pag. 135

---

24. Un rettangolo ABCD ha le due dimensioni di 8 cm e 6 cm. Quanto misura il raggio della circonferenza circoscritta al rettangolo? $[R = 5cm]$

pag. 136

CAPITOLO 5
STUDIO DELL' EQUAZIONE DI 2° GRADO
(RAPPRESENTAZIONE GRAFICA) pag. 167

CAPITOLO 6
CENNI SULLA TRIGONOMETRI
(Per le formule di questi esercizi consultare il manuale matematico) pag. 183

6. Risolvere il seguente sistema trigonometrico $\begin{cases} \cos(x+y) = -\dfrac{\sqrt{2}}{2} \\ \cos(x-y) = \dfrac{\sqrt{2}}{2} \end{cases}$		Pag. 185
7. Esprime il seno in coseno la seguente equazione: $2\mathrm{sen}^2x + 3\cos x = 3$		Pag. 185
8. Risolvere la seguente espressione trigonometrica $3\mathrm{sen}x + \cos x = 2\sqrt{2}$.		Pag. 186
9. Risolvere la seguente espressione trigonometrica $\dfrac{\cos x}{1+\mathrm{sen}\,x} = 2 - tgx$		Pag 187
10. Risolvere il seguente sistema trigonometrico $\begin{cases} \mathrm{sen}^2 x - \cos^2 y = 0 \\ \mathrm{sen}^2 y + \cos^2 x = 1 \end{cases}$		Pag. 187

CAPITOLO 7
QUIZ IMPORTANTI

CAPITOLO 8
(Aiuto alla risoluzione dei problemi - Formulario) **pag. 205**

Fine libro